采动岩层结构运动速度及其矿压作用机制

李　竹　许家林　冯国瑞　著

应急管理出版社

·北京·

图书在版编目（CIP）数据

采动岩层结构运动速度及其矿压作用机制 / 李竹，许家林，冯国瑞著. --北京：应急管理出版社，2021

ISBN 978-7-5020-8584-1

Ⅰ. ①采… Ⅱ. ①李… ②许… ③冯… Ⅲ. ①采动—岩层移动 Ⅳ. ①TD32

中国版本图书馆 CIP 数据核字(2020)第 255773 号

采动岩层结构运动速度及其矿压作用机制

著　　者　李　竹　许家林　冯国瑞
责任编辑　成联君　杨晓艳
责任校对　孔青青
封面设计　众安图书

出版发行　应急管理出版社（北京市朝阳区芍药居 35 号　100029）
电　　话　010-84657898（总编室）　010-84657880（读者服务部）
网　　址　www.cciph.com.cn
印　　刷　徐州市特快特彩色印刷有限公司
经　　销　全国新华书店

开　　本　787mm × 1092mm 1/16　印张　9 1/2　字数　225 千字
版　　次　2021 年 9 月第 1 版　2021 年 9 月第 1 次印刷
社内编号　20201486　定价　46.00 元

前　言

我国是世界上煤炭产量最多的国家，煤炭是我国一次能源消费结构体系中占比最大的化石能源，煤炭资源的安全高效开采为我国经济的高速发展提供了有力保障。伴随着采煤工艺的不断革新以及煤机制造工艺水平的大幅度提升，一次可开采煤层厚度不断增加，大采高综放开采与特大采高综采技术逐步取代分层开采，成为我国厚及特厚煤层的主流采煤技术，并在我国大同、晋城、潞安等多个矿区得以推广应用。

伴随着采煤工作面一次开采厚度的不断增加，采场矿压控制难题愈发突出，诸多早期采高较小的煤炭开采实践中鲜见的采场矿压控制问题层出不穷。例如广泛发生于大同矿区坚硬顶板特厚煤层开采条件下的采场强矿压显现事故、神东矿区深部煤层资源采场强矿压显现事故等，严重制约着矿井的安全高效生产。诸多学者的研究成果和开采实践已经表明，随着煤层资源一次采出厚度的增加，覆岩垮裂范围大幅度增加，此时不只覆岩第一层关键层，覆岩第二层、第三层，乃至更高层位的主关键层的破断运动将对采场矿压显现造成影响。这与煤炭开采实践早期形成的以基本顶(通常为覆岩第一层关键层)破断运动及其对采场矿压影响规律为核心的经典矿压理论存在明显差异，此时仅考虑基本顶范围内岩层及其破断运动是不科学的，必须考虑采动覆岩更大范围内岩层运动对支架受力及采场矿压的影响规律。然而，对于厚煤层及特厚煤层等大空间采场而言，究竟覆岩中哪一层或者哪几层关键层的破断运动会影响支架受力及采场矿压显现？覆岩中不同层位的高低位关键层结构如何相互作用并将覆岩载荷传递至采场进而影响支架受力及其矿压显现？影响采场矿压显现的关键层临界高度如何确定等关键问题仍有待解决。上述内容正是解析工作面支架顶板载荷来源及其占比，确定采场支架合理工作阻力及科学控制采场矿压显现的关键。

因此，深入研究并揭示采动覆岩不同层位关键层破断运动及其影响采场支架受力和矿压显现规律，对于确保厚及特厚煤层资源的安全高效开采，促进我国煤炭工业的持续、稳定发展具有重大意义。为此，基于我国矿山压力及其控制学科的主要奠基人钱鸣高院士提出的“砌体梁”结构，本书提出了“砌体梁”结构铰接块体回转速度的概念；揭示了采动覆岩高低位关键层“砌体梁”结构铰接块体相互作用规律及覆岩载荷传递机制，以及“砌体梁”结构铰接块体挤压作用演化规律，建立了“砌体梁”结构回转速度力学模型；探讨了影响“砌体梁”结构铰接块体回转速度、影响采场矿压显现机制及其影响因素；建立了影响采场矿压显现的覆岩关键层临界高度确定方法。

感谢中国矿业大学、辽宁工程技术大学、煤炭科学研究总院等科研院校给予的帮助和支持；感谢大同煤矿集团相关工程技术人员给予的帮助和支持。

由于能力和时间有限，书中难免存在不足之处，敬请广大读者批评指正。

著　者

2021 年 1 月

目　次

1 绪 论

1.1 概述

地下煤炭资源开采过程中，科学的采场矿压控制是确保安全高效开采的基础，其关键在于认清采场上覆岩层破断运动规律。多年来，国内外众多学者一直致力于采动岩层破断运动规律的研究，并且逐步形成了以基本顶（通常为第一层亚关键层）破断运动及其对采场矿压显现影响规律为核心的经典矿压理论，为我国建设现代化安全高效矿井奠定了坚实基础。本书内容涵盖基本顶破断特征、基本顶破断对煤岩体的扰动及基于此对来压的预测预报、“砌体梁”结构“*S-R*”稳定理论、支架—围岩相互作用关系、支架支护阻力的确定方法等。经典矿压理论为早期煤炭开采矿压控制实践提供了科学依据，极大地促进了安全高效开采的进步与发展。近年来随着煤机制造业水平的大幅度提升，大采高综放与特大采高综采技术取代了分层开采，成为我国特厚煤层的主流采煤技术，并广泛应用于我国大同、晋城、潞安等多个矿区。与此同时，早期采高较小的采煤实践中鲜见的采场矿压控制难题愈发突出，如广泛发生于大同矿区、神东矿区的采场压架、冒顶事故，严重制约着矿井的安全高效生产。开采实践表明，随着一次采出空间的增大，覆岩垮裂范围大幅度增加，不只第一层关键层，第二层、第三层关键层，甚至主关键层破断运动也将影响采场矿压显现。显然，此时仅研究基本顶是不科学的，必须考虑更大范围乃至全部覆岩关键层破断运动对采场矿压的影响。然而，覆岩中究竟哪些（哪一层或哪几层）关键层的破断运动会影响采场矿压？高、低位关键层破断运动是如何相互作用以及高位关键层载荷是如何传递至工作面支架进而影响矿压显现的？影响采场矿压显现的关键层临界高度如何确定等关键科学问题尚未解决。而这正是解析工作面支架顶板载荷来源及其占比，确定合理支架阻力及科学控制采场矿压显现的关键所在。

经典矿压理论致力于研究基本顶破断运动规律及其对采场矿压显现的影响，钱鸣高院士提出的“砌体梁”结构，阐明了“砌体梁”结构回转运动终态的失稳形式，即“滑落失稳”的“回转变形失稳”及其对采场矿压的影响，并指出终态稳定的“砌体梁”结构具有“三铰拱”式的承载特征，能够将上覆载荷传递至煤壁前方实体煤及后方采空区冒落矸石，进而对工作面作业空间形成保护，“砌体梁”结构已成为采场矿压控制研究领域的重要理论工具。然而，已有研究仅关注了“砌体梁”结构终态稳定性，较少研究“砌体梁”结构铰接块体回转运动过程，特别是“砌体梁”结构铰接块体回转速度对采场矿压的影响尚未涉及。一方面，“砌体梁”结构铰接块体发生破断，历经回转运动直到破断块体形成稳定的“砌体梁”结构，这一运动过程是顶板岩层向工作面支架传递载荷并造成矿压显现的持续过程。对于最下位“砌体梁”结构而言，其回转速度直接影响采场矿压显现的强度，回转速度越快，矿压显现越强烈。另一方面，尽管覆岩最下位“砌体梁”结构铰接块体运动结束且形成稳定结构之后，能够阻隔上覆岩层破断运动对采场支架的影响。但由于仅关注了终态，并不能排除在覆岩中多层“砌体梁”结构铰接块体回转过程中，上位“砌体梁”结构铰接块体因回转速度大于下位“砌体梁”结构铰接块体而对其产生压覆作用，进而增大支架载荷并参与影响矿压显现的情况。从这个角度而言，仅研究终态“砌体梁”结构则难以揭示高、低位“砌体梁”结构相互作用规律及载荷自上而下直至工作面支架的传递过程。而此内容必须通过研究“砌体梁”结构铰接块体回转速度才可实现，也就是说，“砌体梁”结构铰接块体回转速度的研究，是揭示高、低位关键层破断运动相互作用规律、高位关键层载荷自上而下直至工作面支架的传递机制，是确定影响矿压显现的关键层临界高度的必由之路。

鉴于此，本书在岩层控制的关键层理论的基础上，以关键层结构回转速度力学模型及其应用研究为题，采用理论分析、模拟实验和工程验证等方法展开研究工作。本书内容主要包括：① 建立“砌体梁”结构铰接块体回转速度力学模型，获得“砌体梁”结构铰接块体回转速度方程，研究载荷、块体长度、采高对“砌体梁”结构铰接块体回转速度的影响规律，通过实验研究得到了不同回转速度对支架增阻率、支架活柱下缩量、来压持续长度的影响规律。② 通过物理相似模拟实验，基于“砌体梁”结构铰接块体回转速度监测结果，揭示不同“砌体梁”结构铰接块体回转角速度组合类型载荷传递情况及对矿压显现的影响。以此为基础，指出覆岩“砌体梁”结构块体不同的破断运动组合类型所对应的影响矿压显现的关键层临界高度。③ 基于“砌体梁”结构铰接块体回转速度方程及“砌体梁”结构稳定性研究成果，分析上、下位“砌体梁”结构铰接块体的载荷传递规律，给出影响采场矿压显现的关键层临界高度的确定方法及技术流程，并通过同忻煤矿 8203 工作面“三位一体”实测结果予以验证。

1.2 国内外研究现状

1.2.1 采场覆岩结构及其运动规律研究现状

伴随着地下煤炭资源的采出，采场上覆岩层发生变形、破断及运动。岩层破断运动而形成的覆岩结构与矿山压力显现紧密相关。为了科学解释采矿过程中矿山压力现象，国内外学者对采动覆岩结构及其运动规律展开了卓有成效的研究。

1916 年，德国学者施托克(K.Stoke)提出了“悬臂梁假说”，该假说认为煤炭资源开采后，采场悬露的顶板在进入周期破断期间，可以视为一端悬露伸出而另一端嵌入在工作面前方实体煤体中的“悬臂梁”。“悬臂梁假说”解释了工作面近煤壁处顶板下沉量和支架载荷小，而距煤壁较远则两者均增大的现象。更重要的是，该假说合理解释了工作面超前支承压力和周期来压的形成原因。该假说得到了英国学者弗里德(I.Friend)和苏联学者格尔曼等人的支持。然而由于缺乏对煤层开采后上覆岩层活动规律的认识及探查，仅凭“悬臂梁结构”模型本身，计算所得的顶板下沉量和支架载荷常与实测结果相差甚远。

1928 年，德国学者哈克(W.Hack)和吉里策尔(Gillitzerr)提出了岩层运动的“压力拱假说”。该假说认为，在回采工作面上方，由于岩层运动的自然平衡而形成了一个“压力拱”。该“拱结构”的前拱脚位于工作面前方实体煤中，而后拱脚位于采空区已垮落矸石或采空区的充填体上。前、后拱脚形成应力增高区，而两拱脚间形成减压区。压力拱结构合理解释了回采工作面前、后支承压力形成的原因，Dinsdale、Stemple 等具体研究了采动围岩中压力拱的形态特征及形成条件，Denkhaus、Adler、Ehgartner、Chekan、KovariK、Sansone 等通过数值模拟研究了压力拱结构几何尺寸特征，Holland、Haycocks、Forrest、Luo、Evans、Corlett、Panek、Wright、Huang 进一步利用拱结构承载特性，对地下大型隧道、硐室、巷道等进行加强支护。但是岩层变形、移动过程中所形成的拱结构对支架受力以及支架与围岩的相互作用并无分析。

1950—1954 年，苏联学者库兹涅佐夫在实验和现场实测数据的基础上提出了“铰接岩块假说”，首次将采场上覆岩层的破坏分为垮落带和规则移动带。垮落带分为上、下两个部分：下部垮落带岩层杂乱无章，上部垮落带岩层则呈现规则的排列，但破断岩块间并无水平作用力联系。规则移动带的破断岩块间相互铰合而形成一条多环节的铰链，并且规则地在采空区上方均匀下沉。根据顶板垮落特点及规则移动带内岩块的铰链移动特征，首次将支架的工作状态划分为给定载荷和给定变形状态，并指明铰接岩块间的平衡关系为三角拱式平衡。

20 世纪 50 年代初期，苏联学者库兹涅佐夫在提出“铰接岩块假说”的同时，比利时学者 A.拉巴斯提出了“预生裂隙假说”。该假说认为受煤层采动的影响，工作面上覆岩层因采动裂隙发育而成为非连续体，使得工作面围岩中出现应力集中区和应力降低区。该假说认为采煤工作面支架应该给予足够的初撑力和额定阻力，如此可使各岩层处于密切压缩状态，以借助于彼此间的挤压作用力及摩擦力，有效控制采场顶板。“压力拱假说”“悬臂梁假说”“预生裂隙假说”和“铰接岩块假说”开启了对采动覆岩结构及其运动规律的探究与思索，其中所蕴含的学术思想至今依然具有极大的参考价值，同时为我国采场覆岩结构模型的提出奠定了理论基础。

1981 年，中国矿业大学钱鸣高院士基于大量的生产实践及岩层内部移动现场实测数据，提出了“砌体梁”结构模型。通过“砌体梁”结构的稳定性分析，给出了“砌体梁”结构的“S-R”稳定条件，并且建立了采场整体力学模型。通过板结构破断特征，揭示了基本顶岩层的“O-X”破断规律。基于弹性地基梁，研究了基本顶破断时在煤岩体内引起的扰动，利用“压缩”与“反弹”等信息预测基本顶的破断，为工作面提供及时的来压预报。基于整体刚度力学模型研究了“支架—围岩”相互作用关系，提出了工作面支护质量监测原理，研究成果为研究岩层移动规律和采场矿压现象特征提供了依据。

1988 年，山东科技大学宋振骐院士提出了“传递岩梁”模型，认为覆岩中较坚硬的岩层破断后，各破断岩块之间彼此处于相互咬合的状态，使得破断块体能够向工作面前方实体煤及后方采空区冒落矸石上传递上覆载荷。破断块体相互咬合且能够处于稳定，因此工作面支架仅承担采场上覆部分岩体的重量。针对煤矿采场推进、上覆岩层运动及矿山压力不断变化的特点，研究了矿山压力及其显现的变化与上覆岩层运动间的关系，建立了“支架—围岩”的“位态方程”，得到了正确的顶板安全控制准则。宋振骐院士分析了对采场矿压显现有明显影响的岩层范围，这对于后续研究工作起到了巨大的启迪作用。但其并未阐明对于层状赋存的煤系地层而言，距离煤层不同距离、不同层位的岩层，其破断运动及载荷究竟如何传递至工作面支架，各岩层相互作用形式及载荷传递机制、传递准则并不明确。

1996 年，中国矿业大学钱鸣高院士在“砌体梁”结构模型的基础上进一步提出了岩层控制的“关键层理论”。岩层控制的“关键层理论”认为，覆岩中厚度不同、强度不同的岩层在采动岩层活动中扮演着不同的角色，其中对部分岩层起控制作用的岩层称为亚关键层，而对直至地表的全部岩层起控制作用的称为主关键层。覆岩中亚关键层往往不只一层，但主关键层仅有一层。“关键层理论”提出之后，中国矿业大学许家林教授科研团队就覆岩关键层判别方法及判别软件、关键层破断运动及其结构形态对采场矿压的影响、关键层位置对导水裂隙带发育高度的影响、瓦斯运移及抽采、地表移动规律及沉陷控制等问题开展了系统研究，并将其应用到工程实践中，取得了丰硕的成果。中国矿业大学缪协兴教授、茅献彪教授等基于采场底板破断规律，建立了底板隔水关键层的力学模型，分析了关键层复合效应对岩层移动、采场矿压规律、采动裂隙分布，以及地表沉陷等的影响规律。西安科技大学侯忠杰教授等基于浅埋煤层工作面矿压显现强烈的特点，提出了关键层破断后沿煤壁整体切落的判别方程，并且研究了松散层厚度对组合关键层稳定性的影响。西安科技大学黄庆享教授等通过研究采动厚沙土层载荷传递，提出了“短砌体梁”结构模型，并且研究了上覆关键层结构的载荷分布规律，同时确定了载荷传递的岩性因子、时间因子的计算公式。

在岩层移动的“关键层理论”提出后的20年间，众多学者对关键层理论的丰富与完善做出了极大的推动作用，研究成果在岩层运动与控制领域得到了广泛应用。关键层理论为认识和利用岩层移动规律提供了理论基础，实现了采场矿压、岩层移动、水和瓦斯运移等方面研究的统一，为更加深入、系统地解释采动损害现象和防止采动灾害的发生奠定了理论基础。随着对采动覆岩运动规律研究工作的不断深入，针对厚及特厚煤层开采条件，部分学者在已有结构模型的基础上进一步提出了众多更为细致且更为全面的采场结构模型。

于斌基于大同矿区特厚煤层综放开采采出空间大、覆岩垮裂范围广的事实，认为特厚煤层综放开采条件下参与影响采场矿压的岩层不局限于基本顶范围岩层，距离煤层较远的关键层破断运动也会参与影响采场矿压，并且提出了大空间采场覆岩远、近场的概念。王家臣基于薄板理论，研究了“两硬”条件下大采高综采工作面方向基本顶三块铰接薄板力学模型，并且解释了工作面分段来压及工作面中部来压强度强于端部的原因，并提出了基于顶板与煤壁控制的支架阻力确定方法。许家林、鞠金峰等基于特大采高综采工作面矿压显现特征，指出覆岩第一层关键层进入垮落带而形成“悬臂梁”结构，第二层关键层形成“砌体梁”结构，“悬臂梁”折断以及“砌体梁”破断进而压断下位“悬臂梁”是造成特大采高综采工作面大小周期来压的根本原因，并探讨了“悬臂梁”结构的形成机理及其破断运动对采场矿压的影响。闫少宏、于雷等提出了大采高采场“短悬臂梁—铰接岩梁”结构，并且借助于“砌体梁”结构的稳定性分析探索了铰接岩块的稳定性，指出了特厚煤层开采平衡结构向高位转移的机理并且研究了综放采场支架阻力的确定方法。李化敏针对大采高综放采场矿压显现特点，提出了低位基本顶呈悬臂结构、高位基本顶形成砌体梁，二者形成“上位砌体梁—下位倒台阶组合悬臂梁”组合结构，并指出工作面来压明显、持续时间短的动载现象是由于高位“砌体梁”结构滑落失稳造成的。张宏伟、霍丙杰等围绕大同矿区石炭系特厚煤层坚硬顶板条件，提出了采场覆岩“拱壳”大结构模型。刘长友基于大同矿区石炭系特厚煤层上方赋存多层侏罗系煤层采空区的开采特点，提出了“多采空区下坚硬厚层破断顶板群结构”，并且研究了顶板群结构失稳规律，得出破断顶板群结构的失稳具有一定的概率特征。窦林名、曹安业等通过研究采动覆岩结构失稳型动力灾害机制，将覆岩空间结构划分为OX、F和T型结构，并研究了不同开采条件所对应的不同覆岩结构的运动规律。姜福兴等基于微震定位监测技术，根据工作面开采边界条件的不同，指出采场覆岩结构可以分为"θ"型、"O"型、"S"型、"C"型4种类型，并研究了顶板性质、煤层埋深、工作面与采区之间煤柱以及断层煤柱等对于空间结构演化的影响规律。马其华等认为长壁工作面上覆岩层中形成"板—壳"大空间结构和"铰接岩板半拱"小空间结构，整个采场覆岩空间结构实质上为一拱形压力壳及其掩护下的组合岩板的复合结构。谢广祥基于数值模拟实验结果，提出了综放采场围岩的宏观应力壳，并且研究了应力壳结构演化特征及其影响因素。弓培林、靳钟铭研究了大采高工作面覆岩关键层对冒落带及裂隙带分布特征的影响，提出了大采高采场覆岩结构特征及基于直接顶岩层分类的顶板控制力学模型。

姜福兴曾利用功能原理对坚硬顶板破断瞬间的最大角速度及其对采场支架造成的冲击载荷进行了计算，据此确定了支架大流量安全阀的选型。王家臣、杨胜利等基于相似模拟实验对顶板破断的冲击效应进行了模拟研究，建立了顶板破断最大冲击载荷和支架伸缩量的对应关系。缪协兴基于基本顶运动与支架的相互作用机理，研究了支架基本顶破断时支架承受的冲击载荷与支架刚度及安全阀溢流速度的关系。虽然上述研究成果对顶板运动速度有所涉及，但多针对"顶板破断瞬间"的运动速度及由此产生的冲击载荷，而对于"砌体梁"结构块体自刚发生破断，历经回转运动直到破断块体形成稳定的"砌体梁"结构的整个回转运动过程并未研究。

综上可知，自19世纪60年代以来，为了对采场矿压现象做出科学合理的解释，国内外学者提出了众多采场岩体结构模型，极大地促进了采矿科学的理论发展。进入21世纪以来，结合相应的开采地质条件，众多学者又进一步提出了众多更为细致的采场岩层结构模型，并合理解释了相应的矿压显现规律。由文献可以发现，关于影响采场矿压的采动覆岩结构研究，多集中于距离煤层较近的低位关键层，"悬臂梁"结构、"砌体梁"结构也作为大采高综放采场低位关键层结构形态而被广泛认可。特厚煤层综放开采条件覆岩垮裂范围广，如大同矿区石炭系特厚煤层开采裂隙带高度高达150～180 m。这种情况下，高位关键层破断运动也会参与影响采场矿压。虽然已有研究成果提及了随着采高的增大而出现2层甚至2层以上的多层关键层同时参与影响矿压的现象，但是对于高位关键层破断运动究竟如何参与影响采场矿压显现，即高位关键层对矿压显现的作用机制，以及高位关键层载荷自上而下直至工作面支架的传递过程及载荷传递规律等尚不明晰。

1.2.2 特厚煤层矿压显现规律及顶板控制研究现状

综放开采技术最早于20世纪60—70年代在苏联、南斯拉夫、波兰、法国等开始使用。20世纪80年代放顶煤开采技术在我国得到了迅速发展，并且放顶煤开采技术逐步取代了分层开采技术，实现了厚煤层高产高效开采。近年来，随着开采技术水平及配套设备的完善与提升，通过进一步提高工作面开采上限及放煤高度来增加煤炭开采效率。目前，对于特厚煤层尚无明确定义，一般认为厚度超过8.0 m的煤层即可认为是特厚煤层。我国数个矿区更是对于厚度20 m的特厚煤层进行了大采高综放开采实验，如大同矿区塔山煤矿、同忻煤矿和金庄煤矿，平朔安家岭煤矿等特厚煤层综放工作面年生产能力均高达千万吨。

放顶煤开采技术应用初期，国内外学者对于综放采场的岩层活动及矿山压力显现特点进行了系统研究，普遍认为综放采场顶煤在支承压力作用下产生的破碎流动对上覆岩层破断运动在工作面造成的影响起到一定程度的缓冲作用，综放工作面支架载荷和矿压显现相对缓和。但是，近年来伴随着特厚煤层大采高综放开采的推广应用，工作面矿压出现了动载明显、支架下缩量大、临空巷道变形严重、煤壁片帮剧烈等强矿压显现现象。显然，特厚煤层综放开采与普通厚煤层综放开采存在本质差异，这就要求必须结合特厚煤层开采地质条件及上覆岩层活动特点，对特厚煤层开采所面临的强矿压显现机理展开研究，以期实现顶板的有效管理及控制。

于斌研究了大同矿区特厚煤层综放开采强矿压显现机理，指出大同矿区地质动力环境、侏罗系一石炭系双系煤层采动相互作用、石炭系特厚煤层覆岩结构失稳等因素的共同作用是诱发强矿压显现的根本原因。谢和平、陈忠辉等通过数值模拟研究特厚煤层综放开采煤岩变性破坏的全过程，指出了大同矿区顶煤坚硬仅依靠支承压力难以破碎，并且基于分形理论和室内爆破实验，得到了破碎顶煤的最优布孔爆破方案。张宏伟基于大同矿区同忻煤矿研究了关键层破断运动对工作面矿压显现的影响，通过理论分析确定了关键层破断步距，建立了覆岩第一层、第二层关键层与综放开采工作面大小周期来压的对应关系。王国法通过现场实测及模拟实验相结合的方法，以“砌体梁”理论为基础，深入研究分析了大采高综放采场失稳破坏原因，提出了支架与围岩的刚度、强度、稳定性耦合关系，强调了支架稳定性及对围岩失稳的适应性是“支架—围岩”系统实现稳定性耦合、科学控制采场顶板的关键。王家臣基于此现场实测及数值模拟、相似模拟系统地研究了综放采场顶煤运移规律的影响因素，提出了包含煤岩分界面、顶煤放出体、顶煤采出率及含矸率 4 要素的 BBR 研究体系，优化了采放工艺及参数，并从煤壁稳定的角度研究了支架阻力的确定方法，此外，还研制了相关的顶煤运移跟踪仪。刘长友、杨敬轩等提出了多层坚硬顶板条件下支架阻力确定方法，并且研究了顶板破断运动次序对于工作面矿压显现的影响，指出坚硬厚层顶板同步失稳运动时，仅依靠提高支架阻力难以满足工作面支护要求。王金华在大同矿区塔山煤矿通过顶煤深基点实测研究了特厚煤层综放开采顶煤运移规律，发现顶煤存在架后悬顶及滞后冒落的现象，并提出通过优化放顶煤工艺技术参数增加顶煤回收率，此外还对大采高综放采场片帮机理及其控制技术进行了研究。康立军、张顶立、索永录、刘长友、于斌、白庆升、王爱国等还基于顶煤性质及其破碎块度分布特征，研究了顶煤破碎流动过程中的成拱机理及消除煤拱结构的措施，并探讨了坚硬难冒顶煤对采场矿压的影响，提出了顶煤弱化及相应的支架阻力确定方法。

综上所述，关于大同矿区石炭系特厚煤层综放开采强矿压显现的研究，不论是地质动力环境，还是上覆集中煤柱应力影响深度均从应力的角度解释强矿压显现。事实上，通过对于大同矿区强矿压案例资料的收集整理，发现强矿压显现通常表现为支架动载明显、煤壁片帮深度大、每个采煤循环均伴随着支架活柱急剧大幅度下缩，且来压持续长度较大，这与冲击矿压的突发性、瞬时性及震动性有着本质的区别。显然，仅从应力集中与应力释放的角度，难以解释综放采场强矿压的持续显现。强矿压显现必然与采动岩层结构运动有关，而关于特厚煤层开采高、低位关键层的结构运动规律及其影响因素，以及高、低位关键层结构运动中的相互作用、高位关键层结构运动是如何通过低位关键层结构进而作用于采场矿压等问题尚未研究，始终未能揭示特厚煤层综放开采影响矿压的临界关键层高度。

1.2.3 矿山压力与岩层移动研究方法现状

矿山压力显现与上覆岩层运移规律密切相关，岩层移动贯穿于岩层挠曲变形、破断、运动直至稳定的整个过程。岩层运移规律对于深入研究岩层控制理论及控制工程实践具有重大意义。目前，岩层移动的研究方法总体上分为 3 类：① 现场实测研究，主要包括地表沉陷观测、微地震监测、从地面向岩层内部钻进内部岩移观测钻孔，或者在井下工作面巷道中向顶板打孔，布置深基地点岩层移动观测孔。该方法成本大、周期长。② 实验模拟研究，主要包括物理相似模拟与数值模拟，但是由于现有多数模型为平面应力模型，模型的侧向变形和干燥收缩变形误差难以估计和排除，此外由于边界条件的失真，岩层移动规律在一定程度上也难以完全接近于真实状态。③ 理论分析方法，是岩层移动规律研究最为便捷的方法，理论研究的实质在于根据研究的问题，抓住其主要研究内容，简化或忽略次要内容，据此建立数学力学模型，然后求解此模型，得到对于该问题的解答和认识，最重要的是将岩体作为何种介质来处理，将决定理论分析中所采用的数学、力学方法的准确性与科学性。总体来说，现场实测研究是最真实可信的岩层运动规律研究方法。

钱鸣高院士基于大量的内部岩移观测数据结果，提出了采动岩层移动的“砌体梁”结构模型，为采场顶板控制和支护提供了理论基础，具有十分重大的理论和实践意义。“砌体梁”结构也被收录于《中国大百科全书·矿冶卷》有关条目，且作为基本理论编入教材为高等院校广泛采用。“砌体梁”结构理论的研究工作也在进一步深化，正不断由下部采场矿山压力的研究转向与上部岩层的移动，为矿山压力与岩层移动的一体化研究指明了方向。

伴随着科学技术的发展及对于岩层运动规律研究的不断深入，国内外众多研究学者通过采用微震、内部岩移、电磁辐射、声发射、EH4 电磁成像、地质雷达、CT 扫描等诸多技术，对于采动岩层运动规律展开了广泛研究。姜福兴、孔令海等利用高精度微地震监测技术，研究了特厚煤层综放开采过程中工作面顶板微震事件的动态发展规律和分布规律，发现微震事件首先在高位岩层以低密度分布，而后在低位岩层以高密度分布，进而结合岩石力学与岩层控制反演分析岩层运动规律，并指明了工作面来压期间支架载荷的动、静载来源。窦林名通过应用 SOS 微震监测系统，研究了不同覆岩结构类型下工作面开采过程中的震源分布规律，并利用电磁辐射信号变化与工作面顶板断裂的时间及地点间的对应关系，监测与预报工作面顶板的破断运动状态。许家林、朱卫兵等基于地表原位钻孔观测，发现上覆岩层运动随主关键层的破断运动而呈现周期性跳跃变化，地表下沉速度与主关键层下沉速度呈现一致的对应性，即观测密度越高，主关键层下沉速度与地表下沉速度同步达到最大值。王恩元通过工作面回采过程中煤岩体电磁辐射变化规律的监测，提出了顶板稳定性的监测方法。谭云亮通过研究顶板破断运动过程中的分形特征，提出了用声发射的分形维数的变化来预测顶板的失稳、冒落。张宏伟、于师建等利用 EH4 电磁成像技术，通过探测煤层开采过程中上覆岩体电阻率的动态变化特征，反演获得了覆岩冒落带、裂隙带高度的变化规律。成云海利用顶板离层仪研究了特厚煤层综放开采临空侧向顶板结构及不同深度顶板深基点运移规律，并将离层进行了区域划分。张金才、刘传孝等通过地质雷达探测技术，研究分析了不同岩层中雷达波传递规律及对于离层空洞的探测方法。李术才、冯夏庭等通过 CT 扫描技术，探测了岩石破裂破碎过程中的裂隙发育规律。柴敬等通过相似模拟实验，利用光栅 Bragg 光栅传感器研究了采场上覆关键层破断运移过程中的内部应变，通过波长漂移量的动态监测，建立了波长漂移量与关键层破断运动的对应关系。Ghabraie通过相似模拟实验，采用高速摄像机捕捉了岩层破断的动态过程，从而掌握了岩层运动规律。Singh基于数个采煤工作面支架阻力实测，同时结合数值模拟等研究手段，提出了支架阻力的确定方法。Mills通过地面钻孔向钻孔内部布置倾角传感器，观测了随采过程中工作面上覆岩层横向、剪切运动的变化规律。沈宝堂研究了伊拉瓦拉地区长壁工作面覆岩运移引起的河床破坏规律，本书通过地面钻孔向孔内先后布置了位移传感器、应力计及渗透压传感器并且得到了随采过程中岩层移动量及应力变化规律。郭华以安徽顾桥煤矿为实验研究对象，实测研究了煤层开采过程中岩层移动、应力变化、裂隙发育，以及瓦斯流动等动态变化规律，实测得到了工作面支承压力超前影响范围及峰值位置，建立了孔内水压力与采动裂隙发育的对应关系。谢建林借助物理相似模拟的手段，通过地质雷达探测技术探测研究了频率、介电常数、离层厚度、离层深度，优化设计了离层型顶板事故预警系统的局部构件。

1.2.4 主要存在的问题

通过研究分析得知，国内外学者对于覆岩结构形态及其运动规律，以及对采场矿压显现的影响规律取得了丰硕的研究成果，新型的监测技术与监测方法也在采动岩层移动实测工作中大放异彩，极大地丰富和拓宽了实测思路，为掌握更全面的采动岩层移动规律及其对采场矿压显现的影响奠定了重要基础。但有关覆岩关键层破断运动对矿压显现的影响规律，以及影响矿压显现覆岩关键层范围等方面，仍有以下几点内容需要进一步研究：

（1）采场覆岩“砌体梁”结构铰接块体回转速度及其对采场矿压显现的影响。有关覆岩关键层结构形态的研究，主要集中于基本顶及基本顶范围内的岩层结构形态，并且指出了煤层开采厚度增大时，低位关键层呈现“悬臂梁”结构，而高位关键层呈现“砌体梁”结构，以及这一组合结构影响下常导致工作面出现大小周期来压。同时，“砌体梁”结构失稳所引起的工作面强矿压显现已获得共识。但是“砌体梁”结构铰接块体的回转过程，也正是工作面持续来压的过程，该过程中“砌体梁”结构铰接块体回转速度直接决定了工作面矿压显现的强度，回转角速度越快，工作面支架活柱下缩量越大。但已有成果中，尚未有“砌体梁”结构铰接块体回转速度对矿压的影响机制，以及“砌体梁”结构铰接块体回转速度影响因素及其影响规律的研究。

（2）覆岩高、低位“砌体梁”结构铰接块体回转运动载荷传递规律及影响矿压的覆岩关键层范围。煤层采出后，上覆岩层发生破断运动，载荷自上而下传递至采煤工作面，并引起压力显现。控制工作面矿压显现的关键在于能够充分认识覆岩中哪些关键层的破断运动将会对采场矿压显现造成影响，即明确参与影响矿压显现的关键层临界高度，据此可有针对性地选择和设计工作面合理的支架阻力。现有研究中关于支架阻力的确定，多采用容重倍数估算法。也有学者认为稳定的“砌体梁”结构具备“三铰拱”式的载荷传递特征，能够将上覆载荷传递至工作面煤壁前方以及后方已垮落矸石，从而对工作面形成一定的保护，支架阻力在平衡冒落带范围内岩石自重的基础上，还应提供主动的支撑力，以避免“砌体梁”结构块体失稳。但现有研究成果，尚未揭示工作面支架载荷来源及其占比，不能确定破断运动参与影响矿压显现的覆岩关键层范围，这极大地制约了支架阻力的定量化确定。工作面持续来压过程，正是上覆关键层破断运动过程。通过覆岩各层“砌体梁”结构铰接块体回转速度，能够判别相邻“砌体梁”结构铰接块体回转过程中是否存在相互作用且存在相互作用时量化载荷传递大小。在此基础上,进一步提出影响矿压的关键层临界高度确定方法,这对于确定工作面支架合理工作阻力,科学控制采场矿压显现具有重要意义。

(3) 采场矿压与岩层移动内在联系的实测技术。已有研究工作主要针对基本顶的破断运动规律进行实测,仅建立了基本顶破断运动与采场矿压的联系。而对于基本顶之上的岩层破断运动对采场矿压影响的研究较少,同时也缺乏整个采动覆岩运动规律的研究思路与手段,未能建立采场矿压与整体采动覆岩破断运动规律的内在联系。鉴于此,基于岩层控制的关键层理论,提出了岩层控制的"三位一体"监测方法,将井下矿压、覆岩运移、地表沉陷3个空间位置监测数据相结合,以时间为纽带,建立同一时间的关键层运动与采场矿压显现的对应关系,明确矿压显现是由于覆岩哪一层或哪几层关键层破断运动引起的,实测获得影响采场矿压的关键层临界高度,以此对理论研究结果进行验证。

1.3 主要内容

基于岩层控制的关键层理论,将覆岩导水裂隙带范围内关键层均视为"砌体梁"结构,建立了"砌体梁"结构铰接块体回转速度力学模型,获得了"砌体梁"结构铰接块体回转角速度方程。研究了"砌体梁"结构铰接块体回转速度的影响因素及其影响规律,揭示了"砌体梁"结构铰接块体回转速度对矿压的影响机制。基于"砌体梁"结构铰接块体回转角速度方程,阐明了"砌体梁"结构相互作用规律及载荷传递特征,给出了影响矿压显现的关键层临界高度确定方法,并将该方法应用于现场实践,得到"三位一体"实测工作的验证。

(1) "砌体梁"结构铰接块体接触力应力分布形态及其演化特征。将"砌体梁"结构视为两铰接块体,铰接块体在上覆载荷 Q、块体自重 G、两块体挤压应力 T 作用下发生回转运动。挤压应力分布形态及其大小与接触面长度及接触面区域弹塑性状态有关,随着两铰接块体的回转运动,挤压应力呈三角形分布、梯形分布、倒梯形分布3个渐进变化形态。接触面挤压应力分布形态及其演化特征,是求解"砌体梁"结构块体回转角速度的基础。

(2) "砌体梁"结构铰接块体回转速度力学模型。基于理论力学定轴转动定理,将"砌体梁"结构铰接块体等效为上覆载荷 Q、块体自重 G、两块体挤压应力 T 作用下的定轴转动。载荷 Q、块体自重 G、两块体挤压应力 T 为定轴转动的回转力矩,转动惯量为铰接块体自身特征参数。以任意回转角度 η 时的"砌体梁"结构为研究对象,获得三角形应力分布、梯形应力分布、倒梯形应力分布3个阶段对应的"砌体梁"结构铰接块体回转角加速度。基于运动学基本原理,由角加速度积分获得"砌体梁"结构块体回转速度方程。

(3) "砌体梁"结构铰接块体回转速度对矿压显现的影响规律。基于"砌体梁"结构块体回转速度方程,研究其载荷、块体长度、采高等因素对回转速度的影响规律,通过UDEC模拟研究,以及自主研发的基于支柱增阻形态的覆岩破断动载特征提取的实验装置(专利号:ZL201410826153.1),研究"砌体梁"结构铰接块体不同回转速度下工作面支架增阻率,单循环工作面支架活柱下缩量、工作面来压持续长度、支架活柱累计下缩量等矿压显现评价指标的影响规律。

(4) "砌体梁"结构相互作用及载荷传递规律。结合"砌体梁"结构稳定性判别准则,以及“砌体梁”结构铰接块体回转速度方程，分析“砌体梁”结构铰接块体相互作用规律及载荷传递特征。上位“砌体梁”结构失稳时，其自重及其载荷全部施加于下位“砌体梁”结构；而“砌体梁”结构处于回转运动时，依据“动能守恒定理”和“动量守恒定理”，获得上下位“砌体梁”结构铰接块体相互作用前后回转速度的变化，并求得相互作用过程中，下位“砌体梁”结构铰接块体回转角速度增量及与此速度增量相对应的载荷增量，以“载荷层厚度增量”的形式，量化上位“砌体梁”结构铰接块体对下位“砌体梁”结构铰接块体的压覆作用。

（5）影响矿压显现的关键层临界高度确定方法。基于覆岩导水裂隙带高度所有关键层均破断成为“砌体梁”结构的观点，从“砌体梁”结构稳定性及“砌体梁”结构铰接块体回转过程载荷传递的角度，分析破断运动参与影响矿压显现的关键层范围，明确“砌体梁”结构铰接块体载荷自上而下直至工作面支架的传递过程，并给出影响矿压显现的关键层临界高度确定方法。

（6）岩层控制的“三位一体”监测及理论验证。为对影响矿压显现的关键层临界高度确定方法进行有效验证，要求必须建立针对整个覆岩内所有关键层破断运动与采场矿压内在联系的科学监测体系。提出了“井下矿压”“覆岩运移”“地表沉陷”3 个空间位置一体化监测，即岩层控制的“三位一体”监测方法。建立了覆岩关键层破断运动与采场矿压显现的时空对应关系，揭示了某一次采场矿压显现是覆岩哪一层或哪几层关键层破断运动所致，是实测确定影响矿压显现的关键层临界高度的科学方法，可对前述理论分析结果进行验证。

2 “砌体梁”结构铰接块体回转速度力学模型

采场矿压控制是确保矿井安全高效开采的基础，科学控制采场矿压的关键在于认清采场上覆岩层运动规律。覆岩关键层对上覆岩层的破断运动起控制作用，当关键层发生破断时，破断块体相互铰接，形成“砌体梁”结构，并且铰接块体以“砌体梁”结构的形式发生回转运动并引起采场来压。已有研究表明“砌体梁”结构终态存在两种失稳类型，即“滑落失稳”和“回转变形失稳”。“砌体梁”结构保持稳定时，其三处铰接点构成“三铰拱”，可将上覆岩层载荷传递至工作面前方煤体及采空区，对采场空间起到保护作用，矿压显现一般较缓和，如图 2-1a 所示。而“砌体梁”结构发生失稳时，“砌体梁”结构自重及受其控制的上覆岩层载荷将会传递到采煤工作面支架，极易引发工作面动载矿压、压架等强烈矿压显现，如图 2-1b 所示。

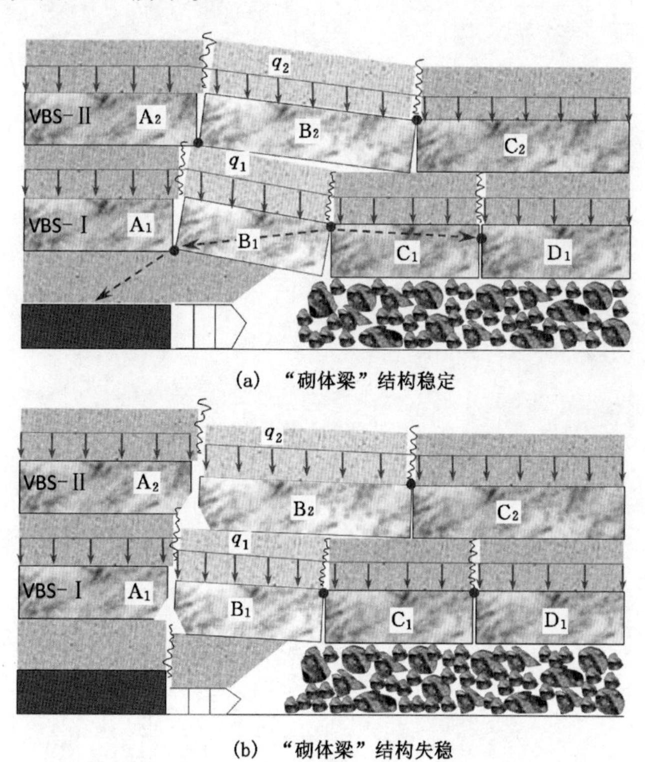

(a) “砌体梁”结构稳定

(b) “砌体梁”结构失稳

图 2-1 “砌体梁”结构稳定性对矿压显现的影响

因此，按照上述经典矿压控制理论的观点，若覆岩中最下位一层“砌体梁”结构保持稳定状态，上位岩层的破断运动，其载荷将不会传递至采场空间，此时影响矿压显现的关键层仅有最下位一层“砌体梁”结构，其范围如图 2-1a 中 VBS-Ⅰ所示。若覆岩中第二层“砌体梁”结构失稳，将诱发第一层“砌体梁”结构也发生失稳，此时两层“砌体梁”结构均对矿压产生影响，如图 2-1b 中 VBS-Ⅰ和 VBS-Ⅱ所示。

事实上，对第一层“砌体梁”结构（VBS-Ⅰ）而言，由于其直接通过直接顶岩层向工作面支架传递载荷，“砌体梁”结构铰接块体的回转速度对采场矿压显现有直接影响，“砌体梁”结构铰接块体回转运动过程如图 2-2 所示。在第一层“砌体梁”结构（VBS-Ⅰ）块体回转运动过程中，由于铰接块体自身处于回转运动之中，此时尚未形成稳定的、具有向工作面前方煤体及后方采空区传递上覆载荷“三铰拱”结构。因此，在上覆载荷作用下，“砌体梁”结构铰接块体发生回转运动，如图 2-2b 所示。尽管关键层理论通过刚度条件和强度条件对覆岩中关键层位置做出了判别，但却并不清楚各层“砌体梁”结构中破断块体回转运动速度相对大小关

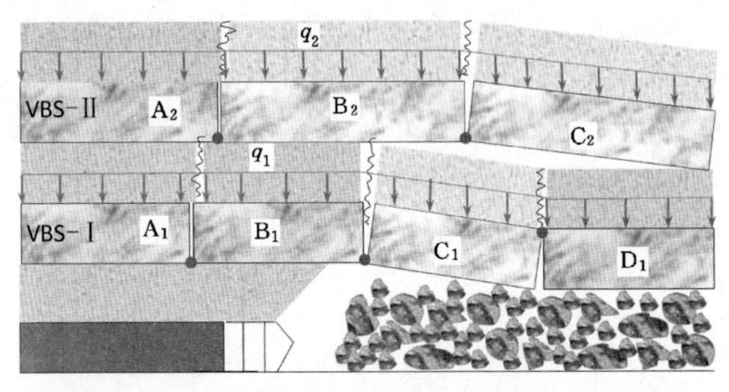

(a) KS1、KS2破断形成块体B

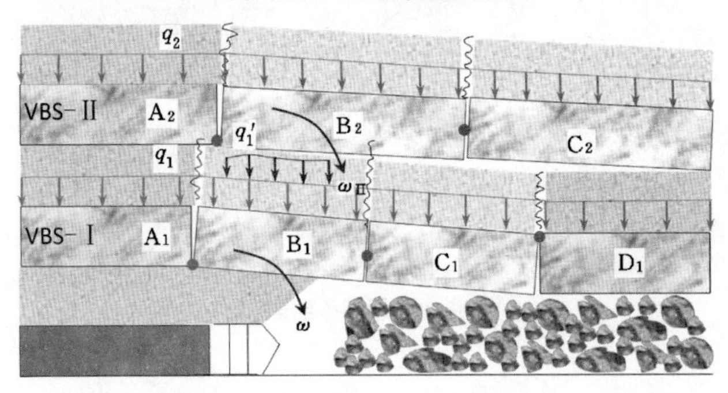

(b) 铰接块体B、C回转运动

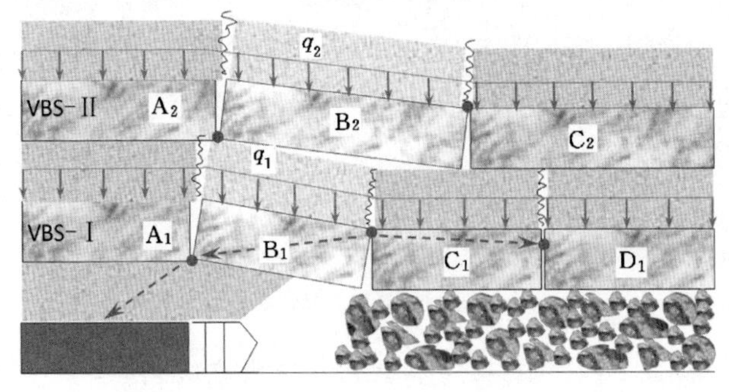

(c) 块体B回转触及采空区矸石运动结束

图 2-2 “砌体梁”结构铰接块体回转运动过程

系；也就是说，此时倘若第二层“砌体梁”结构铰接块体（VBS -Ⅱ）在其控制载荷 q_2 作用下的回转角速度大于第一层“砌体梁”结构铰接块体（VBS -Ⅰ）在其控制载荷 q_1 作用下的回转角速度，第二层“砌体梁”结构铰接块体将会对第一层“砌体梁”结构铰接块体产生一定程度的压覆作用，产生附加载荷 q_1'，导致第一层“砌体梁”结构铰接块体上方载荷增加。这种情况下，虽然两层“砌体梁”结构均未失稳，仍处于铰接回转运动过程之中，但是第二层“砌体梁”结构铰接块体的回转运动也参与影响了矿压。这种情况下，影响矿压的关键层范围则为两层关键层。

由此可知，若要掌握“砌体梁”结构铰接块体回转速度对矿压的影响，进而揭示影响矿压显现的关键层临界高度，仅仅考虑 KS1“砌体梁”结构的稳定性是不全面的、不科学的，而应该从“砌体梁”结构铰接块体回转运动的角度入手，全面考虑覆岩中各层“砌体梁”结构铰接块体回转过程中可能存在的相互作用及其对矿压显现的影响规律。鉴于此，基于岩层控制的关键层理论，建立“砌体梁”结构铰接块体回转速度力学模型，掌握覆岩各“砌体梁”结构铰接块体回转过程中的相互作用规律，确定影响采场矿压显现的关键层临界高度，以期为采场支架选型设计及顶板控制提供指导。

2.1 模型建立

采场来压主要是由“砌体梁”结构铰接块体的回转运动造成的，该回转运动过程即对应于工作面来压过程。本书首先对覆岩关键层范围（裂隙带内关键层破断形成“砌体梁”结构）进行了划分，并对“砌体梁”结构铰接块体回转运动过程进行了界定。在此基础上，建立了“砌体梁”结构铰接块体回转速度力学模型，将“砌体梁”结构铰接块体的回转运动等效为“定轴转动”。其次，分析了“砌体梁”结构铰接在不同位态时两块体间接触面长度、接触面应力分布及力矩变化规律，以及“砌体梁”结构铰接块体在上覆载荷、块体自重及后方块体挤压应力对于转轴的力矩变化规律。最后，依据定轴转动定理及运动学基本原理，据此模型求解获得“砌体梁”结构铰接块体的回转速度方程。

1. 研究对象范围的划分

本书围绕“砌体梁”结构铰接块体回转过程展开研究，因此有必要首先界定覆岩中关键层破断后能够形成“砌体梁”结构的范围，在此范围内对“砌体梁”结构铰接块体的回转运动规律展开研究。根据“采动整体覆岩中的砌体梁结构力学模型”的观点，认为裂隙带顶界面之下关键层全部破断，且破断块体相互铰接形成“砌体梁”结构。裂隙带范围可基于覆岩关键层位置进行判别，即利用文献[70]中关于覆岩裂隙带高度的确定方法进行确定。不考虑覆岩中弯曲下沉带岩层运动对采场矿压显现的影响，研究对象为裂隙带内及其下的“砌体梁”结构。

2. 覆岩关键层“砌体梁”回转运动过程的界定

由于工作面来压主要是“砌体梁”结构铰接块体的回转运动引起的，因此主要考虑“砌体梁”结构铰接块体的回转运动过程对采场矿压显现的影响。当“砌体梁”结构铰接块体的回转运动触及采空区矸石后，即认为“砌体梁”结构铰接块体的回转运动结束，“砌体梁”结构铰接块体的回转运动速度变为 0，且工作面来压结束。忽略不计由于采空区矸石被压缩而进一步引起的“砌体梁”结构铰接块体的回转增量。

3. 力学模型的求解思路

第一步:“砌体梁”结构铰接块体转动合外力矩的求解。

“砌体梁”结构铰接块体 A 和 B 的回转运动等效于“定轴转动”运动,即铰接块体 A 在上覆载荷、自重、后方块体 B 的挤压力共同作用下绕转轴 O 发生回转运动,其受力示意如图 2-3所示。

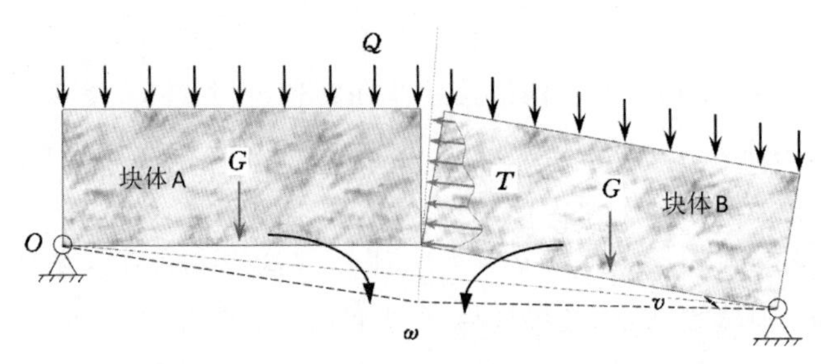

图 2-3 “砌体梁”结构铰接块体的回转速度力学模型

图 2-3 中载荷、自重对于转轴 O 的力矩易于求得,将力乘以转轴 O 与力的作用线的垂直距离即可。但是,块体 B 对于块体 A 的挤压力及该挤压力对转轴 O 形成的转动力矩难以获得。这是因为块体 B 对块体 A 的挤压应力的分布形态及其合应力对转轴 O 的力矩随“砌体梁”结构块体位态(块体 A 回转角度)的改变而发生变化。这其中涉及在块体 A 和块体 B 的回转运动过程中,两块体挤压接触面长度的变化,挤压接触面上各挤压接触点弹塑性性质的变化,以及由此引发的挤压接触面上应力分布特征的改变,并最终导致块体 B 对块体 A 挤压作用合应力,以及合应力对转轴 O 力矩的变化,进而对“砌体梁”结构铰接块体的回转角速度造成影响。

由此可知,首先分析“砌体梁”结构铰接块体 A 和 B 在回转运动过程中,两者挤压接触面上应力分布特征及其变化规律是解答上述问题的基础。通过几何分析可知,“砌体梁”结构块体回转过程中,块体 A、B 挤压面上端部挤压程度持续增大,下端部挤压程度先增加后减小。因而,根据块体 A、B 间挤压程度及挤压面上的挤压应力分布特征,块体 B 对块体 A 的挤压应力分布形态呈现 3 个渐进变化阶段,分别为:三角形挤压区、梯形挤压区、倒梯形挤压区,如图 2-4 所示。

依据“砌体梁”结构铰接块体位态,划分各个挤压应力分布形态区域所对应的角度区间,然后分段求解挤压应力大小及其对于转轴 O 的回转力矩。综合载荷 Q、自重 G,以及挤压力 T,求得“砌体梁”结构铰接块体 A 所承受对转轴 O 的合外力矩。

第二步:“砌体梁”结构铰接块体转动惯量的求解。

依据“定轴转动”定理,转动惯量是转动物体的固有属性,其与物体质量、质心到转轴的距离有关。依据其定义,转动惯量可以通过物体质量微元与到转轴距离的 2 次方的乘积的积分求得,如图 2-5 所示。由此可知,“砌体梁”结构中铰接块体 A 对于转轴 O 的转动惯量 J 可由式(2-1)计算求得。

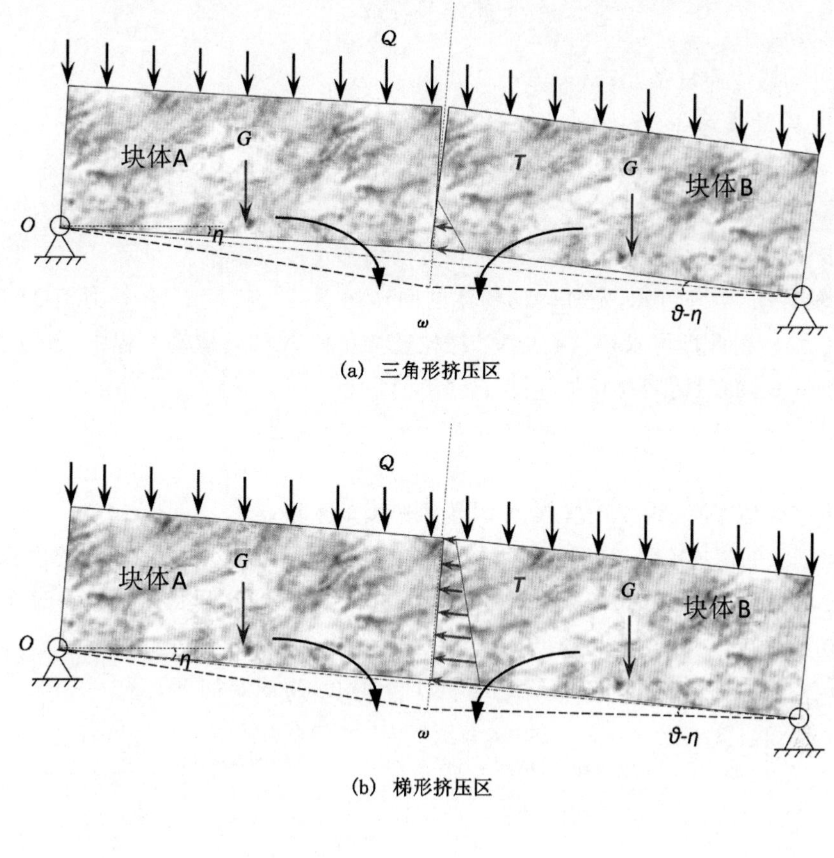

(a) 三角形挤压区

(b) 梯形挤压区

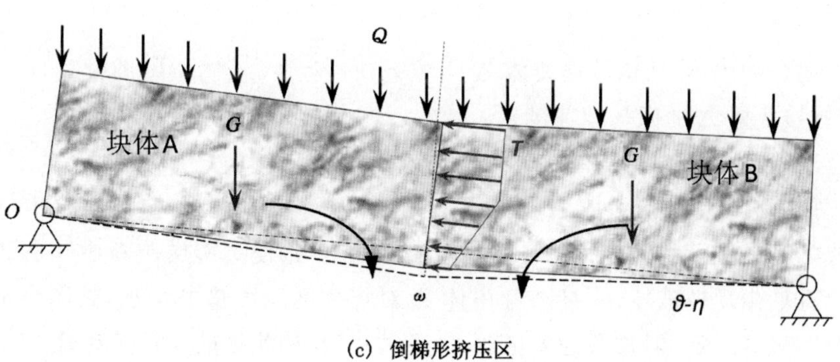

(c) 倒梯形挤压区

图 2-4 “砌体梁”结构铰接块体 A 回转运动过程中挤压力的 3 个渐进变化阶段

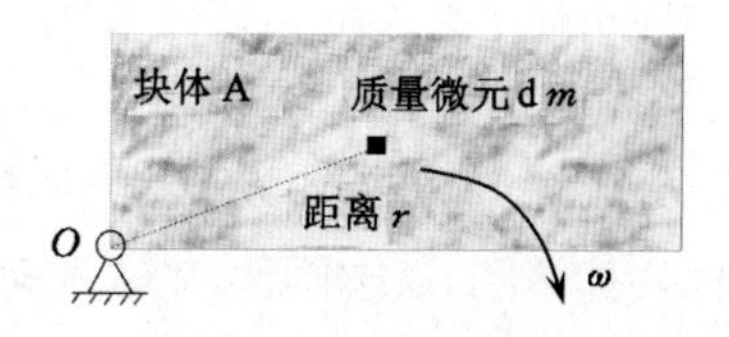

图 2-5 “砌体梁”结构铰接块体 A 转动惯量

$$J = \int_S r^2 \mathrm{d}m \tag{2-1}$$

式中 $\mathrm{d}m$——块体质量微元；

r——质量微元 $\mathrm{d}m$ 到转轴 O 的距离；

S——块体面积，$S=hL$；

m——块体质量，$m=\rho hL$。

第三步："砌体梁"结构铰接块体 A 回转运动角加速度的求解。

由"定轴转动"定理可知，定轴转动物体的回转运动角加速度 α、合外力矩 M、转动惯量 J 满足式(2-2)。由此即可求得，"砌体梁"结构铰接块体 A 回转运动过程中，各位态（铰接块体 A 转角为 η）时的回转运动角加速度 α。

$$\alpha = f(\eta) = \frac{M_{\mathrm{QO}} + M_{\mathrm{GO}} + M_{\mathrm{TO}}}{J} \tag{2-2}$$

第四步："砌体梁"结构铰接块体 A 回转角速度的求解。

依据运动学的基本定理，在回转过程中，任意时刻的角速度可由上一时刻的角速度及其角加速度积分求得。由此可知，"砌体梁"结构铰接块体 A 刚破断、开始回转运动时初始角速度 $\omega_{\eta=0}=0$，初始回转角度 $\eta=0$，在经历时间微元 $\mathrm{d}t$，块体 A 回转角速度增加至 $\omega_{\eta=\mathrm{d}\eta}$，回转角度增加 $\eta=\mathrm{d}\eta$。块体 A 回转角速度 $\omega_{\eta=\mathrm{d}\eta}$、$\omega_{\eta=0}$ 及回转角度 $\mathrm{d}\eta$ 满足如下关系：

$$\omega_{\eta=0}{}^2 - \omega_{\eta=\mathrm{d}\eta}{}^2 = \int_0^{\mathrm{d}\eta} 2\alpha\,\mathrm{d}\eta = \int_0^{\mathrm{d}\eta} 2f(\eta)\,\mathrm{d}\eta \tag{2-3}$$

$$\omega_{\eta=\mathrm{d}\eta} = \sqrt{\omega_{\eta=0}{}^2 - \int_0^{\mathrm{d}\eta} 2f(\eta)\,\mathrm{d}\eta} \tag{2-4}$$

由此求得，"砌体梁"结构铰接块体 A 回转运动过程中，不同位态即铰接块体 A 不同回转角度时，铰接块体 A 的回转角速度 $\omega_{\eta=\mathrm{d}\eta}$。

4. 力学模型的简化与假设

(1)"砌体梁"结构铰接块体 A 初始回转角为零。"砌体梁"结构铰接块体 A 是由关键层破断形成的，关键层发生破断前，存在一定的挠曲量，致使关键层破断块体 A 断裂线位置上部顶界面开始出现拉破坏，并且随着块体 A 对煤体的压缩量的增加，破断裂缝完全贯通块体，形成破断块体 A。但是考虑到相对于"砌体梁"结构块体的回转运动量，关键层破断及裂缝完全贯通形成破断块体 A 之前，挠曲量或压缩量极小，此处不予考虑。近似认为破断块体 A 破断后开始回转运动之前仍处于水平状态，即初始回转角度为零。

(2)"砌体梁"结构两铰接块体 A、B 几何尺寸参数长度相同。由于关键层岩层原生微观裂隙分布及发育的差异，成岩矿物成分及其微观结构的差异，岩石中胶结物质及岩层物理力学特性的不同，"砌体梁"结构中两个铰接块体 A 和 B 在岩块厚度、岩块破断长度上存在一定的差异。为便于计算，将同一"砌体梁"结构中的铰接块体的几何尺寸参数视为一致。

(3) 不同位态"砌体梁"结构块体应力应变准则。"砌体梁"结构铰接块体回转运动过程中，A、B 两块体不同位态、挤压接触面不同位置挤压程度存在差异，因此根据"砌体梁"结构铰接块体回转过程中不同位态挤压程度的不同，分为三角形挤压区、梯形挤压区、倒梯形挤压区 3 个渐进变化阶段。"砌体梁"结构铰接块体在挤压程度较小时可视为弹性挤压,挤压程度较大时则视为塑性挤压。基于弹塑性基本理论,将三角形压缩区、梯形挤压区视为弹性压缩,将倒梯形挤压区视为弹塑性压缩。而"砌体梁"结构铰接块体 A、B 的共线位置,即"矩形挤压区",视为弹性压缩转变为塑性压缩的临界转变点。各个应力分布形态的挤压区,所对应的应力应变准则如图 2-6 所示。

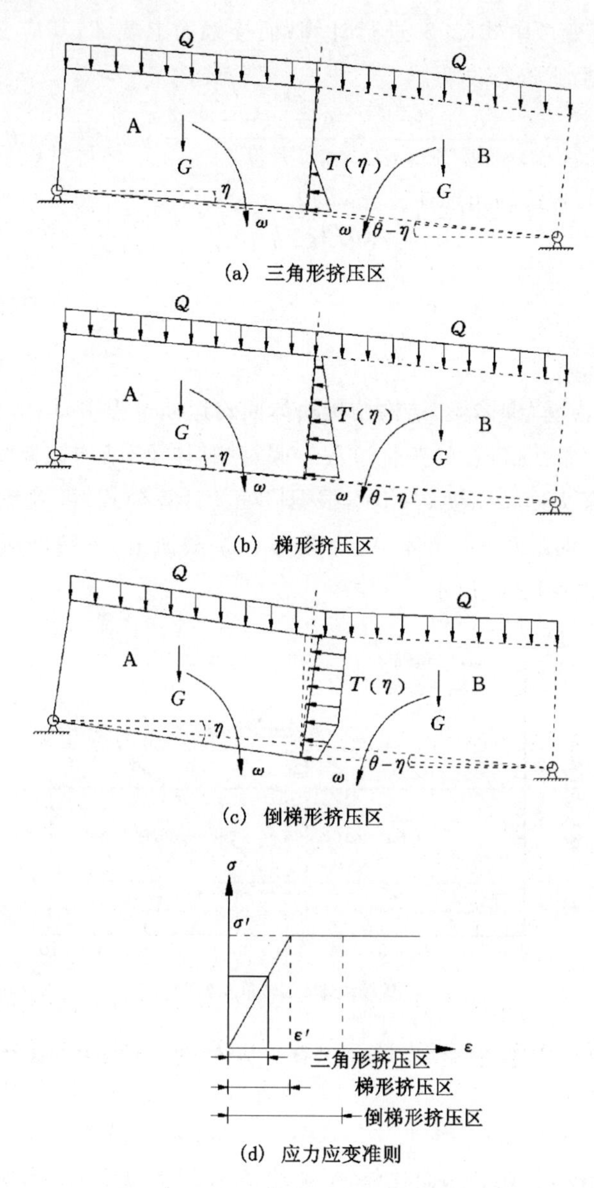

图 2-6 "砌体梁"结构回转运动 3 个渐进变化的应力应变准则

此处针对简化的科学性及其合理性进行说明。对于煤系地层而言,在覆岩中对采动岩层破断、运动起到控制作用的关键层,通常为砂岩、火成岩等这一类坚硬岩层。通过严格查阅现有文献中大量关于砂岩、火成岩等坚硬岩层的单轴压缩实验可知,在其应力应变曲线中,岩石在极限强度所对应的应变绝大多数分布于 0.8%～1.2%这个区间。在岩石的单轴压缩实验中,通常将极限强度的 2/3 视为屈服强度,即岩石弹性压缩极限强度。极限强度所对应的应变值的 2/3,通常也视为弹性压缩过渡为塑性压缩的临界值,因而岩石的最大弹性应变应处于 0.5%～0.7%。基于此,可以取平均值(0.6%),作为砂岩由弹性压缩改变为塑性压缩的临界值。在“砌体梁”结构块体回转速度力学模型中,“砌体梁”结构块体 A 与块体 B 接触面下端部,其应变可由式(2-5)进行计算;而接触面上端部,其应变可由式(2-6)进行计算,其中式(2-7)在后文进行说明。

$$\varepsilon = 1 - \frac{\cos \theta/2}{\cos(\theta/2 - \eta)} + \frac{h \tan(\eta - \theta/2)}{L} \quad \eta \in [\psi_0, \theta] \tag{2-5}$$

$$\varepsilon = 1 - \frac{\cos \theta/2}{\cos(\theta/2 - \eta)} \quad \eta \in [0, \theta] \tag{2-6}$$

$$\psi_0 = ② = (① + ②) + (② + ③) - (① + ② + ③) = \frac{\theta}{2} + \beta - \arccos\left(\frac{L\cos\theta/2}{\sqrt{h^2 + L^2}}\right) \tag{2-7}$$

通过一个算例来说明“砌体梁”结构铰接块体回转运动过程中,块体 A 和块体 B 的挤压特征由“弹性挤压”向“塑性挤压”的变化过程。假定“砌体梁”结构铰接块体厚度 $h=10$ m,块体长度 $L=20$ m,最大回转角度 $\theta=10°$,根据应变的计算公式,可以计算获得“砌体梁”结构铰接块体 A 回转运动过程中,块体 A、块体 B 在接触面上、下端部应变随回转角度 $\eta\in[0°,10°]$的变化规律,如图 2-7 所示。

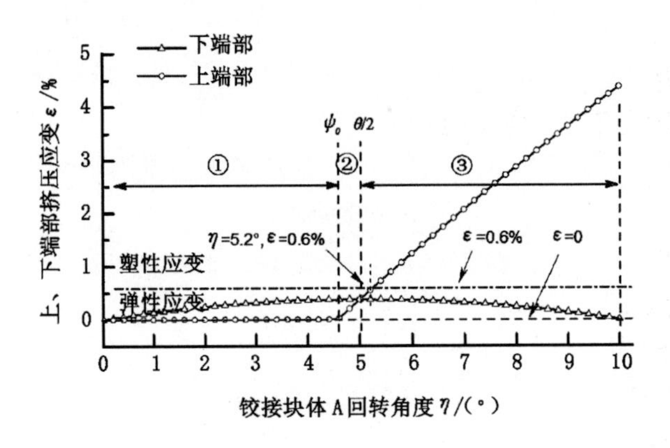

图 2-7 “砌体梁”结构铰接块体 A 回转过程中应变变化规律

在三角形挤压区,回转角度 $\eta\in[0,\psi_0]$,$\psi_0=4.56°$,块体 A 和块体 B 的下端部,处于弹性压缩阶段,其应变值小于 0.6%,而块体 A 和块体 B 的上端部,尚未接触,其应变值为 0。在梯形挤压区,回转角度 $\eta\in[\psi_0,\theta/2]$,块体 A 和块体 B 的下端部,依然处于弹性挤压状态;而块体 A 和块体 B 的上端部,随着回转角度 $\eta\in[\theta/2,\theta]$的增大其应变逐渐增大,也处于弹性挤压状态。在倒梯形挤压区,回转角度阶段,块体 A 和块体 B 的下端部依然处于弹性挤压状态,但上端部由弹性挤压状态过渡为塑性挤压状态,且随着回转角度的增大应变快速增加。

因此，基于上述分析，将关键层“砌体梁”的整个回转运动过程划分为3个阶段，即三角形挤压区、梯形挤压区、倒梯形挤压区，其中块体A所对应的回转角度区间分别为$\eta\in[0,\psi_0]$、$\eta\in\left[\psi_0,\frac{\theta}{2}\right]$、$\eta\in\left[\frac{\theta}{2},\theta\right]$。其中三角形挤压区和梯形挤压区中，接触面上、下端部视为弹性挤压；倒梯形挤压区中接触面上端部视为塑性挤压，而下端部视为弹性挤压，这种简化是科学的、合理的。

(4) 前铰接点不计回转力矩。“砌体梁”结构铰接块体A回转运动过程中，由于前铰接点距离转动轴很近，其作用力臂较短，甚至合应力作用线穿过转动轴，致使其合应力的作用力臂长度为零，因而其作用力矩可近似为零，不予考虑前铰接点的挤压应力作用力矩。

(5) 忽略不计回转过程中由于矸石的压缩而引起的下沉量。由于采空区矸石随着上覆载荷增加而出现的逐步压缩，“砌体梁”结构铰接块体回转运动过程中，铰接块体B的转动轴存在微量的下沉运动。但是由于“砌体梁”结构铰接块体回转运动致使工作面来压期间，块体B回转轴下方矸石仅承受块体B上覆载荷，因上覆载荷作用而引起的转动轴的下沉量远小于“砌体梁”结构铰接块体的回转运动量，且“砌体梁”结构铰接块体A和B的回转运动才是引起工作面支架来压的主要原因，因此忽略不计转动轴的下沉量，将“砌体梁”结构铰接块体的回转运动视为运动的主体部分，主要研究铰接块体回转运动对采场矿压的影响。

2.2 模型求解

2.2.1 “砌体梁”结构铰接块体挤压应力分布特征

“砌体梁”结构铰接块体回转运动过程中，不同位态时两铰接块体间接触面长度、接触面上作用力大小、作用力分布形态、作用力对于转轴的力矩不同。从几何角度分析，三角形挤压区、梯形挤压区、倒梯形挤压区3个渐进变化阶段所对应的“砌体梁”结构铰接块体A的回转角区间，在下文说明。

1. 三角形挤压区回转角区间

“砌体梁”结构铰接块体的初始回转状态为关键层刚发生破断，形成破断块体A时，此时破断块体A回转角度为零。铰接块体A的4个角点分别为a、b、c、d，铰接块体B的4个角点分别为a'、b'、c'、d'，初始状态下，角点a和角点a'处于点接触状态，如图2-8a所示。随着“砌体梁”结构铰接块体A的回转运动，角点a和角点a'挤压接触面长度增加，过渡为面挤压接触，其挤压程度逐步增加，如图2-8b所示。其中挤压接触面长度，可由“砌体梁”结构铰接块体A回转角度η、块体B初始角度θ，以及块体A几何尺寸参数求得。当“砌体梁”结构铰接块体A的角点b与块体B的角点b'接触时，如图2-8c所示，块体A回转角度记为ψ_0，即$\eta=\psi_0$，ψ_0可由式(2-9)求得。“砌体梁”结构铰接块体A回转角度η由$\eta=0$增加到$\eta=\psi_0$的过程，A、B两块体的挤压接触面上的应力分布即呈现三角形应力分布，三角形挤压区回转角度区间为$\eta\in(0,\psi_0)$。

“砌体梁”结构铰接块体A、B的角点b和b'接触时，通过几何分析可知存在如下关系：

$$\frac{L\cos\frac{\theta}{2}}{\cos\left(\frac{\theta}{2}+\beta-\psi_0\right)}=\sqrt{h^2+L^2} \tag{2-8}$$

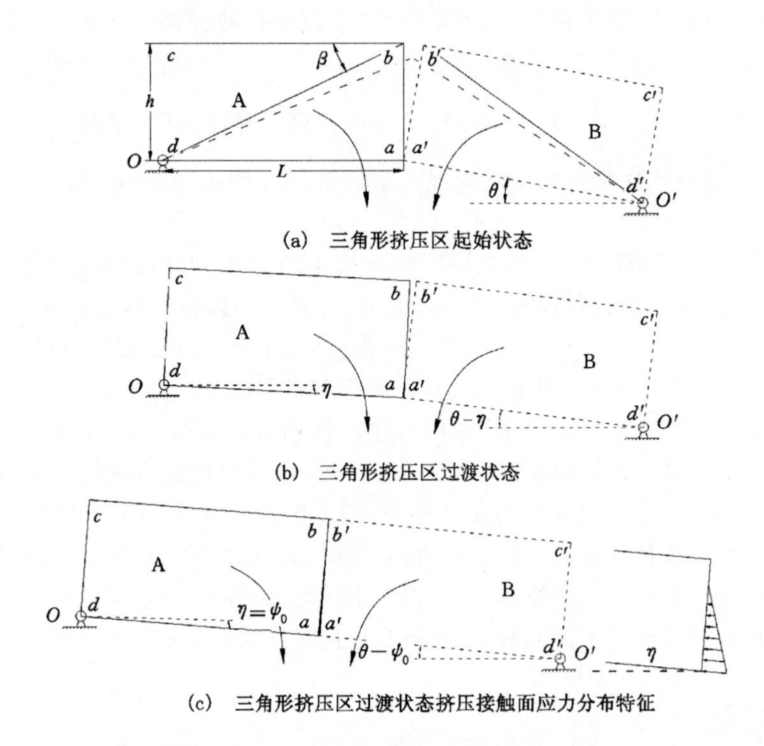

图 2-8 块体 A、B“三角形挤压区”回转角区间及应力分布特征

$$\psi_0 = \frac{\theta}{2} + \beta - \arccos\left(\frac{L\cos\dfrac{\theta}{2}}{\sqrt{h^2 + L^2}}\right) \tag{2-9}$$

由此可知，“砌体梁”结构铰接块体 A 回转角度 $\eta \in (0, \psi_0)$时，A、B 块体挤压接触面应力呈现三角形应力分布特征。

2. 梯形挤压区回转角区间

随着“砌体梁”结构铰接块体 A、B 回转角度的增加，角点 a 和角点 a'的挤压程度进一步增加，角点 b 和角点 b'由点接触逐步过渡为面接触，其挤压程度也逐步增加。此时，角点 a 和角点 a'的挤压程度大于角点 b 和角点 b'的挤压程度，如图 2-9a 所示。挤压接触面上应力分布呈现上端面挤压程度小、下端面挤压程度大的“梯形”形状特征。直至“砌体梁”结构两个铰接块体 A、B 呈现“共线”状态，此时两块体挤压界面处上部与下部挤压程度相同，呈现“矩形”挤压形态，如图 2-9b 所示，成为由梯形挤压区向倒梯形挤压区转变的临界状态。由此可得，“砌体梁”结构铰接块体 A 回转角度 $\eta \in (\psi_0, \theta/2)$时，挤压接触面应力呈现梯形应力分布特征。

3. 倒梯形挤压区回转角区间

通过几何分析可知，随着“砌体梁”结构铰接块体 A、B 的进一步回转，角点 a 和角点 a'的挤压程度减弱，由面接触降低过渡为点接触。角点 b 和角点 b'的挤压程度进一步增加，如图 2-10a 所示。依据前述研究成果，将前述“矩形挤压区”视为弹性压缩向塑性压缩过渡的临界转变点，因此，角点 a 和角点 a'的弹性挤压得到释放，角点 b 和角点 b'的挤压程度增加，超过岩块抗压强度而进入塑性阶段，尽管其挤压程度持续增加，但其塑性挤压区域挤压

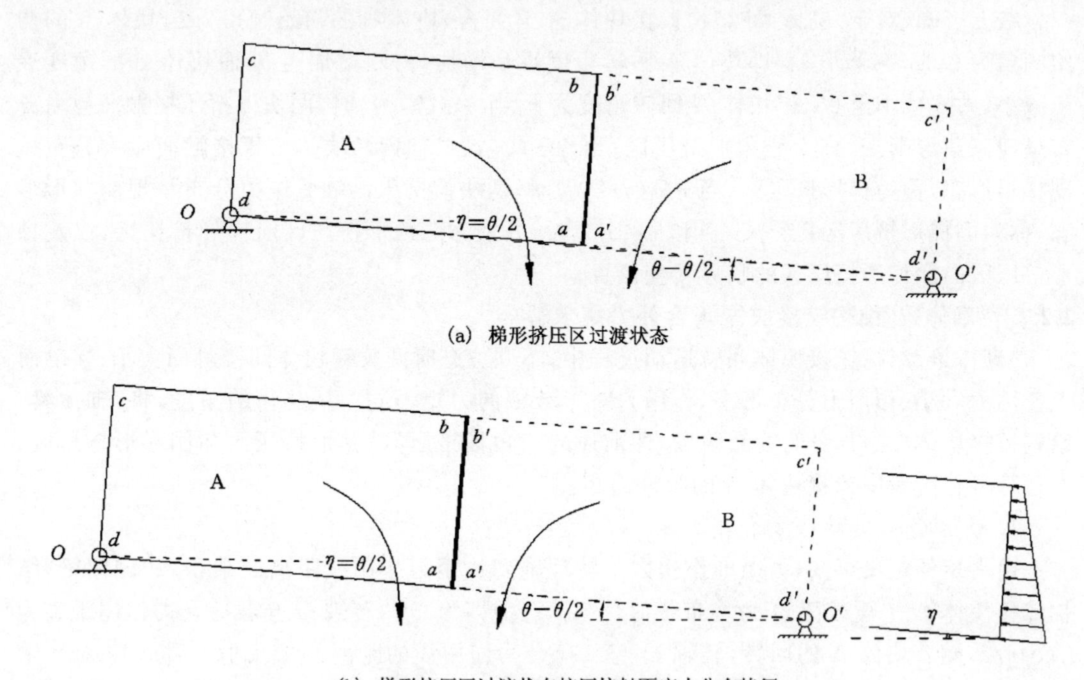

(a) 梯形挤压区过渡状态

(b) 梯形挤压区过渡状态挤压接触面应力分布特征

图 2-9 块体 A、B 梯形挤压区回转角区间及应力分布特征

应力恒定于抗压强度而不再增加，如图 2-10b 所示，直至“砌体梁”结构铰接块体 A 触及采空区矸石，达到最大回转角度 $\eta=\theta$ 时，铰接块体停止回转运动。θ 不仅是铰接块体 B 的初始回转角度，同时也是铰接块体 A 的最大回转角度。由此可得，“砌体梁”结构铰接块体 A 回转角度 $\eta\in(\theta/2,\theta)$ 时，挤压接触面应力呈现梯形应力分布特征。

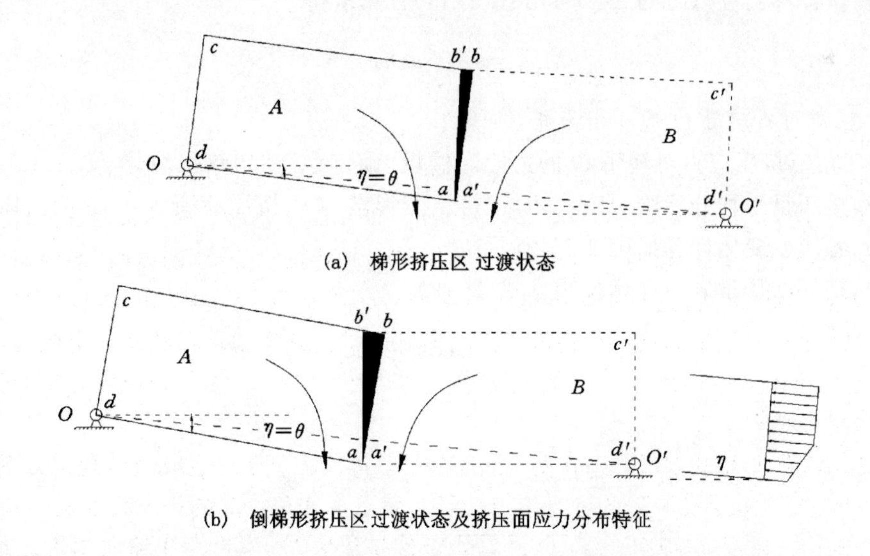

(a) 梯形挤压区 过渡状态

(b) 倒梯形挤压区过渡状态及挤压面应力分布特征

图 2-10 块体 A、B 倒梯形挤压区回转角区间及应力分布特征

综上可知，对于“砌体梁”结构铰接块体 A、B 而言，块体 B 的初始倾角为 θ，块体 A 的初始倾角为 0，回转运动过程即块体 A 回转角度逐步增加，由 0 增加至 θ，而块体 B 的角度逐步减小，由 θ 减小至 0。记块体 A 回转角度为 η，当 $\eta\in(0,\psi_0)$时，两块体挤压接触面应力分布呈现三角形形态，称为三角形挤压区；当 $\eta\in(\psi_0,\theta/2)$时，两块体挤压接触面应力分布呈现梯形形态，称为梯形挤压区；当 $\eta\in(\theta/2,\theta)$时，两块体挤压接触面应力分布呈现倒梯形形态，称为倒梯形挤压区；当 $\eta\in\psi_0$ 和 $\eta=\theta/2$ 时，分别为三角形挤压区向梯形挤压区，以及梯形挤压区向倒梯形挤压区的临界转变位置。

2.2.2 “砌体梁”结构铰接块体 A 合外力矩求解

“砌体梁”结构铰接块体回转运动过程中，不同位态时两关键块体间接触面大小、接触面上作用力大小、作用力分布形态、作用力对于转轴的力矩不同。从几何的角度，将“砌体梁”结构铰接块体位态划分为 3 个阶段，即前述的三角形挤压区、梯形挤压区和倒梯形挤压区，并计算各自阶段中铰接块体 A 的合外力矩。

1. 载荷 Q 对转轴 O 的作用力矩

由力矩的定义可知，力矩即作用力与转动轴到作用力作用线距离的乘积。“砌体梁”结构铰接块体 A 上覆载荷 Q 为均布载荷。载荷合力即为 QL，转轴 O 与载荷合力作用距离为 $L\cos\eta/2$，随着块体 A 的回转，转轴 O 与载荷合力作用线的距离逐步减小。载荷 Q 对转轴 O 的力矩记为 M_{QO}，“砌体梁”结构不同位态时的 M_{QO} 可由式(2-10)计算求得。

$$M_{QO}=\frac{1}{2}QL^2\cos\eta \tag{2-10}$$

2. 自重 G 对转轴 O 的作用力矩

“砌体梁”结构铰接块体 A 自重 G 作用于重心，作为二维力学分析，取铰接块体 A 为单位宽度，由此可知自重 $G=\rho Lhg$。转轴 O 与自重合力作用的距离为 $L\cos\eta/2$，随着块体 A 回转，转轴 O 与自重合力作用线的距离逐步减小。自重 G 对转轴 O 的力矩记为 M_{GO}，“砌体梁”结构块体不同位态时的 M_{GO} 可由式(2-11)计算求得。

$$M_{GO}=\frac{1}{2}L^2\rho gh\cos\eta \tag{2-11}$$

3. 挤压应力对转轴 O 的作用力矩

(1) 三角形挤压应力对转轴 O 的力矩。假设“砌体梁”结构铰接块体 A、B 回转运动挤压过程中，挤压量平均分配给两个块体，记挤压变形量为 e、挤压应变为 ε，铰接块体回转运动过程中，各应变变化计算如图 2-11 所示。

其中，挤压变形量 e 的计算公式见式(2-12)：

$$e=L-l=L-L\cos\frac{\theta}{2}\Big/\cos\left(\frac{\theta}{2}-\eta\right) \tag{2-12}$$

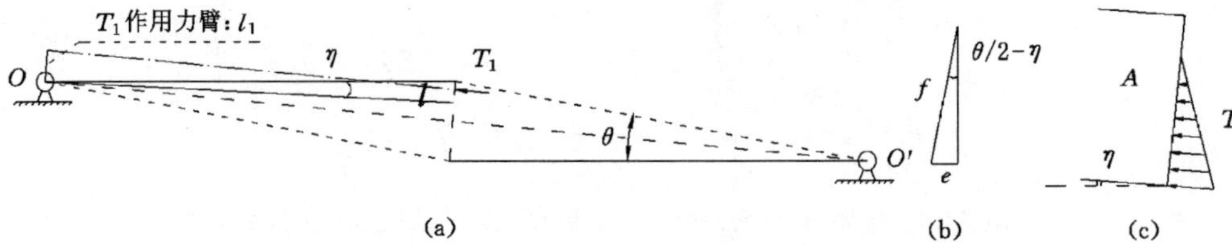

图 2-11　三角形挤压区合应力大小及力臂长度计算

挤压应变量的计算公式见式(2-13)：

$$\varepsilon=\frac{e}{L}=1-\cos\frac{\theta}{2}\Big/\cos\left(\frac{\theta}{2}-\eta\right) \tag{2-13}$$

挤压接触面长度的计算公式见式(2-14)：

$$f=e/\sin\left(\frac{\theta}{2}-\eta\right)=\left[L-L\cos\frac{\theta}{2}\Big/\cos\left(\frac{\theta}{2}-\eta\right)\right]\Big/\sin\left(\frac{\theta}{2}-\eta\right) \tag{2-14}$$

三角形挤压区挤压应力合力见式(2-15)：

$$T_1=\frac{EL}{2}\left[1-\cos\frac{\theta}{2}\Big/\cos\left(\frac{\theta}{2}-\eta\right)\right]^2\Big/\sin\left(\frac{\theta}{2}-\eta\right) \tag{2-15}$$

转轴 O 到三角形挤压区挤压应力合力 T_1 的力臂长度 l_1，见式(2-16)：

$$l_1=L\cos\frac{\theta}{2}\tan\left(\frac{\theta}{2}-\eta\right)+L\left[1-\cos\frac{\theta}{2}\Big/\cos\left(\frac{\theta}{2}-\eta\right)\right]\Big/3\sin\left(\frac{\theta}{2}-\eta\right) \tag{2-16}$$

由此可得，"砌体梁"结构铰接块体 A 处于三角形挤压区时，即回转角度 $\eta\in(0,\psi_0)$时，挤压应力合力矩 M_{TO_1} 可由式(2-17)计算求得。

$$M_{TO_1}=T_1l_1 \tag{2-17}$$

(2) 梯形挤压应力对转轴 O 的力矩。同理，认为"砌体梁"结构铰接块体 A、B 回转运动挤压过程中，挤压量平均分配给两个块体，记挤压变形量为 e、挤压应变量为 ε，铰接块体回转运动过程中，各应变变化计算如图 2-12 所示。

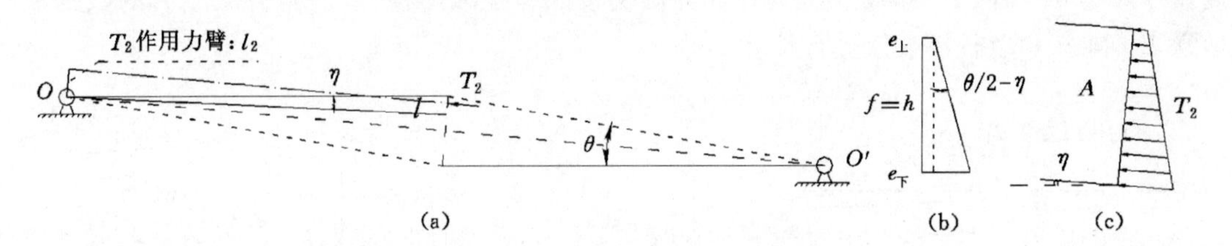

图 2-12 梯形挤压区合应力大小及力臂长度计算

其中，下端部挤压变形量 $e_{下}$ 的计算公式见式(2-18)：

$$e_{下}=L-L\cos\frac{\theta}{2}\Big/\cos\left(\frac{\theta}{2}-\eta\right) \tag{2-18}$$

下端部挤压应变量 $\varepsilon_{下}$ 的计算公式见式(2-19)：

$$\varepsilon_{下}=\frac{e_{下}}{L}=1-\cos\frac{\theta}{2}\Big/\cos\left(\frac{\theta}{2}-\eta\right) \tag{2-19}$$

上端部挤压变形量 $e_{上}$ 的计算公式见式(2-20)：

$$e_{上}=e_{下}-h\tan\left(\frac{\theta}{2}-\eta\right)=L-L\cos\frac{\theta}{2}\Big/\cos\left(\frac{\theta}{2}-\eta\right)-h\tan\left(\frac{\theta}{2}-\eta\right) \tag{2-20}$$

上端部挤压应变量 $\varepsilon_{上}$ 的计算公式见式(2-21)：

$$\varepsilon_{上}=\frac{e_{上}}{L}=1-\cos\frac{\theta}{2}\Big/\cos\left(\frac{\theta}{2}-\eta\right)-\frac{h}{L}\tan\left(\frac{\theta}{2}-\eta\right) \tag{2-21}$$

挤压接触面长度 f 等于铰接块体 A 的厚度 h，即 $f=h$。

梯形挤压区上端部挤压应力为 $T_{2上}$，下端部挤压应力为 $T_{2下}$，梯形分布挤压应力合力为 T_2，到转轴 O 的距离记为 l_2，铰接块体 A 的高长比 $i=h/L$：

$$T_{2上}=E\varepsilon_{2上}=E\left[1-\cos\frac{\theta}{2}\bigg/\cos\left(\frac{\theta}{2}-\eta\right)-i\tan\left(\frac{\theta}{2}-\eta\right)\right] \tag{2-22}$$

$$T_{2下}=E\varepsilon_{2下}=E\left[1-\cos\frac{\theta}{2}\bigg/\cos\left(\frac{\theta}{2}-\eta\right)\right] \tag{2-23}$$

$$T_2=\frac{h}{2}(T_{2上}+T_{2下})=\frac{Eh}{2}\left[2-2\cos\frac{\theta}{2}\bigg/\cos\left(\frac{\theta}{2}-\eta\right)-i\tan\left(\frac{\theta}{2}-\eta\right)\right] \tag{2-24}$$

转轴 O 到梯形挤压区挤压应力合力 T_2 的力臂长度 l_2：

$$l_2=\frac{(2e_上+e_下)h}{3(e_上+e_下)}=\frac{h\left[3-3\cos\frac{\theta}{2}\bigg/\cos\left(\frac{\theta}{2}-\eta\right)-2i\tan\left(\frac{\theta}{2}-\eta\right)\right]}{3\left[2-2\cos\frac{\theta}{2}\bigg/\cos\left(\frac{\theta}{2}-\eta\right)-h\tan\left(\frac{\theta}{2}-\eta\right)\right]} \tag{2-25}$$

由此可得，“砌体梁”结构铰接块体 A 处于梯形挤压区时，即回转角度 $\eta\in(\psi_0,\theta/2)$时，挤压应力合力矩 M_{TO_2} 可由式(2-26)计算求得。

$$M_{TO_2}=T_2l_2 \tag{2-26}$$

(3) 倒梯形挤压应力对转轴 O 的力矩。同理，认为“砌体梁”结构两铰接块体 A、B 回转运动挤压过程中，挤压量平均分配给两个块体，记挤压变形量为 e、挤压应变量为 ε，铰接块体回转运动过程中，各应变变化计算如图 2-13 所示。考虑到“砌体梁”结构铰接块体倒梯形挤压区出现的塑性挤压，即由 $E\varepsilon$ 计算得到的挤压应力超过岩块强度时，挤压应力为岩块强度挤压应力 σ_c。本书中挤压应力的计算方法仍按照弹性准则核算，但是挤压应力的数据取值从 $E\varepsilon$ 和 σ_c 中取较小数值进行计算。

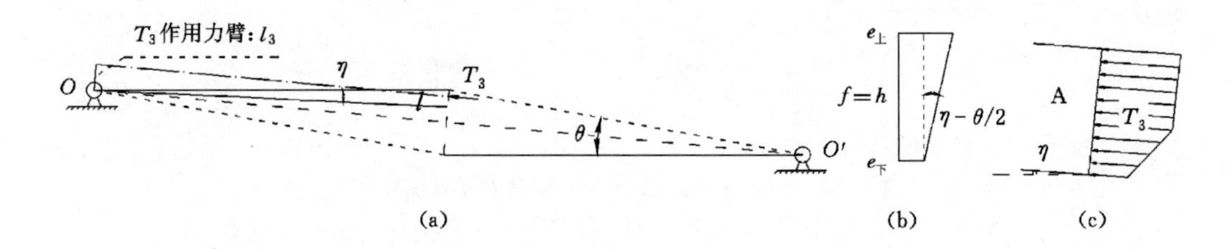

图 2-13　倒梯形挤压区合应力大小及力臂长度计算

其中，下端部挤压变形量 $e_下$ 的计算公式见式(2-27)：

$$e_下=L-L\cos\frac{\theta}{2}\bigg/\cos\left(\eta-\frac{\theta}{2}\right) \tag{2-27}$$

下端部挤压应变量 $\varepsilon_下$ 的计算公式见式(2-28)：

$$\varepsilon_下=\frac{e_下}{L}=1-\cos\frac{\theta}{2}\bigg/\cos\left(\eta-\frac{\theta}{2}\right) \tag{2-28}$$

上端部挤压变形量 $e_上$ 的计算公式见式(2-29)：

$$e_上=e_下+h\tan\left(\eta-\frac{\theta}{2}\right)L-L\cos\frac{\theta}{2}\bigg/\cos\left(\eta-\frac{\theta}{2}\right)+h\tan\left(\eta-\frac{\theta}{2}\right) \tag{2-29}$$

上端部挤压应变量 $\varepsilon_上$ 的计算公式见式(2-30)：

$$\varepsilon_上=\frac{e_上}{L}=1-\cos\frac{\theta}{2}\bigg/\cos\left(\eta-\frac{\theta}{2}\right)+i\tan\left(\eta-\frac{\theta}{2}\right) \tag{2-30}$$

挤压接触面长度 f 等于铰接块体 A 的厚度 h，即 $f=h$。

倒梯形挤压区上端部挤压应力为 $T_{3上}$，下端部挤压应力为 $T_{3下}$，梯形分布挤压应力合力为 T_3，其到转轴 O 的距离记为 l_3。考虑到倒梯形挤压阶段不再是完全的弹塑性挤压，而会出现塑性挤压的情况，因此，挤压应力从弹性准则计算 $E\varepsilon$ 和岩块强度 σ_c 中取较小数值进行计算，结果如下：

$$T_{3上}=\min(E\varepsilon_{3上},\sigma_c)=\min\left\{E\left[1-\cos\frac{\theta}{2}\bigg/\cos\left(\eta-\frac{\theta}{2}\right)+i\tan\left(\eta-\frac{\theta}{2}\right)\right],\sigma_c\right\} \tag{2-31}$$

$$T_{3下}=\min(E\varepsilon_{3下},\sigma_c)=\min\left\{E\left[1-\cos\frac{\theta}{2}\bigg/\cos\left(\eta-\frac{\theta}{2}\right)\right],\sigma_c\right\} \tag{2-32}$$

$$T_3=\frac{h}{2}(T_{3上}+T_{3下}) \tag{2-33}$$

转轴 O 到梯形挤压区挤压应力合力 T_3 的力臂长度 l_3：

$$l_3=h-L\cos\frac{\theta}{2}\tan\left(\eta-\frac{\theta}{2}\right)-\frac{(2e_{上}+e_{下})h}{3(e_{上}+e_{下})} \tag{2-34}$$

$$l_3=h-L\cos\frac{\theta}{2}\tan\left(\eta-\frac{\theta}{2}\right)-\frac{h\left[3-3\cos\frac{\theta}{2}\bigg/\cos\left(\eta-\frac{\theta}{2}\right)+2i\tan\left(\eta-\frac{\theta}{2}\right)\right]}{3\left[2-2\cos\frac{\theta}{2}\bigg/\cos\left(\eta-\frac{\theta}{2}\right)+i\tan\left(\eta-\frac{\theta}{2}\right)\right]} \tag{2-35}$$

由此可得，“砌体梁”结构铰接块体 A 处于梯形挤压区时，即回转角度 $\eta\in(\theta/2,\theta)$ 时，挤压应力合力矩 M_{TO_3} 可由式(2-36)计算求得。

$$M_{TQ_3}=T_3l_3 \tag{2-36}$$

综上所述，“砌体梁”结构铰接块体回转运动过程中，“砌体梁”结构处于不同位态时，铰接块体 A 所承受挤压应力力矩均已获得计算公式，三角形挤压区、梯形挤压区、倒梯形挤压区的挤压应力计算公式，见式(2-37)、式(2-38)、式(2-39)。由于公式较复杂，引入 4 个计算因子，见式(2-40)。

$$M_{TO_1}=EL^2\left(1-\frac{a}{b}\right)^2\left[ac+\frac{1}{3d}\left(1-\frac{a}{b}\right)\right]/d \tag{2-37}$$

$$M_{TO_2}=\frac{Eh}{2}\left(2-\frac{2a}{b}+ic\right)\left(\frac{h\left(3-\frac{3a}{b}+2ic\right)}{3\left(2-\frac{2a}{b}+ic\right)}-Lac\right) \tag{2-38}$$

$$M_{TO_3}=\left(\frac{Eh(1-a)\left(ic+a-\frac{a}{b}\right)(h-Lac)}{2ic}\right)-h\left(1-\frac{ic+a-\frac{a}{b}}{ic}\right)\cdot\left(Labc-hb+\frac{hb\left(ic+a-\frac{a}{b}\right)}{ic}+\frac{(3b-2a-ab)\left[h-\frac{h(ibc+ab-a)}{ibc}\right]}{6b-3a-3ab}\right) \tag{2-39}$$

$$a=\cos\frac{\theta}{2}\qquad b=\cos\left(\eta-\frac{\theta}{2}\right)\qquad c=\tan\left(\eta-\frac{\theta}{2}\right)\qquad d=\sin\left(\eta-\frac{\theta}{2}\right)\tag{2-40}$$

至此，"砌体梁"结构铰接块体 A 回转运动过程中，不同位态时所承受的合外力矩计算公式见式(2-41)。为公式易于书写此处不予进一步展开，具体计算过程通过专业的数学计算软件 Maple 进行。

$$M=\begin{cases}\frac{1}{2}QL^2\cos(\eta)+\frac{1}{2}L^2\rho gh\cos(\eta)+M_{TO1} & (0<\eta\leqslant\psi_0)\\ \frac{1}{2}QL^2\cos(\eta)+\frac{1}{2}L^2\rho gh\cos(\eta)+M_{TO2} & (\psi_0<\eta\leqslant\frac{\theta}{2})\\ \frac{1}{2}QL^2\cos(\eta)+\frac{1}{2}L^2\rho gh\cos(\eta)+M_{TO3} & (\frac{\theta}{2}<\eta\leqslant\theta)\end{cases}\tag{2-41}$$

2.2.3 "砌体梁"结构铰接块体回转角速度方程

"砌体梁"结构铰接块体 A 的回转运动等效于"定轴转动"，铰接块体 A 对转轴 O 的转动惯量，与块体 A 的质量、质心到转轴 O 的距离有关。依据其定义，转动惯量可以通过物体质量微元与到转轴距离的 2 次方的乘积的积分求得，"砌体梁"结构铰接块体 A 对于转轴 O 的转动惯量可由式(2-42)计算求得。

$$J=\int_S r^2\mathrm{d}m=\rho\int_S(x^2+y^2)\mathrm{d}x\mathrm{d}y=\rho\int_0^L\int_0^h(x^2+y^2)\mathrm{d}x\mathrm{d}y=\frac{1}{3}m(L^2+h^2)\tag{2-42}$$

式中　$\mathrm{d}m$——块体质量微元；

r——质量微元 $\mathrm{d}m$ 到转轴 O 的距离；

S——块体面积，$S=hL$；

m——块体质量，$m=\rho hL$。

依据运动学的基本定理，铰接块体 A 定轴转动过程中，任意时刻的角速度可由上一时刻的角速度及其角加速度积分求得。由此可知，"砌体梁"结构铰接块体 A 刚破断、开始回转运动时初始角速度 $\omega_{\eta=0}=0$，初始回转角度 $\eta=0$，在经历时间微元 $\mathrm{d}t$，块体 A 回转角速度增加至 $\omega_{\eta=\mathrm{d}\eta}$，回转角度增加 $\eta=\mathrm{d}\eta$。块体 A 回转角速度 $\omega_{\eta=\mathrm{d}\eta}$、$\omega_{\eta=0}$ 以及回转角度 $\mathrm{d}\eta$ 满足如下关系：

$$\omega_{\eta=0}{}^2-\omega_{\eta=\mathrm{d}\eta}=\int_0^{\mathrm{d}\eta}2\alpha\,\mathrm{d}\eta=\int_0^{\mathrm{d}\eta}2f(\eta)\mathrm{d}\eta\tag{2-43}$$

$$\omega_{\eta=\mathrm{d}\eta}=\sqrt{\omega_{\eta=0}{}^2-\int_0^{\mathrm{d}\eta}2f(\eta)\mathrm{d}\eta}\tag{2-44}$$

考虑到"砌体梁"结构铰接块体 A 回转运动过程中，不同挤压区间中挤压应力力矩的变化，因此，采取分段函数求积分的形式，在三角形挤压区、梯形挤压区、倒梯形挤压区的各自区间内分段求解回转角速度。同时根据铰接块体 A 回转角度为 $\eta=\psi_0$ 和 $\eta=\theta/2$ 时的连续性条件，即要求 $\eta=\psi_0$ 时，"三角形挤压区"计算结果和"梯形挤压区"计算结果一致，且 $\eta=\theta/2$ 时，"梯形挤压区"和"倒梯形挤压区"计算结果一致，以此对计算结果进行校核。"砌体梁"结构铰接块体回转运动过程中，铰接块体 A 回转角速度的计算公式见式(2-45)。同理，为公式易于书写此处不予进一步展开，具体计算过程通过专业的数学计算软件 Maple 进行。

$$\omega=\begin{cases}\sqrt{2\times\int_{0}^{\eta}f(\eta)\mathrm{d}\eta} & (0\leqslant\eta<\psi_0)\\ \sqrt{2\times\int_{0}^{\psi_0}f(\eta)\mathrm{d}\eta+2\times\int_{\psi_0}^{\eta}f(\eta)\mathrm{d}\eta} & \left(\psi_0\leqslant\eta<\frac{1}{2}\theta\right)\\ \sqrt{2\times\int_{0}^{\psi_0}f(\eta)\mathrm{d}\eta+2\times\int_{\psi_0}^{\frac{1}{2}\theta}f(\eta)\mathrm{d}\eta+2\times\int_{\frac{1}{2}\theta}^{\eta}f(\eta)\mathrm{d}\eta} & \left(\frac{1}{2}\theta\leqslant\eta<\theta\right)\end{cases}\tag{2-45}$$

综上可得，三角形挤压区时，“砌体梁”结构铰接块体 A 的回转角速度见式(2-46)，其中铰接块体 A 回转角度 $\eta\in(0,\psi_0)$。

$$\omega=\sqrt{2\int_{0}^{x}\frac{3}{\rho hL(L+h)^2}\left(\frac{1}{2}qL^2\cos\eta+\frac{1}{2}\rho ghL^2\cos\eta+A\right)\mathrm{d}\eta}\tag{2-46}$$

其中，

$$A=\frac{EL}{\sin\left(\eta-\frac{\theta}{2}\right)}\left(1-\frac{\cos\frac{\theta}{2}}{\cos\left(\eta-\frac{\theta}{2}\right)}\right)^2\left\{L\cos\frac{\theta}{2}\tan\left(\frac{\theta}{2}-\eta\right)+\frac{L}{3\sin\left(\frac{\theta}{2}-\eta\right)}\left(1-\frac{\cos\frac{\theta}{2}}{\cos\left(\eta-\frac{\theta}{2}\right)}\right)\right\}$$

梯形挤压区时，“砌体梁”结构铰接块体 A 的回转角速度见式(2-47)，其中铰接块体 A 的回转角度 $\eta\in\left[\psi_0,\frac{\theta}{2}\right)$。

$$\omega=\sqrt{\frac{6\omega_1^2}{\rho hL(L+h)^2}+2\int_{\psi_0}^{x}\frac{3}{\rho hL(L+h)^2}\left[\frac{1}{2}qL^2\cos\eta+\frac{1}{2}\rho ghL^2\cos\eta-\frac{EhB}{2\cos\left(\eta-\frac{\theta}{2}\right)}\right]\mathrm{d}\eta}\tag{2-47}$$

其中，

$$\omega_1^2=\int_{0}^{\psi_0}\left(\frac{1}{2}qL^2\cos\eta+\frac{1}{2}\rho ghL^2\cos\eta+A^2\right)\mathrm{d}\eta$$

$$B=\left[Li\tan^2\left(\eta-\frac{\theta}{2}\right)\cos\frac{\theta}{2}+\left(2L\cos\frac{\theta}{2}-\frac{2}{3}hi\right)\tan\left(\eta-\frac{\theta}{2}\right)-h\right]\cos\left(\eta-\frac{\theta}{2}\right)-2L\tan\left(\eta-\frac{\theta}{2}\right)\cos^2\frac{\theta}{2}+h\cos\frac{\theta}{2}$$

倒梯形挤压区，“砌体梁”结构铰接块体 A 的回转角速度，见式(2-48)。

$$\omega=\sqrt{\omega_1^2+\omega_2^2+2\int_{\frac{\theta}{2}}^{x}\left(C+\frac{E}{D}\right)\mathrm{d}\eta}\tag{2-48}$$

其中，

$$\omega_2^2=2\int_{\psi_0}^{\frac{\theta}{2}}\frac{3}{\rho hL(L+h)^2}\left[\frac{1}{2}qL^2\cos\eta+\frac{1}{2}\rho ghL^2\cos\eta-\frac{EhB}{2\cos\left(\eta-\frac{\theta}{2}\right)}\right]\mathrm{d}\eta$$

$$C=\frac{Eh\left[L\cos\frac{\theta}{2}\tan\left(\eta-\frac{\theta}{2}\right)-h\right]\left(\cos\frac{\theta}{2}-1\right)\left\{i\tan\left(\eta-\frac{\theta}{2}\right)\cos\left(\eta-\frac{\theta}{2}\right)+\cos\frac{\theta}{2}\left[\cos\left(\eta-\frac{\theta}{2}\right)-1\right]\right\}}{2i\tan\left(\eta-\frac{\theta}{2}\right)\cos\left(\eta-\frac{\theta}{2}\right)}$$

$$D=i^2\cos^2\left(\eta-\frac{\theta}{2}\right)\left[\left(\cos\frac{\theta}{2}-2\right)\cos\left(\eta-\frac{\theta}{2}\right)+\cos\frac{\theta}{2}\right]\tan^2\left(\eta-\frac{\theta}{2}\right)$$

$$E=h\cos^2\frac{\theta}{2}\left[\cos\left(\eta-\frac{\theta}{2}\right)-1\right]\left\{Li\left[\left(\cos\frac{\theta}{2}-2\right)\cos\left(\eta-\frac{\theta}{2}\right)+\cos\frac{\theta}{2}\right]\cos\left(\eta-\frac{\theta}{2}\right)\tan^2\left(\eta-\frac{\theta}{2}\right)+\right.$$
$$\left.\frac{2}{3}\left[\cos\left(\eta-\frac{\theta}{2}\right)-1\right]\left[\left(\cos\frac{\theta}{2}-\frac{3}{2}\right)\cos\left(\eta-\frac{\theta}{2}\right)+\frac{1}{2}\cos\frac{\theta}{2}\right]h\right\}$$

2.3 模型验证

基于前述理论分析结果，通过理论计算和 UDEC 数值模拟软件模拟两种方法，求解和模拟相同开采参数下“砌体梁”结构铰接块体的回转运动过程，并且记录“砌体梁”结构铰接块体 A 的回转运动速度。对比理论分析计算结果与 UDEC 数值模拟结果，验证上述所建立的力学模型的科学性及其计算结果的准确性。考虑到“砌体梁”结构块体铰接、回转运动过程中端部区域所出现的挤压塑性变形，以及由此导致的块体间挤压作用力的变化，UDEC 模拟中采用库伦—摩尔模型，库伦—摩尔模型为弹塑性模型，其应力－应变关系准则与前述理论分析中所采用的应力—应变准则保持一致。

2.3.1 模型参数

理论分析包含两个算例，算例 1 中相关参数分别见表 2-1、表 2-2。表 2-1 中 h、L、H、M、θ、γ、g 分别为“砌体梁”结构铰接块体厚度、铰接块体长度、铰接块体上覆载荷层厚度、工作面采高、铰接块体回转角度、容重、重力加速度。

表 2-1 理论分析算例 1 中的相关参数及取值

参数	h/m	L/m	θ/(°)	M/m	γ/(kg·m^{-3})	g/(m·s^{-2})
取值	5	10	17.5	3.0	25 000	10
载荷层厚度 H/m	10		20		30	40

表 2-2 算例 1 中“砌体梁”结构铰接块体回转过程中 3 种挤压形态回转角度取值

挤压应力分布形式	三角形挤压区	梯形挤压区	倒梯形挤压区
回转角度取值	0°～7.4°	7.4°～8.75°	8.75°～17.5°

其中，数值模拟中采高设置为 3 m，“砌体梁”结构铰接块体长度为 10 m。由于研究重点为“砌体梁”结构回转过程，这意味着铰接块体下具有一定的回转空间即可。因此，为简化计算，模拟中不设置直接顶岩层，等效于基本顶直接赋存于煤层之上的情况，由式(2-49)计算可知，理论分析中“砌体梁”结构铰接块体回转角度 $\theta=17.5°$。

$$\theta = \arcsin \frac{M}{L} \tag{2-49}$$

首先对上述条件下的“砌体梁”结构铰接块体回转速度进行理论分析,“砌体梁”结构铰接块体回转过程中,挤压应力存在三角形挤压区、梯形挤压区、倒梯形挤压区3个渐进变化阶段。依据式(2-9)可知三角形挤压区与梯形挤压区的临界转变角度为ψ_0,由式(2-9)计算可知,$\psi_0=7.4°$。倒梯形挤压区与梯形挤压区的临界转变角度为$\theta/2$,$\theta/2=8.75°$,3个阶段回转角度分区见表2-2。

同理,可求得算例2中相关参数的取值,分别见表2-3、表2-4。

表2-3 理论分析算例2中的相关参数及取值

参数	h/m	L/m	θ/(°)	M/m	γ/(kg·m^{-3})	g/(m·s^{-2})
取值	5	15	11.5	3.0	25000	10
载荷层厚度 H/m	10		20		30	40

表2-4 算例2中“砌体梁”结构铰接块体回转过程中3种挤压形态回转角度取值

挤压应力分布形式	三角形挤压区	梯形挤压区	倒梯形挤压区
回转角度取值	0°～4.9°	4.9°～5.75°	5.75°～11.5°

2.3.2 理论计算及数值模拟结果

2.3.2.1 理论分析结果

将表2-1中相关参数代入式(2-45),“砌体梁”结构铰接块体回转运动过程中,按照间隔0.5°进行取值,即分别获得“砌体梁”结构铰接块体回转运动过程中,各个回转角度时“砌体梁”结构铰接块体所对应的回转角速度,如图2-14所示。由此可知,铰接块体长度为10 m时,其回转角度为17.5°,当载荷层厚度为10～40 m时,铰接块体未能达到最大的回转角度,而是形成了暂时稳定的结构,待上覆岩层发生破断形成扰动后,其将进一步发生回转运动;而铰接块体长度为15 m时,其回转角度为11.5°,铰接块体将会持续回转运动直至触及采空区矸石。这种现象表明,块体长度的变化引起回转动力矩和阻力矩相对大小关系的变化,进而改变了“砌体梁”结构铰接块体回转角速度发育规律。

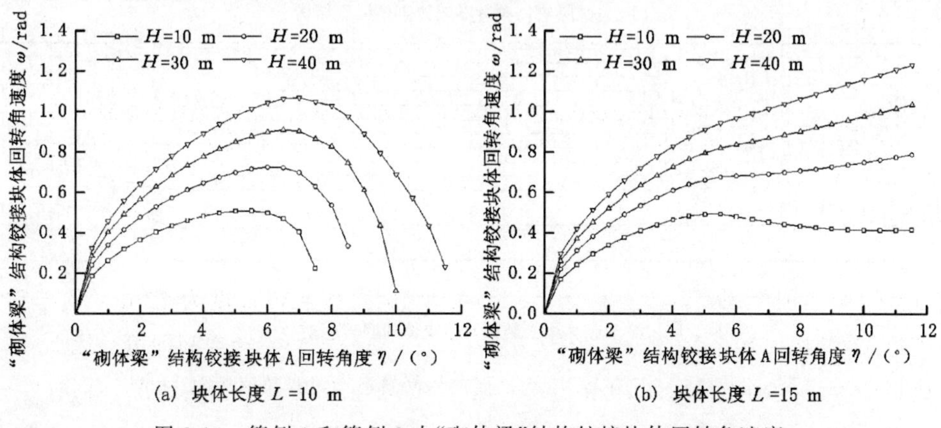

(a) 块体长度 L=10 m　(b) 块体长度 L=15 m

图2-14 算例1和算例2中“砌体梁”结构铰接块体回转角速度

2.3.2.2 数值模拟结果

1. 数值模型建立及监测指标

通过 UDEC 数值模拟软件，对算例 1 和算例 2 中的“砌体梁”结构铰接块体回转运动过程进行模拟研究。在模型地应力平衡的基础上，对煤层实施开采，首先开挖较长一段距离，以形成关键层的初次破断，如图 2-15a 所示。在此基础上继续开挖使得基本顶岩层破断形成“砌体梁”结构，基本顶破断块体相互铰接而成的“砌体梁”结构，如图 2-15b 所示。以算例 2 中 $H=20$ m 为例，进行说明。随着煤层的采出，“砌体梁”结构中破断块体 1 发生回转运动，如图 2-15 所示。在模型计算过程中，使用 hist ydisp、hist yvel 内置命令，监测破断块体 1 回转运动过程中，左下端节点 A 下沉位移及下沉速度随计算时步的变化，监测节点 A 为块体 1 左下端计算单元节点，位置如图 2-15b 所示。监测节点的下沉位移可以转化为块体 1 回转角度的变化，且监测节点下沉速度通过程序代码直接转换为“砌体梁”结构铰接块体回转角速度，转换方法即为线速度与块体长度的比值，由此可以获得同一计算时步下，“砌体梁”结构铰接块体 1 回转角度与回转速度的对应关系。

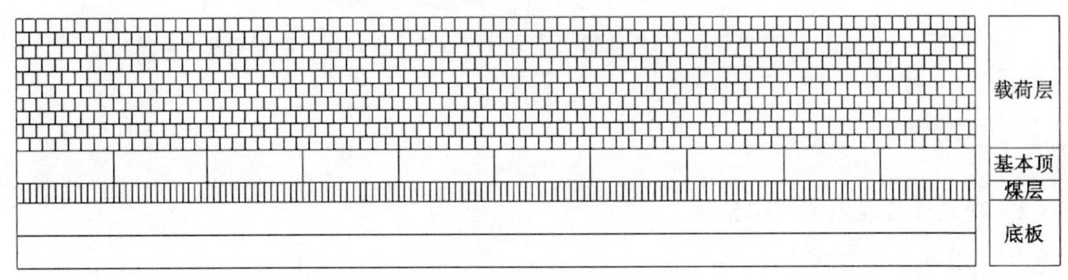

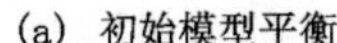
(a) 初始模型平衡

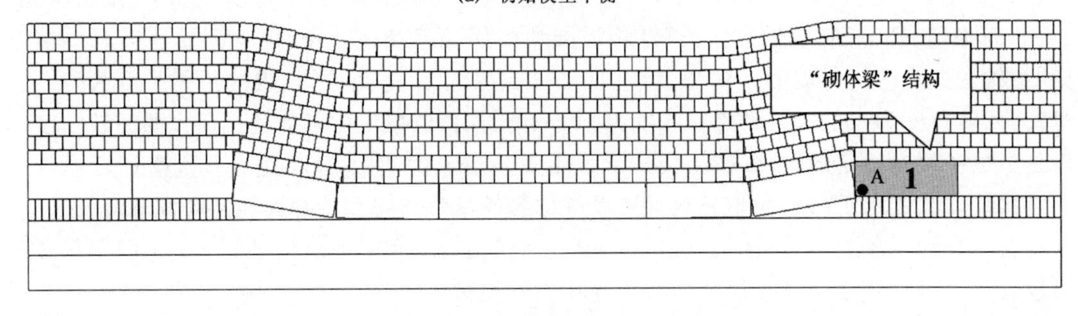

(b) 关键层块体铰接形成“砌体梁”结构

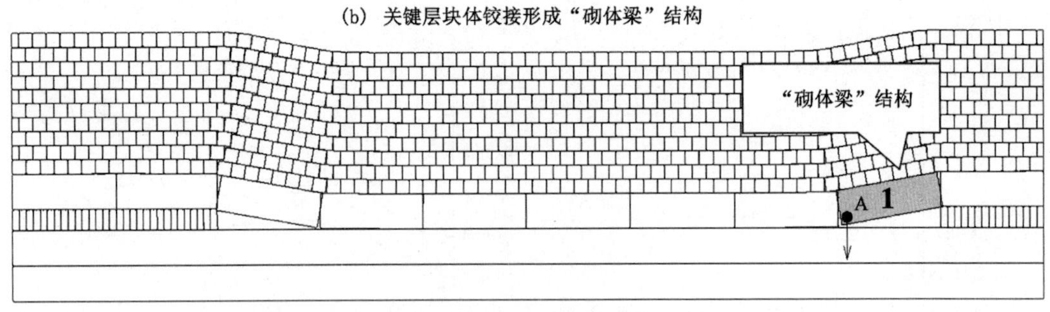

(c) “砌体梁”结构铰接块体的回转运动

图 2-15 “砌体梁”结构铰接块体回转运动过程数值模拟

UDEC数值模拟模型中各岩石力学参数与前述理论分析保持一致，理论模型中“砌体梁”结构铰接岩块弹性模量 $E=10\text{GPa}$，通常形成“砌体梁”结构的多为砂岩层或者砾岩等物理力学参数较大的岩层，其泊松比一般为0.1∶0.4，取其均值按照0.25计算，据此依据体积模量、剪切模量与弹性模量的关系，见式(2-50)，即可获得数值模拟中相应的参数取值，见表2-5、表2-6。

$$K=\frac{E}{3(1-2\mu)} \qquad G=\frac{E}{2(1+\mu)} \tag{2-50}$$

表2-5 “砌体梁”结构铰接块体回转运动数值模型中岩石物理力学参数

序号	岩层	厚度/m	密度/(kg·m^{-3})	体积模量/GPa	切变模量/GPa	内聚力/MPa	内摩擦角/(°)	抗拉强度/MPa
1	底板	10	2500	6.67	4.00	4.50	42	3.2
2	煤层	3	1400	4.50	2.25	1.50	18	1.5
3	基本顶	5	2500	6.67	4.00	4.50	42	3.2
4	载荷层	20	2500	5.20	2.75	2.00	23	2.2

表2-6 “砌体梁”结构铰接块体回转运动数值模型中岩石节理物理力学参数

序号	岩层	法向模量/GPa	切向刚度/GPa	内聚力/MPa	内摩擦角/(°)	抗拉强度/MPa
1	底板	5.16	3.87	—	38	—
2	煤层	2.45	1.84	—	10	—
3	基本顶	5.16	3.87	—	42	—
4	载荷层	2.45	1.84	—	18	—

2. 数值模拟结果

在理论计算参数与数值模拟设置参数相一致的前提下，不同计算时步，“砌体梁”结构铰接块体回转运动的位态，即为“砌体梁”结构铰接块体的回转运动过程，分别如图2-16所示。其中，图2-16a、图2-16b、图2-16c、图2-16d、图2-16e、图2-16f对应的计算时步分别为0步、5000步、7500步、10000步、20000步、30000步。

假设某一计算时步监测节点下沉量为 Y，该“砌体梁”结构破断块体1回转角度与其下沉量满足式(2-51)。通过式(2-51)可将该下沉量转换为破断块体回转角度，更进一步地将Yvel监测所得的数据除以回转块体长度，即可得到回转角速度，从而建立回转角速度与回转角度的对应关系。

$$\eta=\frac{180}{\pi}\times \arcsin\frac{Y}{L} \tag{2-51}$$

基于上述模拟参数，提取“砌体梁”结构铰接块体回转运动过程中回转运动速度的模拟结果，并且按照式(2-51)建立回转角速度与回转角度的对应关系。其中，图2-17a为前述理论计算算例1中载荷层厚度分别为20 m和40 m时，“砌体梁”结构铰接块体回转角速度的数值模拟结果；图2-17b为前述理论计算算例2中载荷层厚度分别为20 m和40 m时，“砌体梁”结构铰接块体回转角速度的数值模拟结果。

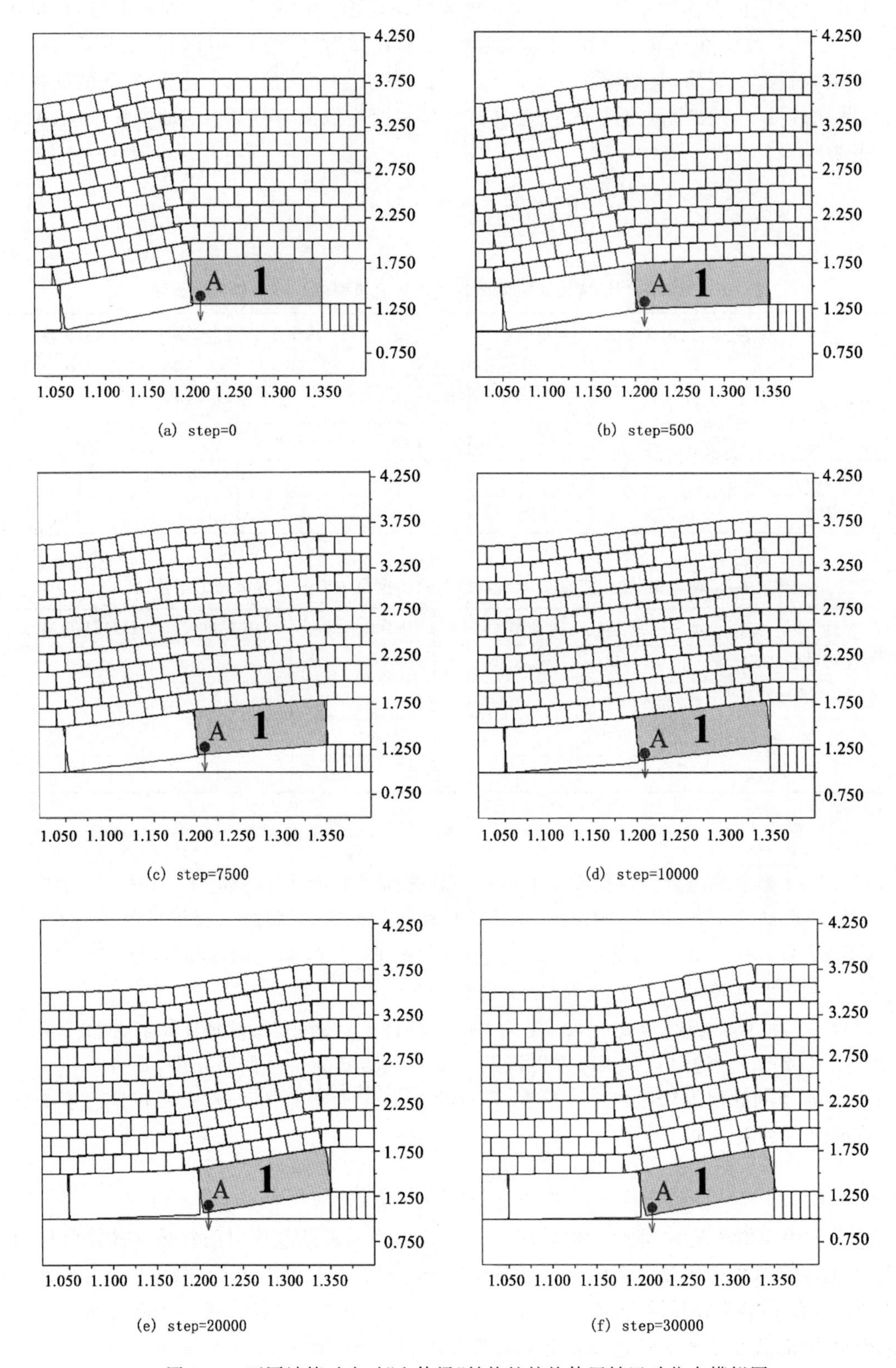

(a) step=0

(b) step=500

(c) step=7500

(d) step=10000

(e) step=20000

(f) step=30000

图 2-16　不同计算时步时“砌体梁”结构铰接块体回转运动位态模拟图

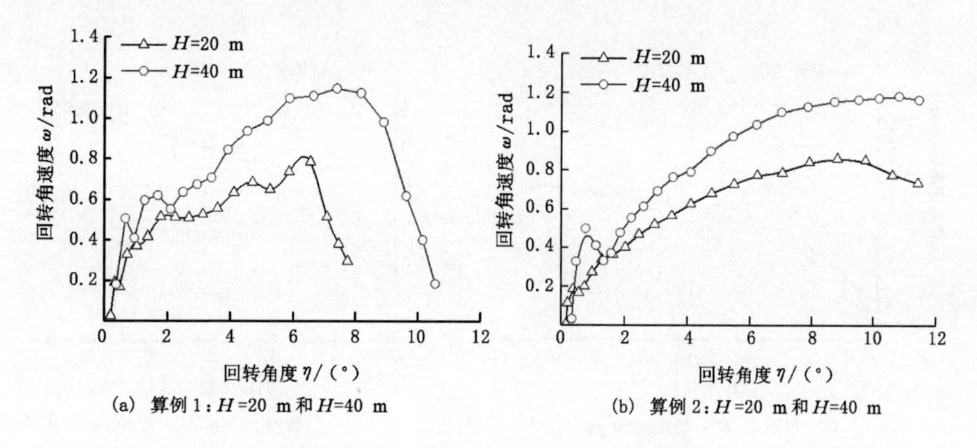

图 2-17　算例 1 和算例 2 中“砌体梁”结构铰接块体回转角速度数值模拟结果

2.3.3　力学模型的数值模拟验证

2.3.3.1　“砌体梁”结构块体回转运动规律验证

基于上述模拟参数，提取“砌体梁”结构铰接块体回转角速度的模拟结果，并且按照式(2-51)建立回转速度与回转角度的对应关系，如图 2-18 所示。其中图 2-18a、图 2-18b 为算例 1 中载荷层厚度分别为 20 m 和 40 m 时，“砌体梁”结构铰接块体回转角速度的理论计算结果和数值模拟计算结果；图 2-19a、图 2-19b 为算例 2 中载荷层厚度分别为 20 m 和40 m 时，“砌体梁”结构铰接块体回转角速度的理论计算结果和数值模拟结果。

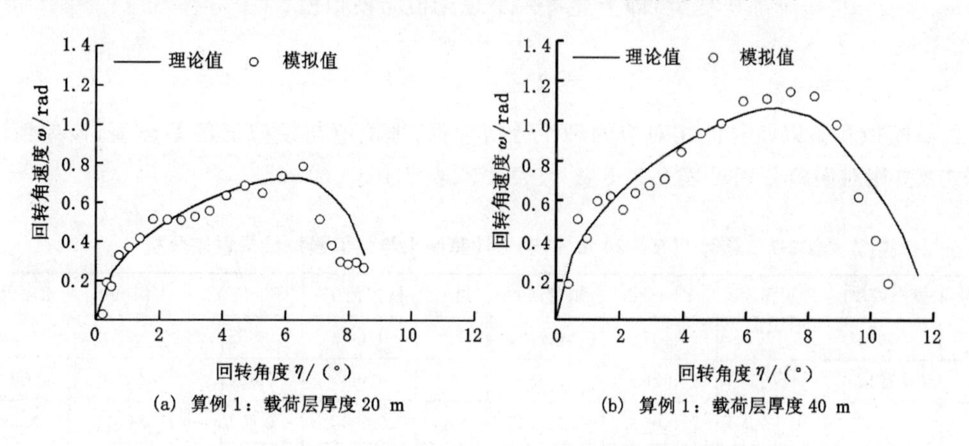

图 2-18　算例 1 中理论计算结果与数值模拟结果对比

由图 2-18 和图 2-19 可以看出，算例 1 和算例 2 中理论计算结果与数值分析结果，不论是“砌体梁”结构铰接块体回转角速度的大小相近程度，还是整个回转运动过程中所呈现的角速度变化规律，两者均保持了较好的一致性。综上可知，“砌体梁”结构铰接块体回转速度力学模型计算所得的角速度是较为准确的。有关理论值与模拟值的相关性及其相对误差的量化分析，在下一节展开讨论。

2.3.3.2　理论模型与数值模拟误差分析

针对前述已经获得的“砌体梁”结构铰接块体回转角速度的理论值和模拟值，通过数理

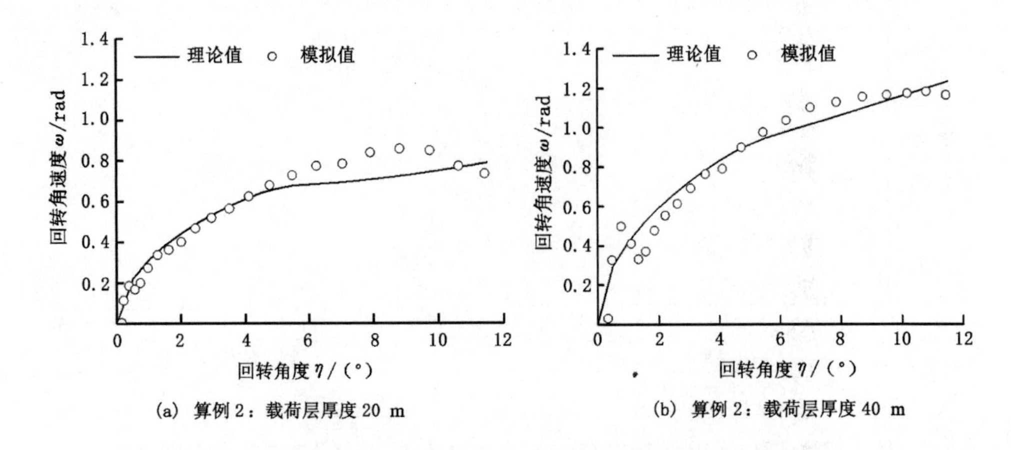

图 2-19 算例 2 中理论计算结果与数值模拟结果对比

统计的方法，分别求取两组相同回转角度下的回转角速度数据差值的期望及其方差，期望及其方差可以按照式(2-52)、式(2-53)进行求解，并求得整列数据相对误差的平均值。通过该方法，能够定量分析理论计算结果与数值模拟结果的相近程度，以此校核理论模型的准确性。

$$E=\frac{1}{n}\sum_{1}^{n}x_i \tag{2-52}$$

式中 x_i——每一个随机变量，即上述每一个理论值与模拟值。

$$\sigma=\sqrt{\sum_{1}^{n}(x_i-E)^2} \tag{2-53}$$

4 组数值模拟实验以及与此相对应的理论分析数据，理论值与模拟值的差异值，该差值的期望及方差、相对误差分别见表 2-7、表 2-8、表 2-9、表 2-10。

表 2-7 算例 1(H=20 m)中理论计算结果与数值模拟结果误差分析

点号	模拟值 Y1	理论值 Y2	Y1−Y2	相对误差	点号	模拟值 Y1	理论值 Y2	Y1−Y2	相对误差
1	0.0271	0.1001	−0.0730	−0.7293	12	0.6352	0.6554	−0.0202	−0.0308
2	0.1912	0.165	0.0262	0.1588	13	0.6847	0.6847	0.0000	0.0000
3	0.1706	0.2343	−0.0637	−0.2719	14	0.6488	0.7072	−0.0584	−0.0826
4	0.3312	0.2882	0.0430	0.1492	15	0.7358	0.7227	0.0131	0.0181
5	0.3712	0.3464	0.0248	0.0716	16	0.7860	0.7209	0.0651	0.0903
6	0.4178	0.3988	0.0190	0.0476	17	0.5134	0.6871	−0.1737	−0.2528
7	0.5148	0.4515	0.0633	0.1402	18	0.3828	0.6346	−0.2518	−0.3968
8	0.5130	0.5016	0.0114	0.0227	19	0.2975	0.5846	−0.2871	−0.4911
9	0.5105	0.545	−0.0345	−0.0633	20	0.2861	0.5373	−0.2512	−0.4675
10	0.5265	0.5831	−0.0566	−0.0971	21	0.2966	0.4366	−0.14	−0.3207
11	0.5571	0.6184	−0.0613	−0.0991	22	0.2669	0.3430	−0.0761	−0.2219
期望：−0.0583			方差：0.4725			相对误差平均值：−12.84%			

表 2-8 算例 1(H=40 m)中理论计算结果与数值模拟结果误差分析

点号	模拟值 $Y1$	理论值 $Y2$	$Y1-Y2$	相对误差	点号	模拟值 $Y1$	理论值 $Y2$	$Y1-Y2$	相对误差
1	0.1791	0.2441	−0.0650	−0.2663	11	0.9319	0.9319	0.0000	0.0000
2	0.5030	0.3629	0.1401	0.3861	12	0.9831	0.9831	0.0000	0.0000
3	0.4065	0.4426	−0.0361	−0.0816	13	1.0934	1.027	0.0664	0.0647
4	0.5918	0.5098	0.0820	0.1608	14	1.1054	1.055	0.0504	0.0478
5	0.6164	0.5886	0.0278	0.0472	15	1.1414	1.0462	0.0952	0.0910
6	0.5498	0.6543	−0.1045	−0.1597	16	1.1181	1.0038	0.1143	0.1139
7	0.6328	0.7099	−0.0771	−0.1086	17	0.9764	0.9036	0.0728	0.0806
8	0.6701	0.765	−0.0949	−0.1241	18	0.6135	0.7633	−0.1498	−0.1963
9	0.7024	0.8213	−0.1189	−0.1448	19	0.3979	0.6504	−0.2525	−0.3882
10	0.8411	0.8764	−0.0353	−0.0403	20	0.1833	0.5514	−0.3681	−0.6676
期望：−0.0327			方差：0.5556			相对误差平均值：−5.93%			

表 2-9 算例 2(H=20 m)中理论计算结果与数值模拟结果误差分析

点号	模拟值 $Y1$	理论值 $Y2$	$Y1-Y2$	相对误差	点号	模拟值 $Y1$	理论值 $Y2$	$Y1-Y2$	相对误差
1	0.0032	0.0674	−0.0642	−0.9525	12	0.5634	0.5761	−0.0127	−0.0220
2	0.1137	0.0896	0.0241	0.2690	13	0.6318	0.6243	0.0075	0.0120
3	0.1850	0.1629	0.0221	0.1357	14	0.6781	0.6511	0.0270	0.0415
4	0.1679	0.2308	−0.0629	−0.2725	15	0.7280	0.6755	0.0525	0.0777
5	0.1990	0.2647	−0.0657	−0.2482	16	0.7715	0.6833	0.0882	0.1291
6	0.2742	0.3071	−0.0329	−0.1071	17	0.7832	0.6911	0.0921	0.1333
7	0.3376	0.3525	−0.0149	−0.0423	18	0.8376	0.7063	0.1313	0.1859
8	0.3632	0.3988	−0.0356	−0.0893	19	0.8555	0.7243	0.1312	0.1811
9	0.4015	0.4425	−0.0410	−0.0927	20	0.8478	0.7433	0.1045	0.1406
10	0.4671	0.4876	−0.0205	−0.0420	21	0.7718	0.7633	0.0085	0.0111
11	0.5191	0.5315	−0.0124	−0.0233	22	0.7326	0.7861	−0.0535	−0.0681
期望：0.0124			方差：0.2884			相对误差绝对值：−2.9232%			

表 2-10 算例 2(H=40 m)中理论计算结果与数值模拟结果误差分析

点号	模拟值 $Y1$	理论值 $Y2$	$Y1-Y2$	相对误差	点号	模拟值 $Y1$	理论值 $Y2$	$Y1-Y2$	相对误差
1	0.0303	0.1939	−0.1636	−0.8437	8	0.5468	0.6153	−0.0685	−0.1113
2	0.3250	0.2725	0.0525	0.1927	9	0.6069	0.668	−0.0611	−0.0915
3	0.4951	0.3565	0.1386	0.3888	10	0.6852	0.7223	−0.0371	−0.0514
4	0.4066	0.4344	−0.0278	−0.0640	11	0.7567	0.7758	−0.0191	−0.0246
5	0.3283	0.479	−0.1507	−0.3146	12	0.7813	0.8302	−0.0489	−0.0589
6	0.3678	0.519	−0.1512	−0.2913	13	0.8905	0.8836	0.0069	0.0078
7	0.4733	0.5632	−0.0899	−0.1596	14	0.9659	0.9304	0.0355	0.0382

表 2-10(续)

点号	模拟值 Y1	理论值 Y2	Y1－Y2	相对误差	点号	模拟值 Y1	理论值 Y2	Y1－Y2	相对误差
15	1.0247	0.966	0.0587	0.0608	19	1.1535	1.1255	0.028	0.0249
16	1.0901	1.0043	0.0858	0.0854	20	1.1622	1.157	0.0052	0.0045
17	1.1179	1.0459	0.072	0.0688	21	1.1713	1.1873	－0.016	－0.0135
18	1.1437	1.0855	0.0582	0.0536	22	1.1530	1.2185	－0.0655	－0.0538
期望：－0.0163			方差：0.3687			相对误差绝对值：－5.239％			

由图 2-20 可知，基于“砌体梁”结构铰接块体回转速度力学模型所得的理论值，与对应数值模拟结果呈现良好的一致性，两者相对误差平均值较小，上述 4 组实验中，分别为－12.84％、－5.93％、－2.92％、－5.24％。这意味着，在理论模型与数值计算模型相关参数保持一致的条件下，基于此“砌体梁”结构铰接块体回转速度力学模型，能够较为准确地求解铰接块体回转运动速度。因此，本书中所建立“砌体梁”结构铰接块体回转速度力学模型是科学的，也是合理可靠的。

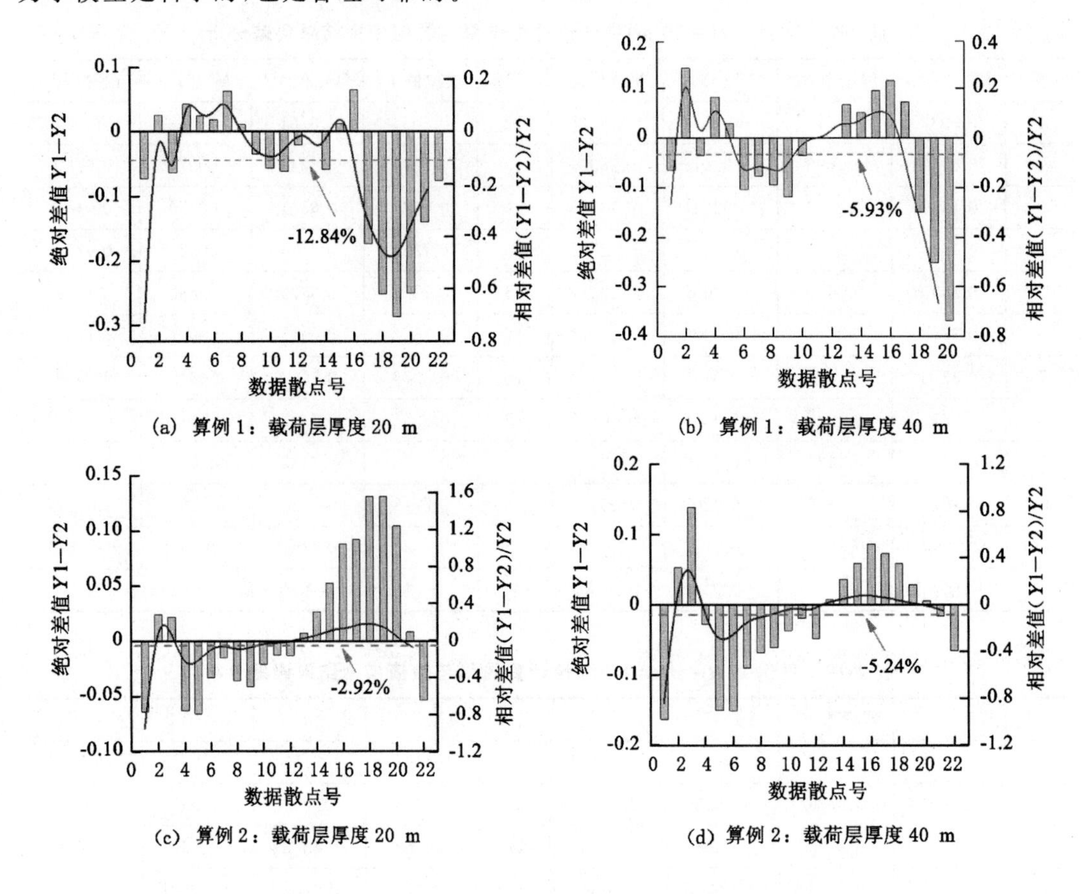

图 2-20　理论计算结果与数值模拟结果误差分析

3 “砌体梁”结构铰接块体回转速度对矿压显现的影响规律

对矿压显现起主要影响作用的第一层关键层，由于其直接通过直接顶岩层向工作面支架传递载荷，若“砌体梁”结构铰接块体回转速度越快，应该会导致同一采煤循环中工作面顶板下沉速度和支架活柱下缩量越大。因此，研究“砌体梁”结构铰接块体回转速度的快慢对于采场矿压显现的影响，需要掌握“砌体梁”结构铰接块体回转速度的大小，对于常用的评价矿山压力显现的指标有何影响，如支架阻力大小、支架增阻速度、支架活柱下缩量、工作面来压持续长度等。这就需要认清哪些因素对“砌体梁”结构铰接块体回转速度的大小产生影响，基于第 2 章中“砌体梁”结构铰接块体回转速度力学模型，可知“砌体梁”结构上覆载荷、铰接块体长度、工作面采高(块体初始倾斜角度)将对“砌体梁”结构铰接块体回转运动速度产生影响。

本章首先主要借助于理论分析与 UDEC 数值模拟相结合的方法，分析了载荷、块体长度、采高 3 个因素对于“砌体梁”结构中铰接块体的回转运动速度的影响规律，并利用数值模拟对上述影响规律的理论分析结果进行了验证。在此基础上，借助于自主研发的液压支柱压缩实验装置，通过电液伺服万能试验机设置不同的加载速度，来模拟“砌体梁”结构铰接块体回转速度对采场支架的加载过程，据此研究不同“砌体梁”结构铰接块体回转速度对采场支架增阻率、支架活柱下缩速度及下缩量的影响规律。通过 UDEC 数值模拟，进一步研究了“砌体梁”结构铰接块体回转速度对支架载荷、单刀活柱下缩量、活柱累计下缩量、工作面来压持续长度的影响规律。

3.1 影响因素

本节利用所建立的“砌体梁”结构铰接块体回转速度力学模型，对“砌体梁”结构铰接块体 A 回转角速度的影响因素展开研究。“砌体梁”结构铰接块体 A 的回转角速度与块体 A 上覆载荷 Q、块体自重 G、块体长度 L、块体高度 h、弹性模量 E、块体 B 的初始倾角 θ 有关。而块体 B 初始倾角 θ 则与工作面采高 M、冒落带高度 Δ、冒落带矸石碎胀系数 K_p 有关，其关系见式(3-1)。

$$\theta = \arcsin \frac{(M + \Delta) - K_p \Delta}{L} \tag{3-1}$$

通常可以认为同一工作面 M、Δ、K_p、h、E 等参数基本不变，故“砌体梁”结构铰接块体 A 最终下沉量保持不变。但“砌体梁”结构铰接块体长度 L 与载荷 Q 和岩石自身强度有关。若岩石自身物理力学强度变化不大时，载荷 Q 越大，则铰接块体长度 L 越小。这种情况下铰接块体 A 的最终回转角 θ，也就是铰接块体 B 初始倾角 ，将会随着“砌体梁”结构中铰接块体长度的增加而减小。同时，在“砌体梁”结构铰接块体不致因回转量过大而失稳的前提下，即能够满足“砌体梁”结构形成条件的前提下，工作面采高越大，铰接块体 A 的最终回转角 θ（块体 B 的初始倾角 θ）越大。因此，本节中工作面采高对于“砌体梁”结构铰接块体 A 回转运动的影响，主要通过增加“砌体梁”结构整个回转运动过程的回转运动总角度 θ 来加以研究。实验总体研究方案见表 3-1。

表 3-1 “砌体梁”结构铰接块体回转角速度的影响因素研究试验

项目	块体长度	回转角度			
		$C_1=5°$	$C_2=7.5°$	$C_3=10°$	$C_4=12.5°$
载荷层厚度 $A_1=10$ m	$B_1=10$ m	$A_1B_1C_1$	$A_1B_1C_2$	$A_1B_1C_3$	$A_1B_1C_4$
	$B_2=15$ m	$A_1B_2C_1$	$A_1B_2C_2$	$A_1B_2C_3$	$A_1B_2C_4$
	$B_3=20$ m	$A_1B_3C_1$	$A_1B_3C_2$	$A_1B_3C_3$	$A_1B_3C_4$
	$B_4=25$ m	$A_1B_4C_1$	$A_1B_4C_2$	$A_1B_4C_3$	$A_1B_4C_4$
载荷层厚度 $A_2=20$ m	$B_1=10$ m	$A_2B_1C_1$	$A_2B_1C_2$	$A_2B_1C_3$	$A_2B_1C_4$
	$B_2=15$ m	$A_2B_2C_1$	$A_2B_2C_2$	$A_2B_2C_3$	$A_2B_2C_4$
	$B_3=20$ m	$A_2B_3C_1$	$A_2B_3C_2$	$A_2B_3C_3$	$A_2B_3C_4$
	$B_4=25$ m	$A_2B_4C_1$	$A_2B_4C_2$	$A_2B_4C_3$	$A_2B_4C_4$
载荷层厚度 $A_3=30$ m	$B_1=10$ m	$A_3B_1C_1$	$A_3B_1C_2$	$A_3B_1C_3$	$A_3B_1C_4$
	$B_2=15$ m	$A_3B_2C_1$	$A_3B_2C_2$	$A_3B_2C_3$	$A_3B_2C_4$
	$B_3=20$ m	$A_3B_3C_1$	$A_3B_3C_2$	$A_3B_3C_3$	$A_3B_3C_4$
	$B_4=25$ m	$A_3B_4C_1$	$A_3B_4C_2$	$A_3B_4C_3$	$A_3B_4C_4$
载荷层厚度 $H(A)$ $A_4=40$ m	$B_1=10$ m	$A_4B_1C_1$	$A_4B_1C_2$	$A_4B_1C_3$	$A_4B_1C_4$
	$B_2=15$ m	$A_4B_2C_1$	$A_4B_2C_2$	$A_4B_2C_3$	$A_4B_2C_4$
	$B_3=20$ m	$A_4B_3C_1$	$A_4B_3C_2$	$A_4B_3C_3$	$A_4B_3C_4$
	$B_4=25$ m	$A_4B_4C_1$	$A_4B_4C_2$	$A_4B_4C_3$	$A_4B_4C_4$
块体厚度 h		$h=5$ m			

3.1.1 载荷对“砌体梁”结构铰接块体回转速度的影响

3.1.1.1 理论分析

1. 模型的计算方案

计算模型中“砌体梁”结构铰接块体厚度为 5 m，块体长度分别为 10 m、15 m、20 m、25 m，采高为 3.0 m，以表 3-2 中的参数为基础参数。通过控制单一变量法改变载荷，即改变“砌体梁”结构上覆载荷层厚度，共设置 4 组不同的载荷层厚度：10 m、20 m、30 m、40 m，且不同块体长度对应的回转角度见表 3-3。采用前述已经建立的“砌体梁”结构铰接块体回转速度力学模型，分别以计算模型 1、计算模型 2 为例，研究 4 组载荷大小对“砌体梁”结构铰接块体回转速度的影响规律。

2. 计算结果与分析

基于前述理论分析可知，“砌体梁”结构铰接块体 A 的回转运动是块体 A 上覆载荷 Q、块体自重 G 以及后方铰接块体 B 挤压应力 T 综合作用的结果。

表 3-2 载荷对“砌体梁”结构铰接块体回转速度影响规律的基础模型参数

A厚度 h/m	A长度 L/m				采高 M/m	密度 ρ/(kg·m^{-3})	重力加速度 g/(m·s^{-2})
5	10	15	20	25	3.0	2500	10

表 3-3 采高 3.0 m 时不同块体长度所对应的回转角度

块体长度 L/m	10	15	20	25
θ/(°)	17.5	11.5	8.6	6.8

上覆载荷 Q、块体自重 G 对于“砌体梁”结构铰接块体 A 的回转运动而言，是主动力矩，即增加“砌体梁”结构铰接块体的回转速度；而后方铰接块体 B 对块体 A 的挤压应力 T 是阻力矩，即减缓“砌体梁”结构铰接块体的回转速度。图 3-1 为 4 组计算方案，累计 16 个计算模型，4 组(10 m、20 m、30 m、40 m)不同载荷层厚度下的“砌体梁”结构铰接块体回转角速度理论求解结果。

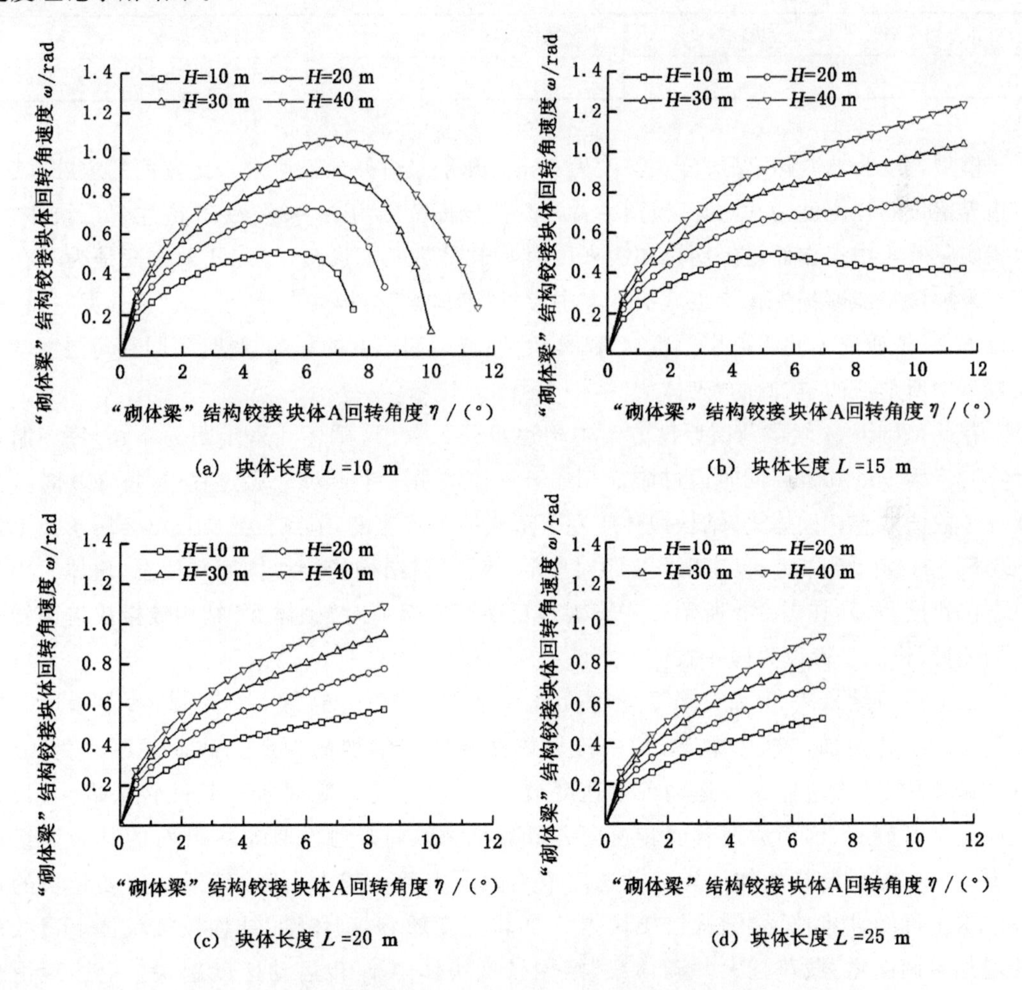

(a) 块体长度 L =10 m

(b) 块体长度 L =15 m

(c) 块体长度 L =20 m

(d) 块体长度 L =25 m

图 3-1 载荷层厚度对“砌体梁”结构铰接块体回转角速度的影响

由图 3-1 可以看出,不论块体长度如何变化,载荷层厚度对于“砌体梁”结构铰接块体 A 的回转角速度均呈现相同的影响规律。载荷层厚度越大,即“砌体梁”结构铰接块体 A 上覆载荷越大,在“砌体梁”结构块体位态相同(相同回转角度)的情况下,块体 A 回转角速度越大。其区别在于:当载荷层厚度较小,如 10 m、20 m 时,“砌体梁”结构块体回转运动后期,动力矩相对于阻力矩有所减小,“砌体梁”结构铰接块体 A 出现回转速度减小的现象。下面通过 UDEC 数值模拟,研究载荷层厚度对“砌体梁”结构块体回转运动速度的影响,并对上述理论分析结果进行验证。

3.1.1.2 数值模拟

在工作面采高、“砌体梁”块体长度一定的基础上,采用控制变量法设置 4 组载荷层厚度,以此研究载荷层厚度对“砌体梁”结构铰接块体 A 回转运动速度的影响规律。数值模拟方案中相关参数的设置与前述理论分析中相同,见表 3-4。

表 3-4 载荷对“砌体梁”结构铰接块体回转运动速度影响的数值模拟参数取值 m

工作面采高	块体厚度	块体长度	载荷层厚度			
3	5	15	10	20	30	40

模型长度为 300 m,煤层分块长度为 1 m。开采左边界预先留设一定宽度的煤柱,其中左边界留设煤柱宽度为 90 m。模型中首先开挖坐标范围为 $X=90\sim165$ m 中煤层块体,等效于实际开采中工作面已经历过初次来压而处于周期来压状态,如此开采方案是为了在后续开采模拟中能够预先在 4 组载荷方案中形成“砌体梁”结构。在已经形成“砌体梁”结构的基础上,模拟研究不同载荷层厚度对“砌体梁”回转运动速度的影响规律,不同载荷层厚度方案模型中所形成的、初始的“砌体梁”结构如图 3-2 所示。

在此基础上,4 组载荷层厚度方案中均逐步开采煤层,循环开采步距为 1 m,每一循环计算时步为 60000 步。同时通过命令 hist yvel 监测每一个循环采煤过程中,每 500 时步提取一个数值散点,“砌体梁”结构块体 1 左下节点的下沉速度,节点位置如图 3-2 所示。上述 4 组不同的载荷层厚度下,各开采步距对应的“砌体梁”结构铰接块体回转位态、块体 1 中节点下沉速度,分别如图 3-3 所示。为直观地反映不同载荷时“砌体梁”结构铰接块体回转速度的差异,将纵坐标设为同一数值。

数值模拟结果表明,在工作面开采距离为 168～177 m 的每一个采煤循环中,均表现出随着载荷的增加,“砌体梁”结构铰接块体回转速度增加的现象。载荷层厚度为 40 m 时,“砌体梁”结构块体回转运动前期速度最快,历经相同计算时步后其回转量最大,最先接触采空区矸石,因而后期其回转速度有所减小。但尚未触及采空区矸石的其余 3 组载荷下的“砌体梁”结构块体回转运动速度依然表现出载荷越大,其回转运动速度越快的现象。综上可知,“砌体梁”结构铰接块体 A 回转速度随着“砌体梁”结构铰接块体上覆载荷的增加单调递增,载荷越大,“砌体梁”结构铰接块体 A 回转运动速度越快。上述理论分析中得出了载荷对“砌体梁”结构铰接块体回转速度的影响规律,同时也得到了 UDEC 数值模拟结果的验证。

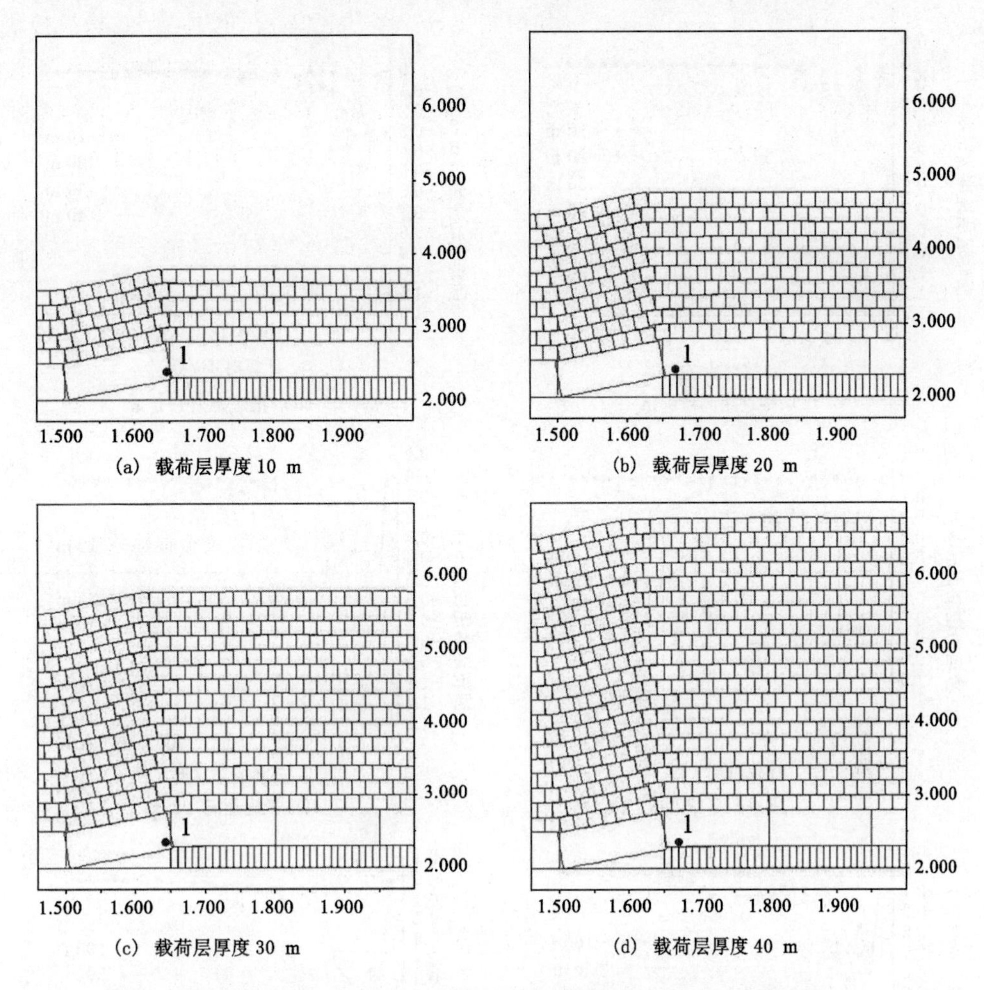

(a) 载荷层厚度 10 m (b) 载荷层厚度 20 m

(c) 载荷层厚度 30 m (d) 载荷层厚度 40 m

图 3-2 不同载荷层厚度下“砌体梁”结构铰接块体回转运动速度模拟方案

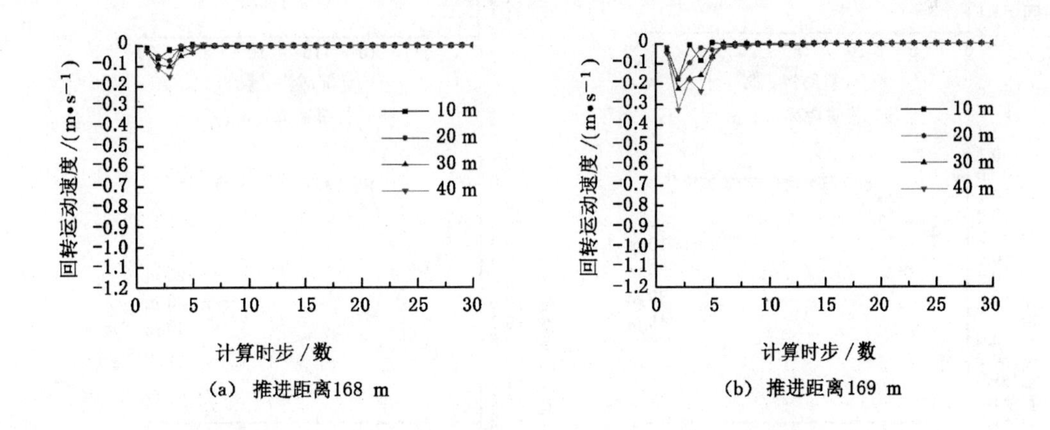

(a) 推进距离168 m (b) 推进距离169 m

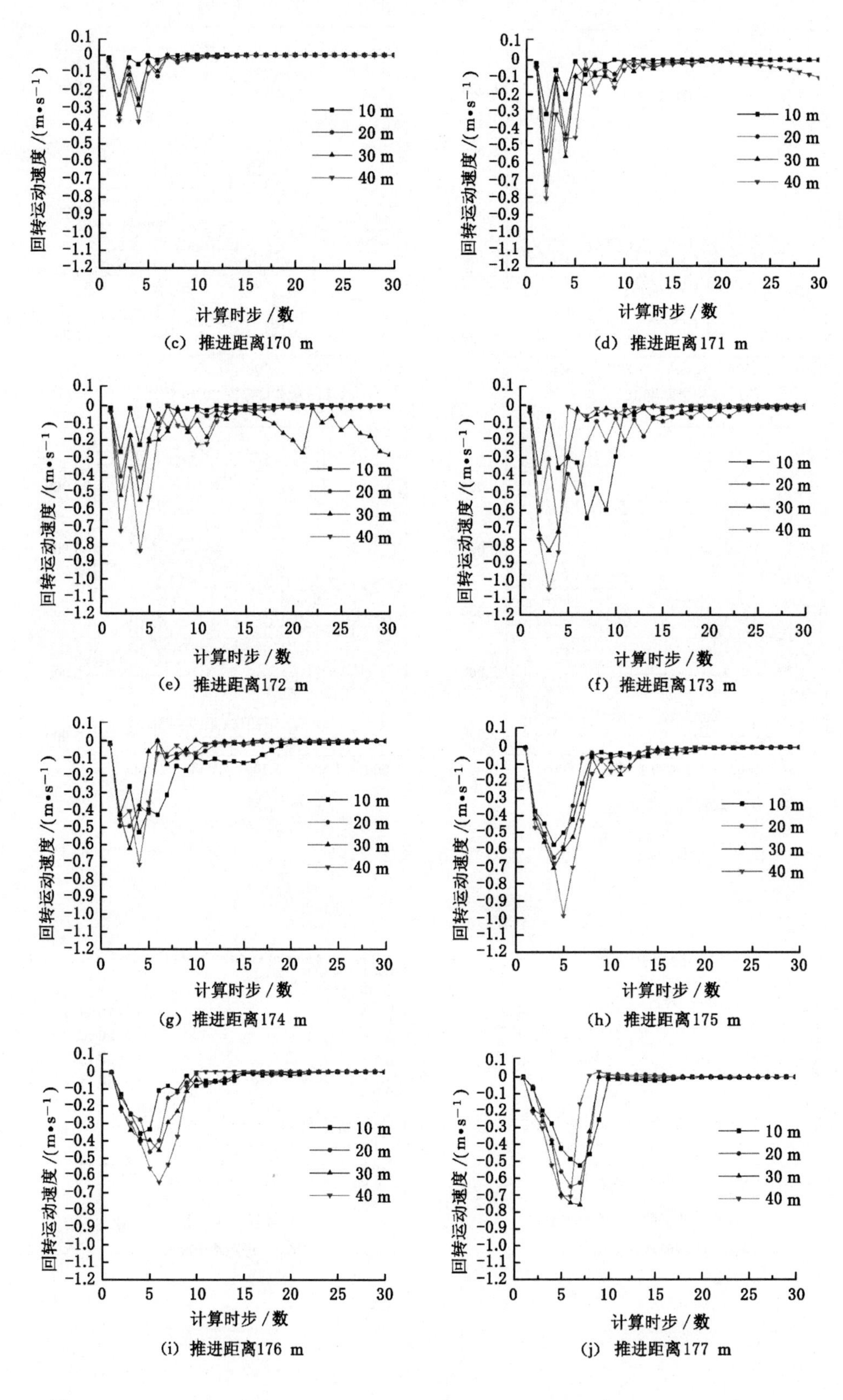

(c) 推进距离170 m

(d) 推进距离171 m

(e) 推进距离172 m

(f) 推进距离173 m

(g) 推进距离174 m

(h) 推进距离175 m

(i) 推进距离176 m

(j) 推进距离177 m

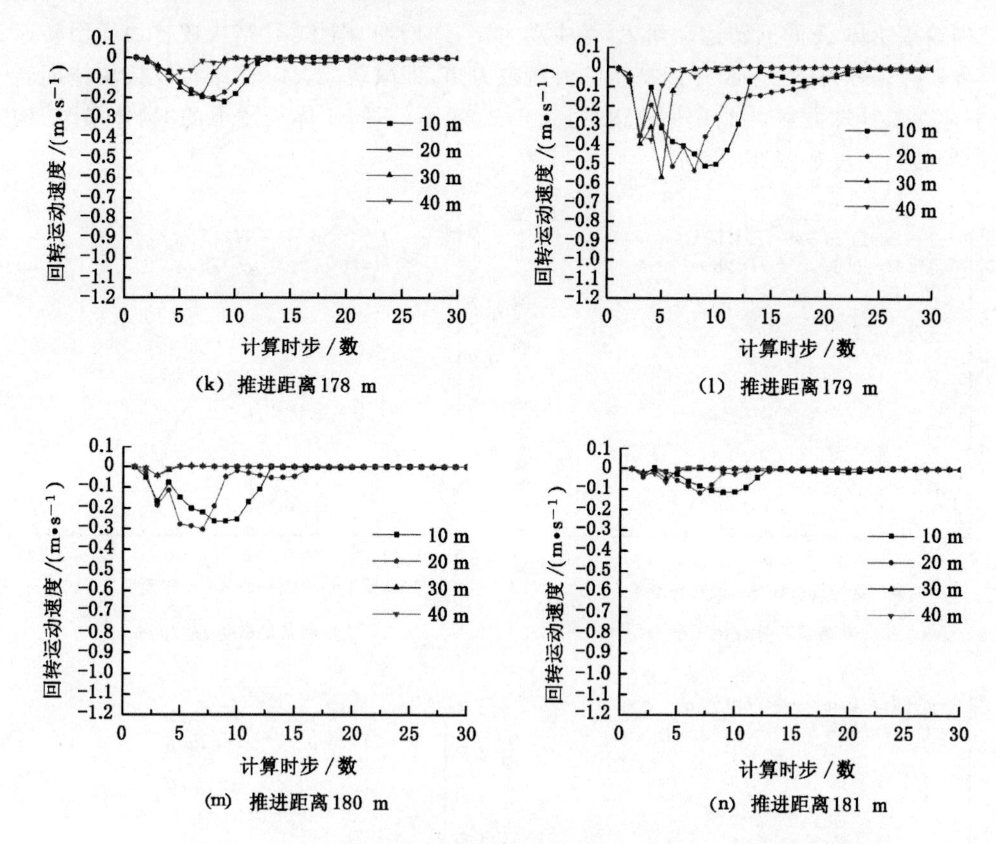

图 3-3 载荷层厚度对“砌体梁”结构铰接块体回转运动速度影响规律的UDEC 模拟结果(每隔 500 时步取值)

3.1.2 块体长度对“砌体梁”结构铰接块体回转速度的影响

3.1.2.1 理论分析

1. 模型的计算方案

计算模型中“砌体梁”结构铰接块体厚度为 5 m,载荷层厚度分别为 10 m、20 m、30 m、40 m,采高为 3.0 m,以表 3-5 中的参数为基础参数。通过控制单一变量法,改变块体长度,共设置 4 组不同的铰接块体长度:10 m、15 m、20 m、25 m,不同长度时对应的回转角度见表 3-5。分别以计算模型 1、计算模型 2 为例,研究 4 组不同块体长度对“砌体梁”结构铰接块体回转速度的影响规律。

表 3-5 块体长度对“砌体梁”结构铰接块体回转速度影响规律的基础参数

铰接块体 A 厚度 h/m	载荷层厚度 H/m				工作面采高 M/m	密度 ρ/(kg・m^{-3})	重力加速度 g/(m・s^{-2})
5	10	20	30	40	3.0	2500	10

2. 计算结果与分析

基于前述理论分析可知,“砌体梁”结构铰接块体 A 的回转运动是块体 A 上覆载荷、块体自重以及后方铰接块体 B 挤压应力综合作用的结果。其中,上覆载荷、块体自重对于“砌体梁”结构铰接块体 A 的回转运动而言，是主动力矩，即增加“砌体梁”结构铰接块体回转速度；而后方铰接块体 B，对块体 A 的挤压应力是阻力矩，即减缓“砌体梁”结构铰接块体回转速度。上述 4 组计算方案，4 组（10 m、15 m、20 m、25 m）不同块体长度下的“砌体梁”结构铰接块体回转角速度如图 3-4 所示。

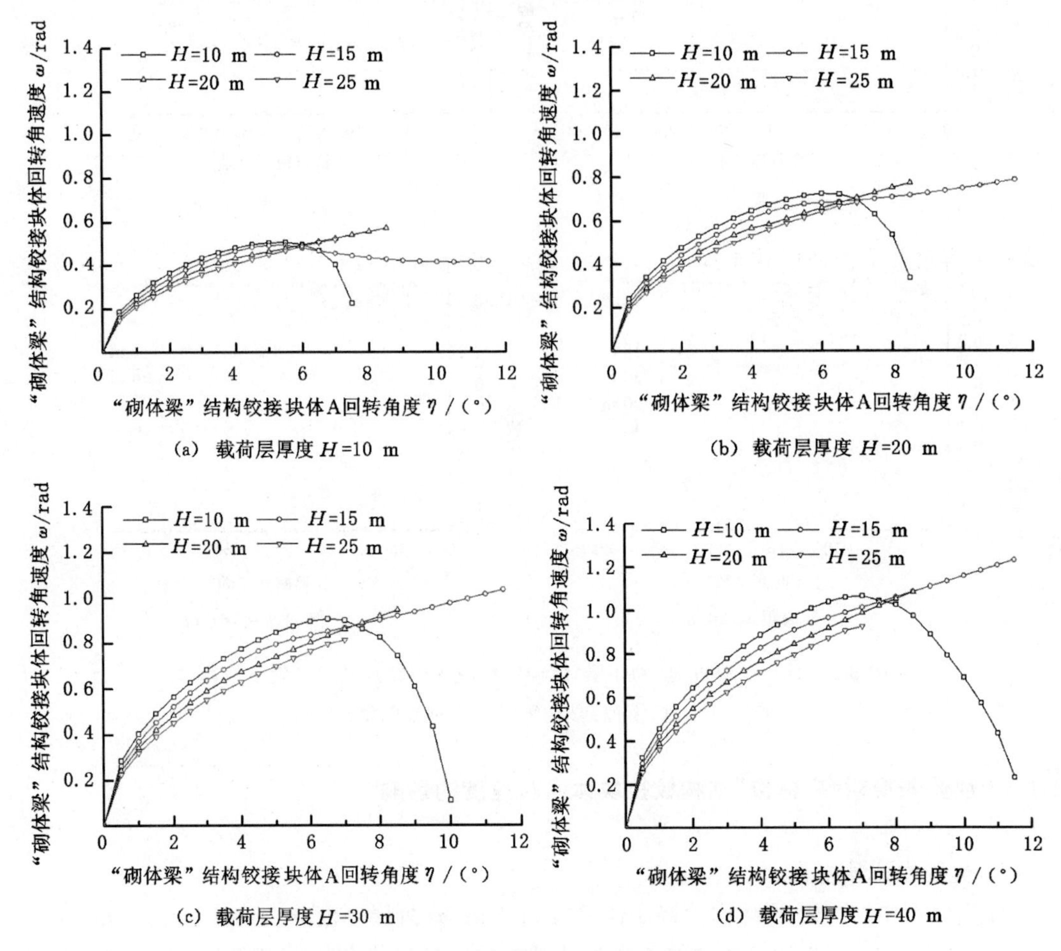

(a) 载荷层厚度 H=10 m (b) 载荷层厚度 H=20 m

(c) 载荷层厚度 H=30 m (d) 载荷层厚度 H=40 m

图 3-4 块体长度对“砌体梁”结构铰接块体回转角速度的影响

由图 3-4 可以看出，在工作面采高及“砌体梁”结构铰接块体上覆载荷层厚度一定的条件下，铰接块体长度为 15 m、20 m、25 m 时，“砌体梁”结构铰接块体 A 回转角速度随着块体长度的增大而增大；而铰接块体长度为 10 m 时，回转角速度随着块体长度的增大先增加后减小，这是因为回转阻力矩增加而铰接块体暂时形成稳定结构。

图 3-4 中在“砌体梁”结构铰接块体厚度为 5.0 m，块体长度为 10 m，采高为 3.0 m，载荷层厚度为10 m、20 m、30 m、40 m 的条件下，在该“砌体梁”结构铰接块体回转运动后期，均表现出回转运动速度下降，同时可知其最大回转角度为 17.5°，但该“砌体梁”结构铰接块体在回转角度并未达到最大回转角度的情况下，速度即降为 0，由此可知该组参数下，“砌体梁”结构铰接块体回转运动过程中形成了暂时稳定的“砌体梁”结构。这一现象，也得到了 UDEC 数值模拟结果的证实。下面通过 UDEC 数值模拟，研究块体长度对“砌体梁”结构铰接块体回转速度的影响，并对上述理论分析结果进行验证。

3.1.2.2 数值模拟

在工作面采高、“砌体梁”结构铰接块体上覆载荷层厚度一定的基础上，采用控制变量法，设置 4 组块体长度的研究方案，以研究“砌体梁”结构铰接块体长度对“砌体梁”结构回转速度的影响规律，数值模拟参数取值见表 3-6。

表 3-6 块体长度对“砌体梁”结构铰接块体回转速度影响的数值模拟参数取值 m

工作面采高	块体厚度	载荷层厚度	块体长度			
3	5	20	10	15	20	25

模型设置长度为 300 m，煤层分块长度为 1 m。模型中首先开挖 $X=90\sim165$ m 中煤层块体，等效于工作面已处于周期来压状态，预先在 4 组不同的块体长度中形成“砌体梁”结构，不同块体长度方案模型中所形成的初始“砌体梁”结构如图 3-5 所示。

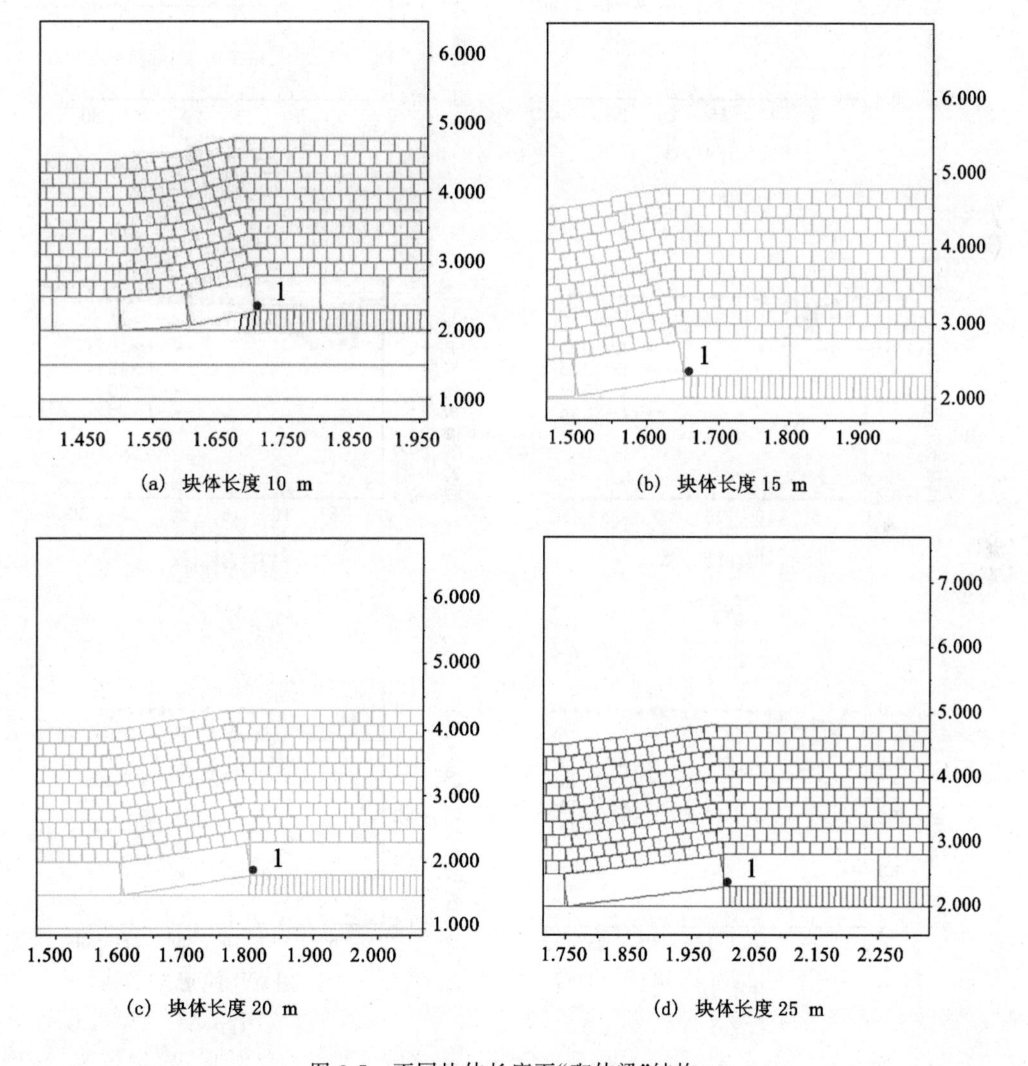

图 3-5 不同块体长度下“砌体梁”结构

在此基础上，4 组块体长度方案中均逐步开采煤层，循环开采步距为 1 m，每一循环计算时步为 60000 步。同时通过命令 hist yvel 监测每一个循环采煤过程中，每 500 时步提取一个数值散点，“砌体梁”结构铰接块体 1 左下节点的下沉速度、节点位置如图 3-5 所示。不同块体长度对应的“砌体梁”结构铰接块体回转速度，如图 3-6 所示。为直观地反映不同块体长度作用下“砌体梁”结构铰接回转速度的差异，将纵坐标阈值设为同一数值。4 组模拟方案中，工作面采高一致，意味着“砌体梁”结构铰接块体回转量是一致的。这种情况下，块体长度越长，则意味着“砌体梁”结构铰接块体整个回转运动过程中最终回转角度越小。

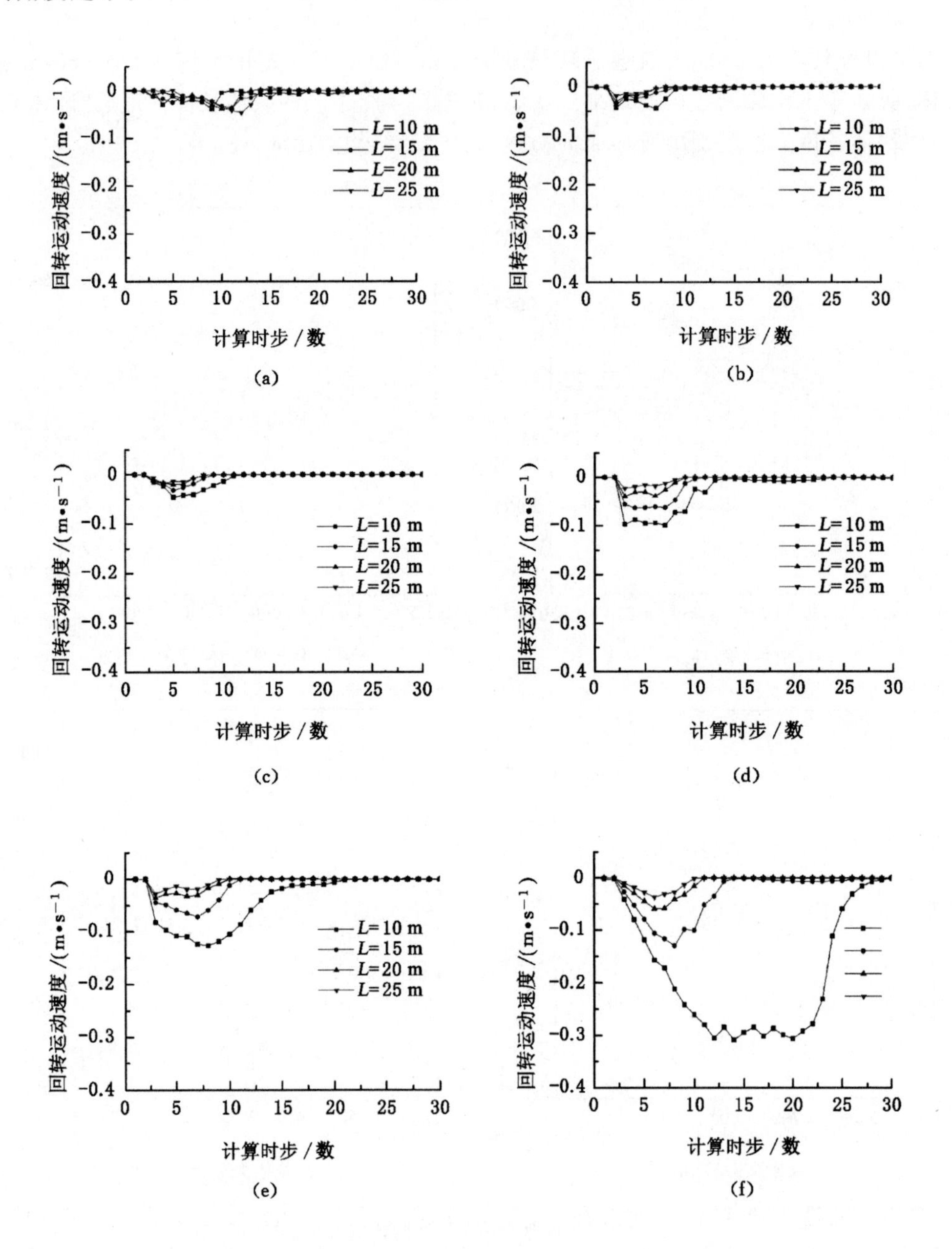

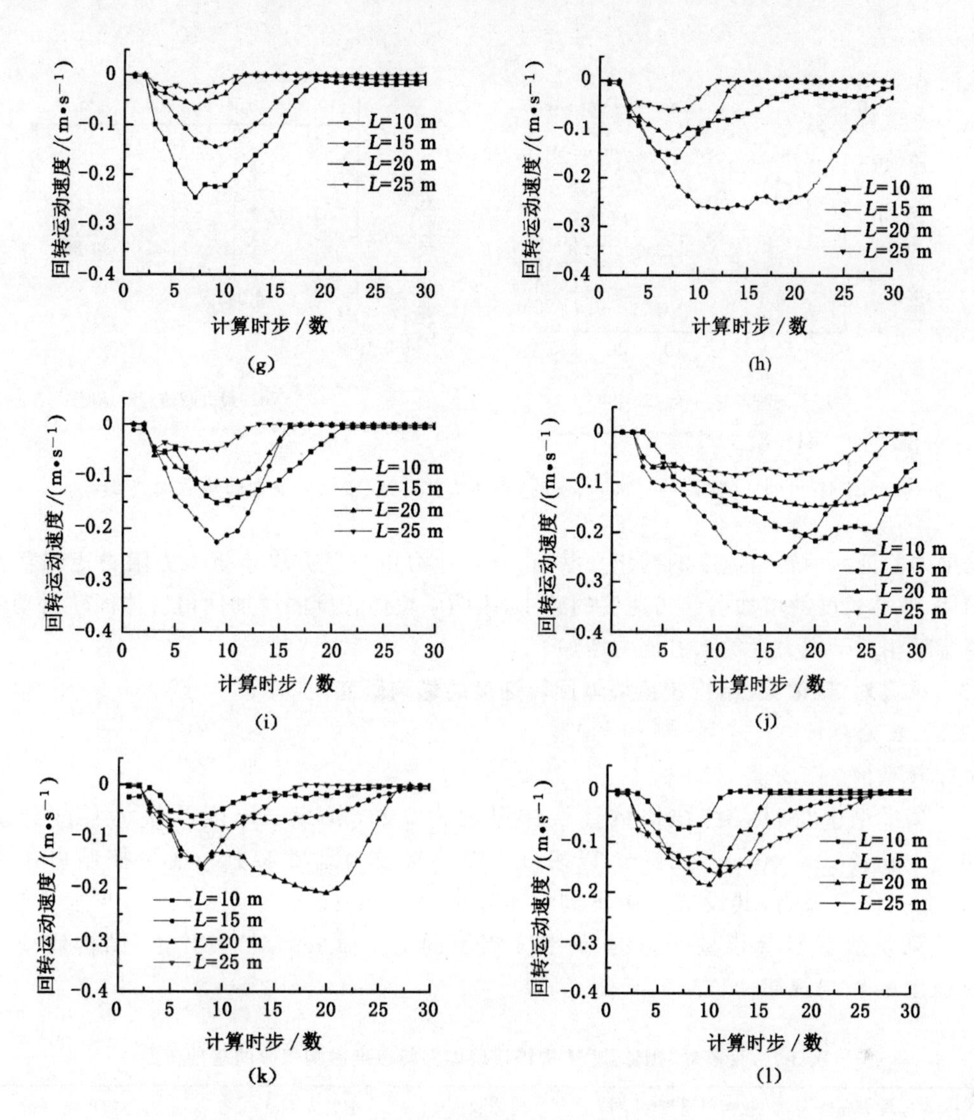

图 3-6 块体长度对“砌体梁”结构铰接块体回转运动速度的 UDEC 模拟结果

自工作面开始来压，直至推过块体裂缝，块体长度不同时推出该块体所需循环不同，以块体长度 10 m、15 m、20 m、25 m 为例，罗列了“砌体梁”结构铰接块体回转速度变化规律。整个回转过程中，块体长度 10 m、15 m、20 m、25 m 的“砌体梁”结构铰接块体最大回转速度分别为：−0.315 m/s、−0.283 m/s、−0.230 m/s、−0.200 m/s，如图 3-7 所示。

数值模拟结果表明，“砌体梁”结构铰接块体在整个回转运动过程中，随着块体长度的减小，“砌体梁”结构铰接块体回转运动速度随之增大，且块体长度最小时对应于回转速度的最大值。当块体长度最小时，“砌体梁”结构铰接块体回转运动前期速度最快，历经相同计算时步后最先达到回转速度的最大值，而后出现回转速度有所减小。

综上可知，“砌体梁”结构铰接块体 A 回转运动速度对“砌体梁”结构块体长度的减小而增加，块体长度越短，“砌体梁”结构铰接块体 A 回转运动速度越快。上述理论分析中所得出了块体长度对“砌体梁”结构铰接块体回转速度的影响规律，同时也得到了 UDEC 数值模

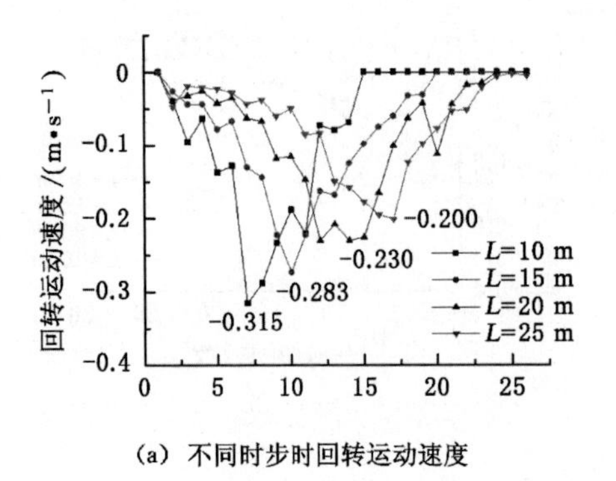

(a) 不同时步时回转运动速度

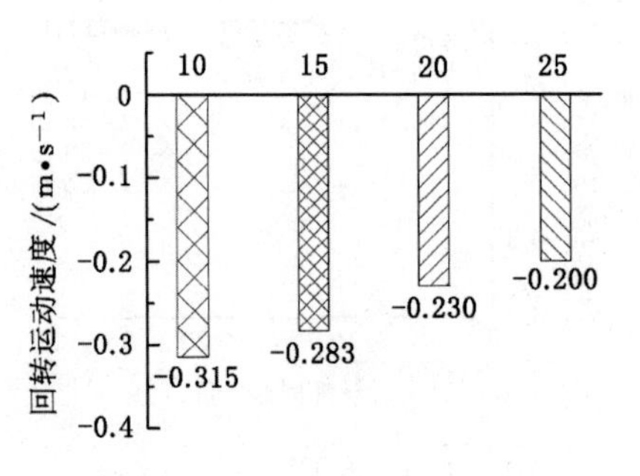

(b) 最大回转运动速度

图 3-7 同一载荷不同块体长度的“砌体梁”结构铰接块体最大回转运动速度

拟结果的验证。回转角速度的变化是载荷、自重动力矩与后方块体挤压力阻力矩综合作用的结果,块体长度的增加引起角速度的减小,表明了块体长度的增加使得块体回转运动中阻力矩贡献相对于主力矩贡献占比的增加。

3.1.3 采高对“砌体梁”结构铰接块体回转速度的影响研究

3.1.3.1 理论分析

1. 模型的计算方案

计算模型中“砌体梁”结构铰接块体厚度为 5 m,载荷层厚度及块体长度分别为 10 m、20 m、30 m、40 m 及 15 m,以表 3-7 中的参数为基础参数。通过控制单一变量法,改变工作面采高,共设置 4 组不同的工作面采高:2 m、3 m、4 m、5 m,见表 3-8。分别以计算模型 1、计算模型 2 为例,研究 4 组不同工作面采高对“砌体梁”结构铰接块体回转速度的影响规律。

表 3-7 采高对“砌体梁”结构铰接块体回转速度影响规律的基础参数

块体 A 厚度 h/m	载荷层厚度 H/m				块体长度 L/m	密度 ρ/(kg · m^{-3})	重力加速度 g/(m · s^{-2})
5	10	20	30	40	15	2500	10

表 3-8 块体长度 15 m 时不同采高所对应的回转角度

工作面采高 M/m	2	3	4	5
θ/(°)	7.6	11.5	15.4	19.4

2. 计算结果与分析

“砌体梁”结构铰接块体 A 载荷层厚度分别为 10 m 和 20 m,且块体长度为 15 m 时,4 组不同采高(2 m、3 m、4 m、5 m)作用下的回转角速度如图 3-8 所示。同理为便于模拟“砌体梁”结构铰接块体回转过程,假定为基本顶直接赋存于煤层之上的情况,因此工作面基本顶“砌体梁”结构铰接块体回转下沉量,即为工作面采高。“砌体梁”结构铰接块体回转空间量分别为 2 m、3 m、4 m、5 m。

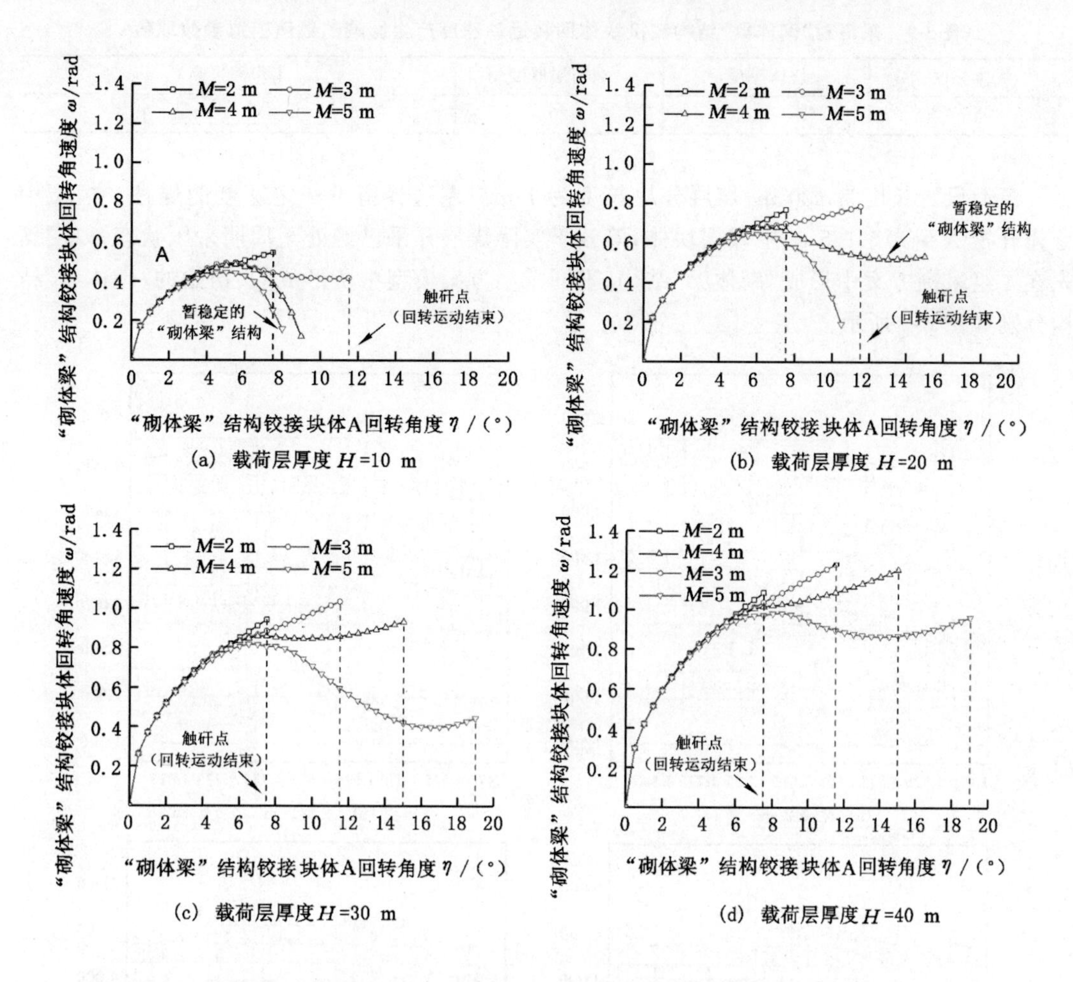

(a) 载荷层厚度 H=10 m

(b) 载荷层厚度 H=20 m

(c) 载荷层厚度 H=30 m

(d) 载荷层厚度 H=40 m

图 3-8 工作面采高对“砌体梁”结构铰接块体回转角速度的影响

由图 3-8 可以看出，在“砌体梁”结构铰接块体上覆载荷层厚度及块体长度一定的条件下，采高的变化对于“砌体梁”结构铰接块体前期的回转运动速度影响不大，基本保持一致，如图 3-8 中 A 区域所示。在“砌体梁”结构铰接块体回转运动后期，由于小采高条件下，块体回转角度较小，其已经达到回转触矸状态，回转运动结束；而采高较大时，“砌体梁”结构铰接块体依然处于回转运动状态。总体而言，在“砌体梁”结构铰接块体回转运动前期，采高对“砌体梁”结构回转速度影响较小。采高对“砌体梁”结构铰接块体回转运动的影响实质上是增加了“砌体梁”结构铰接块体的回转运动时间，延长了工作面支架以额定工作阻力支撑顶板的时间，增加了工作面顶板来压持续长度。

下面通过 UDEC 数值模拟，研究工作面采高对“砌体梁”结构铰接块体回转运动速度的影响，并对上述理论分析结果进行验证。

3.1.3.2 数值模拟

在“砌体梁”结构铰接块体上覆载荷层厚度、块体长度一定的基础上，采用控制变量法，设置 4 组采高的研究方案，以研究工作面采高对“砌体梁”结构铰接块体回转运动速度的影响规律，数值模拟方案见表 3-9。

表 3-9 采高对“砌体梁”结构铰接块体回转运动速度产生影响的数值模拟参数取值

块体长度	块体厚度	载荷层厚度	工作面采高			
15	5	20	2	3	4	5

模型设置长度为 300 m，煤层分块长度为 1 m。左边界留设一定宽度的煤柱。模型中首先开挖 $X=90\sim165$ m 中煤层块体，等效于实际煤层开采已经处于周期来压状态，以便预先在 4 组采高方案中形成“砌体梁”结构，不同采高方案模型中所形成的、初始的“砌体梁”结构分别如图 3-9 所示。

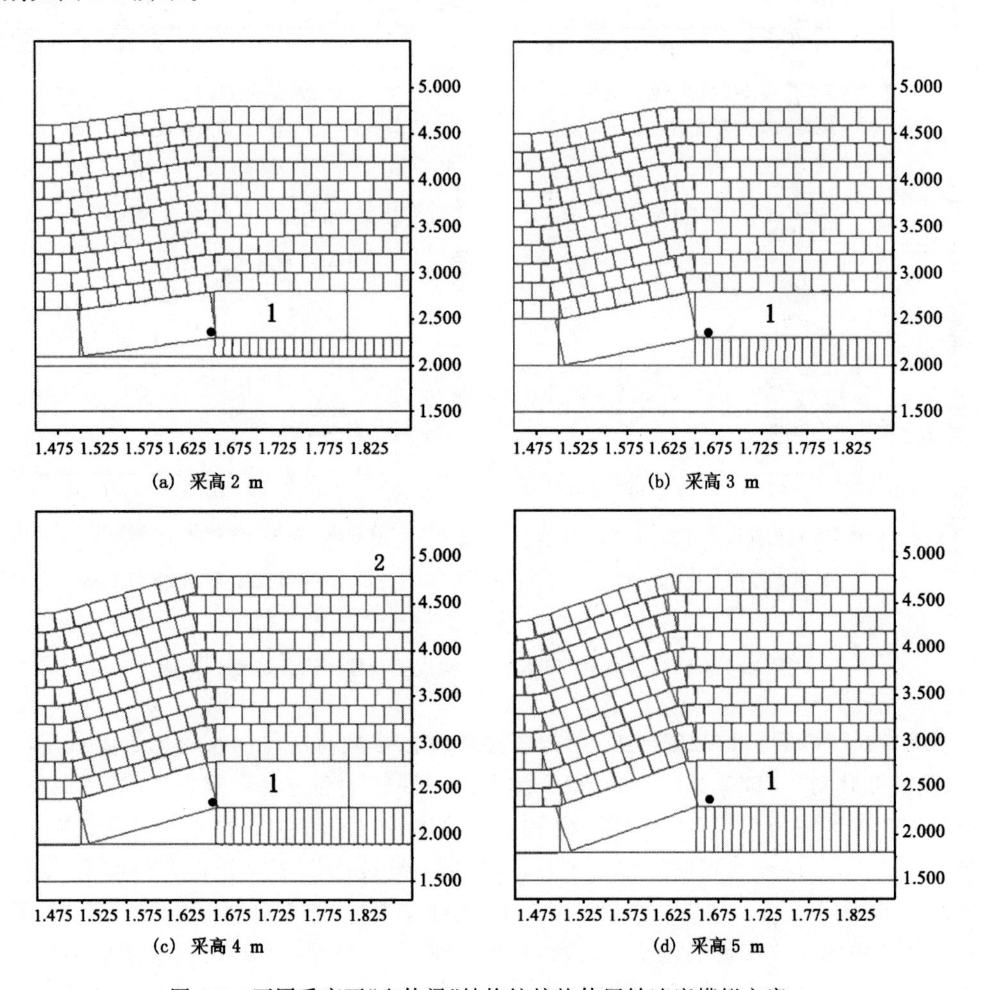

(a) 采高 2 m (b) 采高 3 m (c) 采高 4 m (d) 采高 5 m

图 3-9 不同采高下“砌体梁”结构铰接块体回转速度模拟方案

在此基础上，4 组方案中均逐步开采煤层，循环开采步距为 1 m，每一循环计算时步为 60000 步。同时通过命令 hist yvel 监测每一个循环采煤过程，“砌体梁”结构铰接块体 1 左下节点下沉速度、节点位置如图 3-9 所示。下沉位移至角速度的转化原理与前述相同。上述 4 组不同采高条件下，各个开采步距所对应的“砌体梁”结构铰接块体回转位态、块体 1 中结点下沉速度，分别如图 3-10 所示。为直观反映不同采高作用下“砌体梁”结构铰接块体回转速度的差异，将纵坐标阈值设为同一数值。

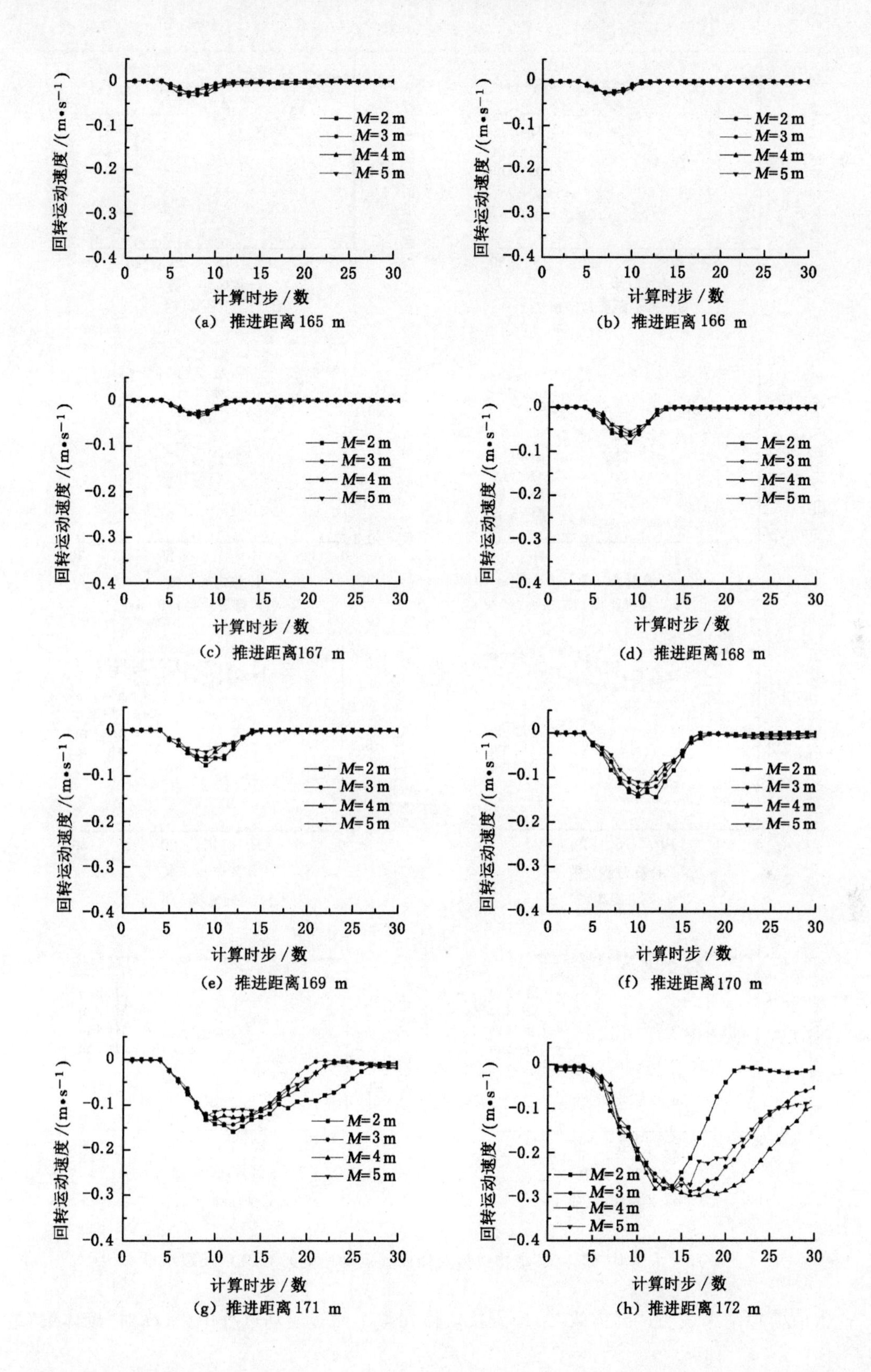

(a) 推进距离 165 m
(b) 推进距离 166 m
(c) 推进距离167 m
(d) 推进距离168 m
(e) 推进距离169 m
(f) 推进距离 170 m
(g) 推进距离 171 m
(h) 推进距离 172 m

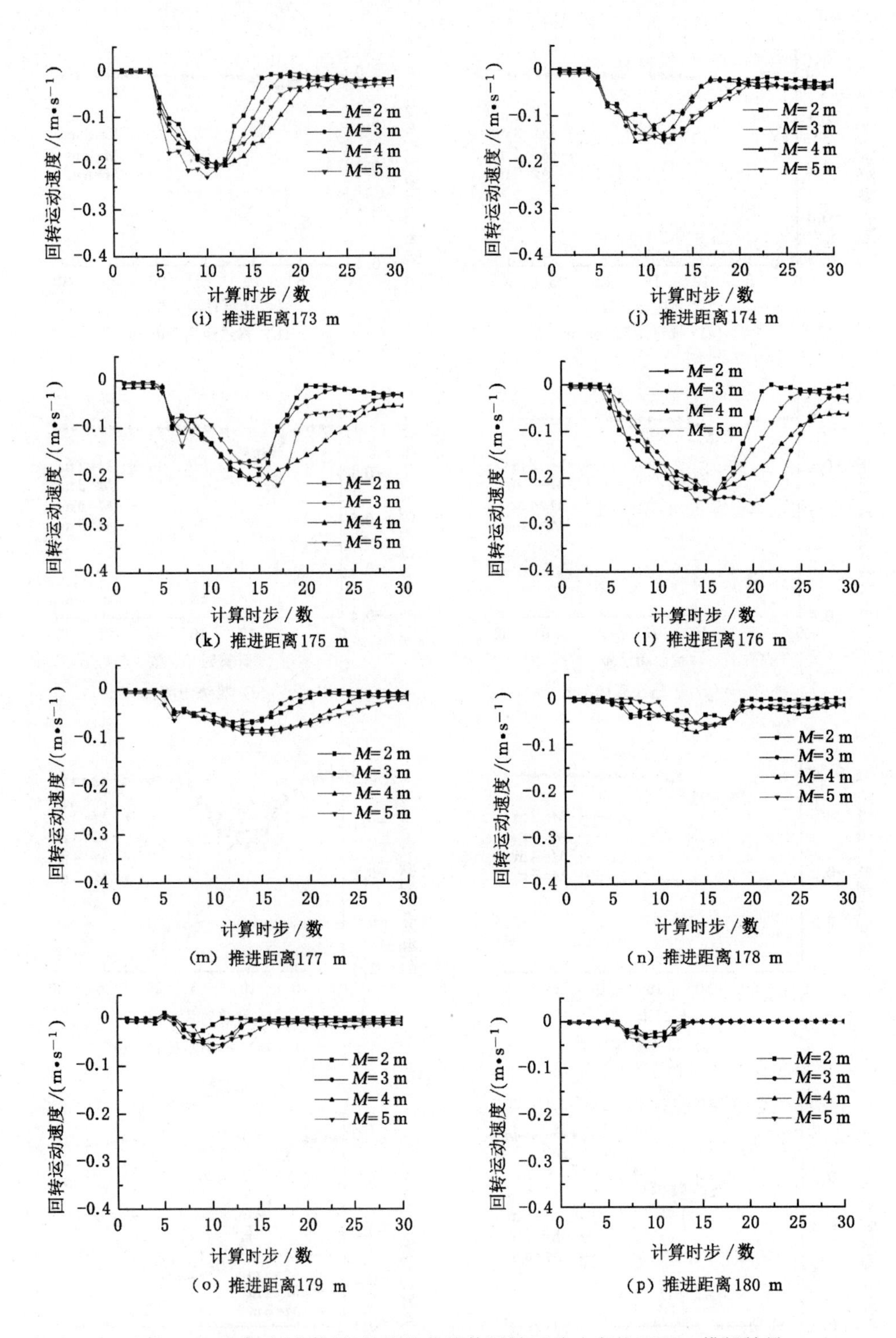

图 3-10 采高对“砌体梁”结构铰接块体回转运动速度的 UDEC 模拟结果

数值模拟结果表明，“砌体梁”结构铰接块体在整个回转运动过程中，采高对“砌体梁”结构铰接块体回转运动的前期影响甚微,基本可以忽略不计。采高对"砌体梁"结构铰接块体回转速度的影响,主要表现在"砌体梁"结构块体回转后期,此时随着采高的增加,"砌体梁"结构铰接块体回转速度有所减慢。综上可知,可以认为采高对"砌体梁"结构铰接块体回转速度的影响较小,理论分析所得出的工作面采高对"砌体梁"结构铰接块体回转速度的影响规律,得到了 UDEC 数值模拟结果的验证。

3.2 影响矿压显现的实验

3.2.1 实验系统介绍

前述研究了"砌体梁"结构铰接块体回转速度的影响因素,得到了载荷越大、块体长度越小,"砌体梁"结构铰接块体回转速度越快的结论,且这一结论已得到了 UDEC 数值模拟结果的验证。本节主要研究"砌体梁"结构铰接块体回转速度大小对于采场矿压显现有何影响,更具体地说,对于常用的采场矿压显现评价指标(如支架增阻率、支架活柱下缩量、支架活柱下缩速度、工作面来压持续长度)有何影响。

采用自主研发的"基于支柱增阻形态的覆岩破断动载特征提取的实验装置"实验系统(授权专利号:ZL201410826153.1),如图 3-11 所示。该实验系统由电液伺服万能试验机、液压支柱系统、数据采集仪 3 部分组成。液压支柱系统包括压盘、柱塞、液压缸、高强度耐压胶管、安全阀、乳化液泵等。液压支柱上设有乳化液管接口,乳化液管接口通过高强度耐压乳化液管连接到集成阀座,集成阀座上设有监测仪器组和阀门。集成阀座通过高强度耐压乳化液管连接有数据采集仪包括压力变送器与位移传感器。压力变送器及位移传感器均与(SIN-R200D)无纸记录仪相连接,监测频率为 1 Hz。其中,位移传感器采用拉绳式位移变送器,该位移传感器固定于液压支柱未动缸体上,牵出的钢丝绳另一端固定在液压柱塞顶部的可移动顶梁上,分别用于监测压力机加载时液压缸内部压力及支柱下缩量的变化,以获得液压缸乳化液压力、支架活柱下缩速度及支架活柱下缩量。

采用电液伺服万能试验机的加载来模拟上覆岩层的破断运动。通过给电液伺服万能试验机设置不同的加载速度、不同的加载压力来模拟实际开采环境中不同的顶板岩层运动速度,对比不同受载条件下液压支柱压力变化情况、支架增阻形态特征、活柱下缩速度及其下缩总量,类比分析实际开采条件下,顶板岩层的"砌体梁"结构铰接块体不同回转速度对采场支架及工作面矿压显现的影响。

3.2.2 "砌体梁"结构铰接块体回转速度对支架阻力的影响

在该实验中,通过设置电液伺服试验机不同的加载速度,来实验模拟研究顶板运动速度对采场支架阻力变化的影响规律。"砌体梁"结构铰接块体回转速度通过电液伺服万能试验机的"恒速加载"模式实现。在"恒速加载"模式中,共设置了 5 组加载速度,分别为 1 mm/min、2 mm/min、3 mm/min、4 mm/min、5 mm/min。液压支柱系统中安全阀开启压力为 26 MPa。液压支柱系统初撑力设置为两组,分别为 2.5 MPa 和 5.0 MPa。在不同的加载速度下,监测液压支柱阻力及其增阻率的变化规律。支架阻力由前述(RX200D 型)压力变送器监测所得的乳化液压力与液压缸横截面积乘积所得,RX200D 压力传感器和 SIN-R200D 无纸记录仪如图 3-12 所示。液压支柱增阻率是指单位时间内液压支架阻力变化量,是加载速度与支架系统刚度的作用结果。

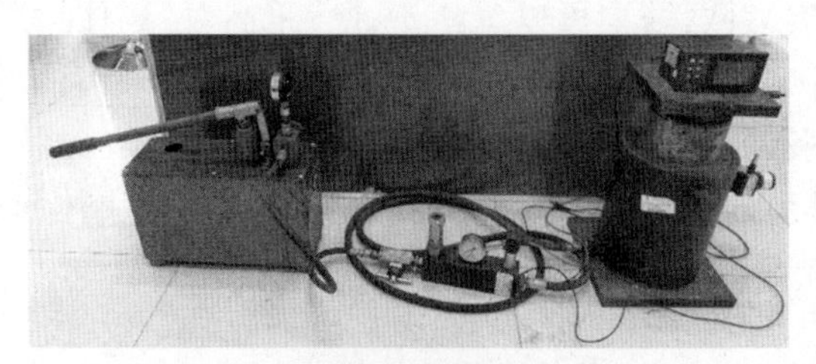

(a) 液压支柱系统

(b) 位移传感器

(c) 电液伺服万能试验机及实验装置全局概貌

图 3-11　基于支柱增阻形态的覆岩破断动载特征提取实验装置

(a) RX200D压力传感器

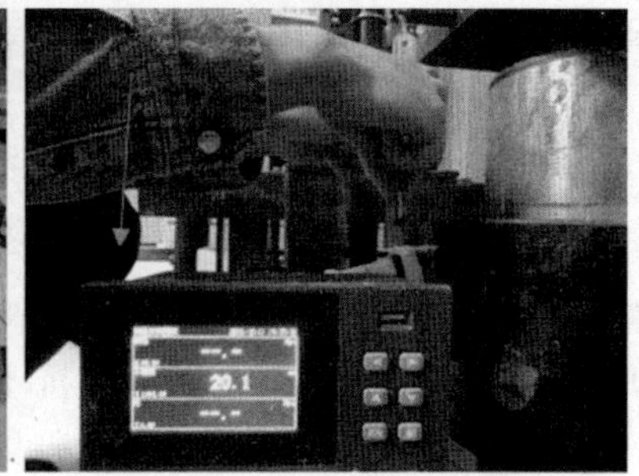

(b) SIN-R200D无纸记录仪

图 3-12　RX200D 压力传感器和 SIN-R200D 无纸记录仪

“恒速加载”模式下，不同组别中加载速度分别为 1 mm/min、2 mm/min、3 mm/min、4 mm/min、5 mm/min 时液压支柱阻力及其增阻率变化规律如图 3-13、图 3-14 所示。其中图 3-13中实验前液压支柱设置初撑力为 2.5 MPa，图 3-14 中液压支柱设置初撑力为5.0 MPa。

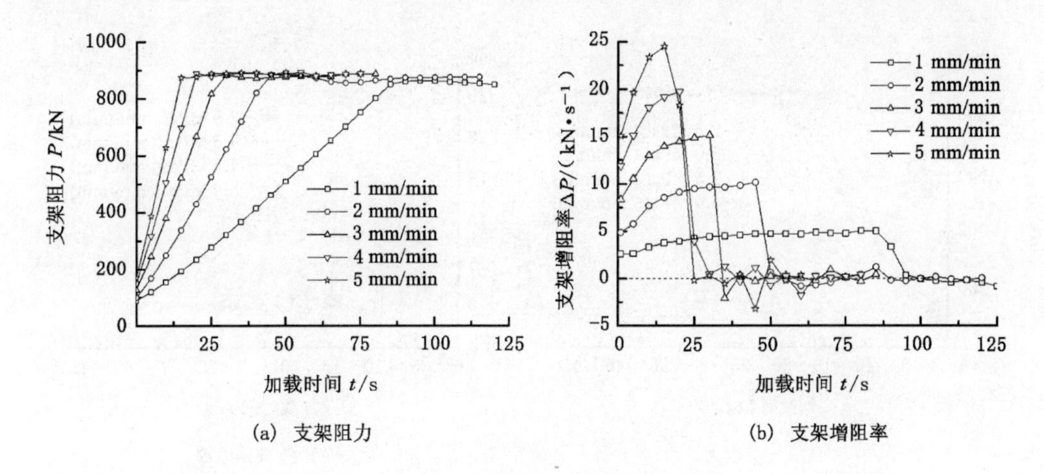

(a) 支架阻力　　(b) 支架增阻率

图 3-13　初撑力 2.5 MPa 时不同加载速度对支架阻力及其增阻率的影响

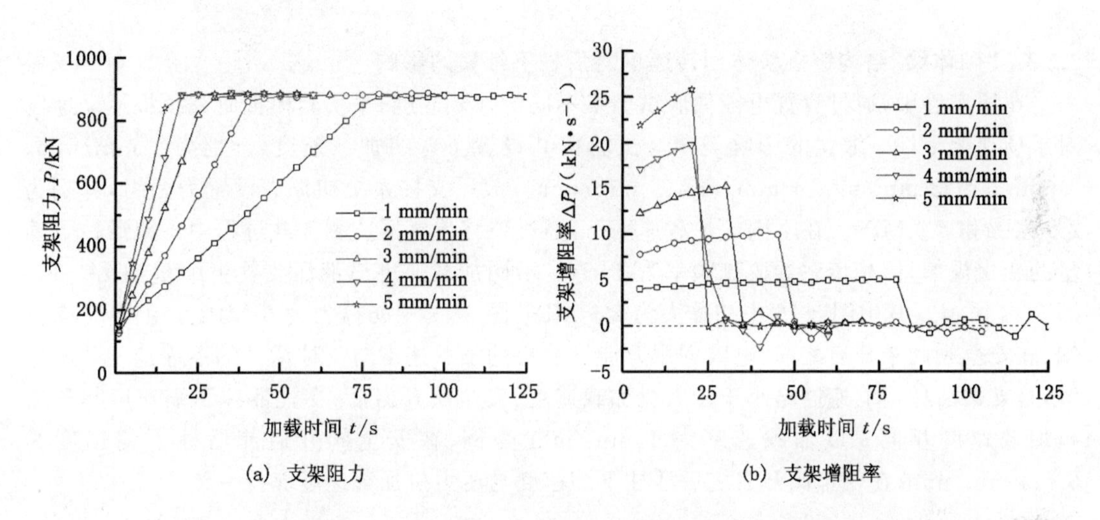

(a) 支架阻力　　(b) 支架增阻率

图 3-14　初撑力 5.0 MPa 时不同加载速度对支架阻力及其增阻率的影响

由图 3-13a、图 3-14a 可知，随着电液伺服万能试验机加载速度的增加，液压支柱由初撑力达到安全阀开启压力的时间缩短，这意味着采场顶板岩层下沉速度较快时，采场支架阻力将会迅速达到额定阻力。由图 3-13b、图 3-14b 可知，电液伺服万能试验机加载速度越大，液压支柱增阻率越大。

以 3 mm/min 加载速度为例，说明相同加载速度时支架阻力及支架增阻率变化规律，如图 3-15 所示。相比初撑力较小的情况，在初撑力较大时，支柱在较短的时间内即达到安全阀开启压力；且液压支柱的增阻速度显著增大。

综上所述，电液伺服万能试验机加载速度越快，液压支柱的增阻率越大，即单位时间内支架阻力增加量越大。对于煤矿开采而言，“砌体梁”结构铰接块体回转速度越快，表现为在单个采煤循环内采场支架阻力增加速度越快，支架安全阀开启时间越早，且该循环内支架阻力增加量越大。

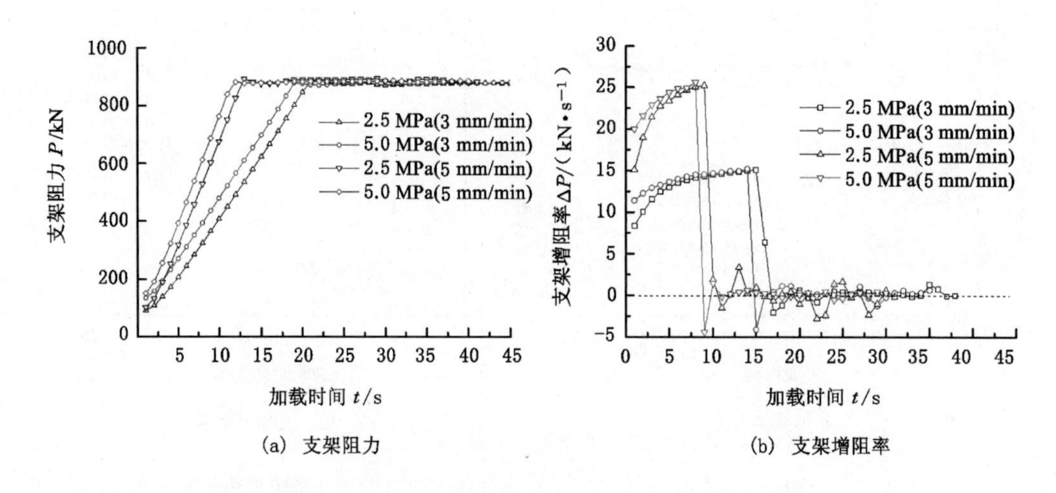

图 3-15 不同初撑力在不同加载速度时液压支架阻力及增阻率

3.2.3 “砌体梁”结构铰接块体回转速度对活柱下缩量的影响

在该实验中，通过设置电液伺服试验机不同的加载速度，来实验模拟研究顶板运动速度对采场支架活柱下缩量的影响规律。试验机共设置了 5 组加载速度，分别为 1 mm/min、2 mm/min、3 mm/min、4 mm/min、5 mm/min。液压支柱系统初撑力设置为两组，分别为 2.5 MPa和 5.0 MPa。在不同的加载速度下，通过位移传感器监测加载过程中支架活柱下缩量的变化规律，位移传感器监测频率为 1 Hz。不同加载速度时液压支柱下缩量如图 3-16、图 3-17 所示。其中图 3-16 中初撑力为 2.5 MPa，图 3-17 中初撑力为 5 MPa。由图 3-16 可知，在安全阀尚未开启之前，电液伺服万能试验机的加载速度与支柱活柱的下缩速度并不相等，且支架活柱下缩速度略小于压力机加载速度；安全阀开启后，支柱活柱下缩速度与压力机加载速度相同。以加载速度为 1 mm/min 为例，在安全阀开启前活柱下缩速度为 0.744 mm/min；在安全阀开启之后活柱下缩速度与压力机加载速度保持一致。

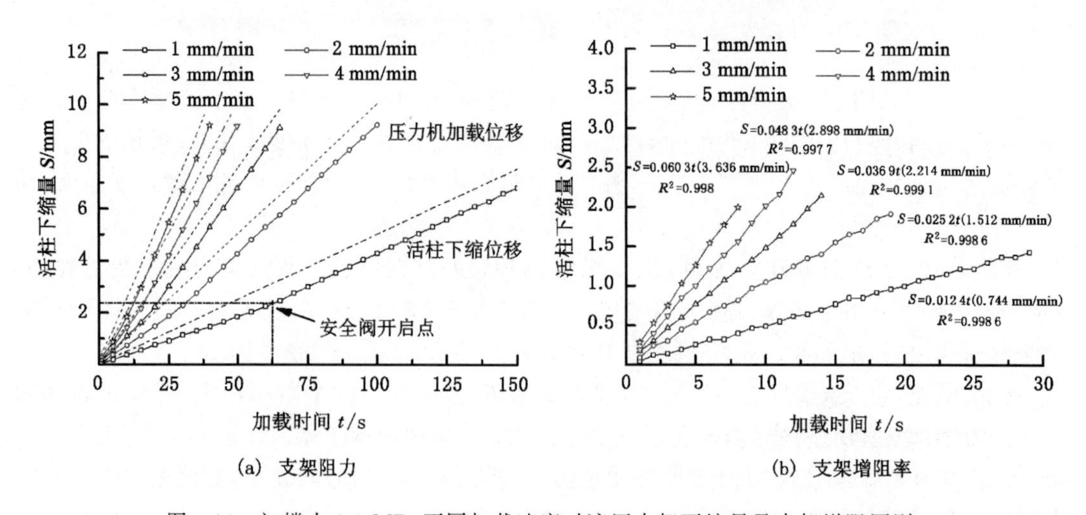

图 3-16 初撑力 2.5 MPa 不同加载速度时液压支架下缩量及支架增阻原则

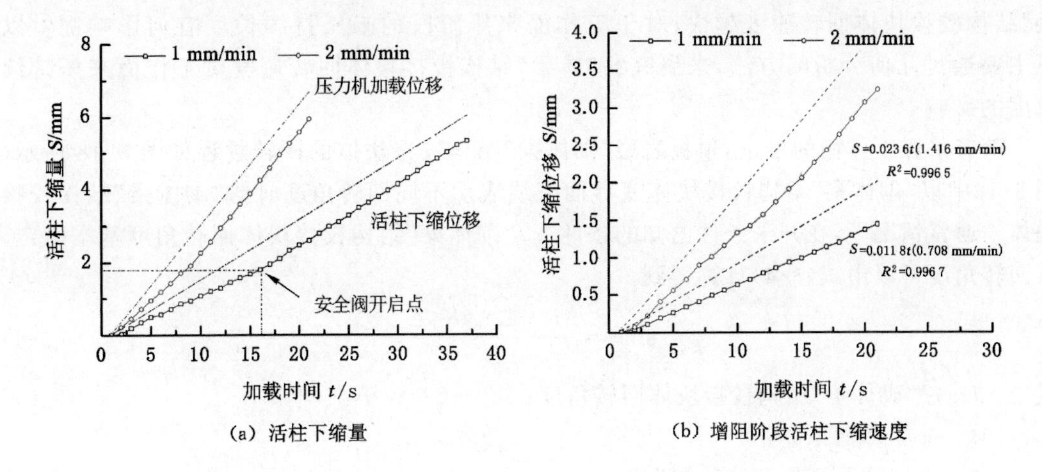

(a) 活柱下缩量 (b) 增阻阶段活柱下缩速度

图 3-17 初撑力 5.0 MPa 不同加载速度时液压支架下缩量及支架增阻原则

在安全阀开启前的增阻阶段，液压支柱的活柱下缩速度是由压力机加载速度及液压缸刚度所决定的。增阻阶段，压力机首先对液压缸体内的乳化液进行压缩，迫使液压缸体内的乳化液压力上升，达到安全阀开启压力。这一阶段液压支柱活柱下缩速度与压力机加载速度不同，两者在增阻时间段内存在位移差，即压力机加载速度或相同时间内的加载位移，大于液压支柱活柱下缩速度及其下缩位移，两者位移差值，即为液压缸体内乳化液的压缩量。在安全阀开启后，电液伺服万能试验机加载速度与液压支柱活柱下缩速度相同。

因此，在煤矿开采中若简化认为采场支架与基本顶岩层为刚性接触，即不考虑直接顶强度的影响，可以通过实测支架的增阻速度反算得到采场基本顶岩层对于采场支架的加载速度。

假设顶板下沉速度为 V，液压支柱下缩速度为 υ，乳化液长度为 a，乳化液压缩模量为 E'，乳化液压缩量为 Δ'，液压支柱刚度为 K，液压支架支护阻力增量为 ΔP，液压支柱活柱下缩量为 S'。上述参数满足如下关系式，即支架阻力的增量等于乳化液压缩模量与其压缩量的乘积，见式(3-2)。

$$\Delta P = KS' = E' \frac{\Delta'}{a} = E' \frac{V\mathrm{d}t - \upsilon \mathrm{d}t}{a} \tag{3-2}$$

等式两边均除以时间微元 dt，即得液压支柱增阻率与顶板下沉速度的关系，见式(3-3)：

$$V = \frac{a}{E'} \frac{\Delta P}{\mathrm{d}t} + \upsilon \tag{3-3}$$

综上所述，电液伺服万能试验机加载速度越快，液压支柱活柱下缩速度越快，即单位时间内活柱下缩量越大。对于采煤工作面而言，则意味着“砌体梁”结构铰接块体回转速度越快，表现为采场支架活柱下缩速度越快，单位时间内或者单个采煤循环内，采场支架活柱下缩速度越大，活柱下缩量越大，矿压显现也会相对强烈。

3.2.4 “砌体梁”结构铰接块体回转速度对来压持续长度的影响

基于前述实验结果可知，“砌体梁”结构铰接块体回转速度越快，在同一采煤循环内采场支架增阻速度越快，采场支架活柱下缩速度越快。在同一采煤循环内，或者单位时间内，采场支架活柱下缩量也相对较大，由此引发的矿压显现亦较为强烈。然而，“砌体梁”结构铰接块体回转速度越快，对于工作面来压阶段的来压持续长度有何影响呢？以下主要通过几何分析的方法，来研究“砌体梁”结构铰接块体回转速度对工作面来压持续长度的影响。

随着采煤工作面的推进，顶板岩层“砌体梁”结构铰接块体的回转过程如图 3-18 所示，图 3-18中以“砌体梁”结构铰接块体底界面直线表示不同回转角度时的“砌体梁”结构铰接块体。通常情况下，在开采条件已知的条件下，“砌体梁”结构铰接块体回转角度基本固定，其回转角度可以由式(3-4)计算得到。

$$\sin\theta = \frac{M + \Delta - K_{\mathrm{P}}\Delta}{L} \tag{3-4}$$

式中 θ——“砌体梁”结构铰接块体回转角度；

M——工作面采高；

Δ——工作面不规则垮落带高度；

K_{P}——不规则垮落带岩石的碎胀系数；

L——“砌体梁”结构铰接块体长度。

图 3-18 表示“砌体梁”结构铰接块体回转运动过程中，随着工作面的推进，每一个采煤循环中支架活柱下缩量及其来压持续长度的变化。

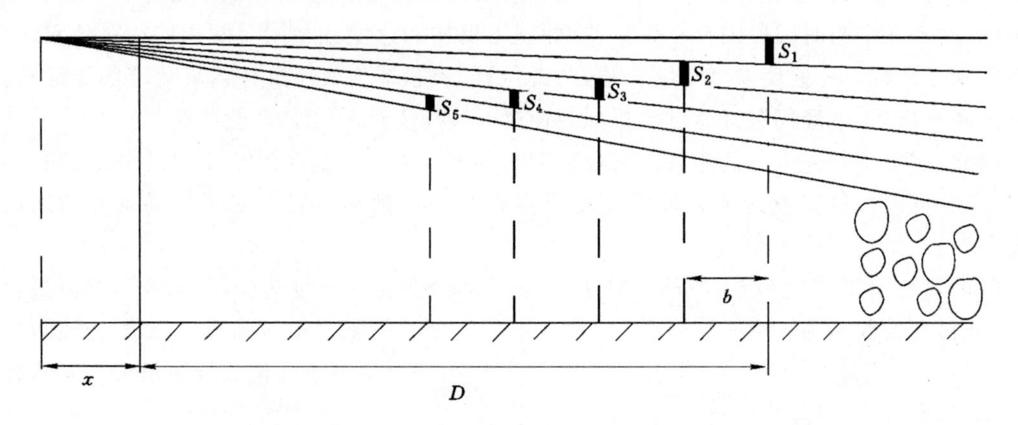

D—工作面支架的控顶距；x—“砌体梁”结构铰接块体超前破断距(前段铰接点与煤壁的距离)；
b—工作面循环开采步距(采煤机截深)；S_1～S_5—来压阶段每一个采煤循环(每一刀)内的活柱下缩量

图 3-18 “砌体梁”结构铰接块体回转速度影响来压持续长度的计算模型

由图 3-18 可知，工作面来压阶段内，各采煤循环内支架的活柱下缩量可由式(3-5)计算：

$$S_i = [D + x - (i-1)b]\left(\tan\sum_{1}^{i}\theta_i - \tan\sum_{1}^{i-1}\theta_i\right) \quad (i = 2,3,4,\cdots,N) \tag{3-5}$$

其中：$s_1 = (D + x)\tan\theta_1$。

下面通过具体的算例来说明“砌体梁”结构铰接块体回转速度对来压持续长度、各个采煤循环内活柱下缩量，以及整个来压阶段活柱下缩总量的影响规律。基于图 3-18 中的计算模型，假设 $x = 3.0$ m，$D = 6.0$ m，循环采煤步距 $b = 0.8$ m，“砌体梁”结构铰接块体累计回转角度 $\theta = 10°$，在工作面推进速度一定 (即每一个采煤循环时间相同)时，若当“砌体梁”结构铰接块体回转速度较慢，即意味着相同时间内，或每一个采煤循环“砌体梁”结构铰接块体回转角度较小，为了定性对比说明，此处假设为 1°；而当“砌体梁”结构铰接块体回转速度较快时，则意味着相同时间内，或认为每一个采煤循环“砌体梁”结构铰接块体回转角度较大，此处假设每一个采煤循环中“砌体梁”结构铰接块体回转角度为 2°。

由此可知，在开采地质条件一定（“砌体梁”结构铰接块体回转总量一定）的条件下，当“砌体梁”结构铰接块体回转速度较慢时，来压持续长度为 8 m，即 10 个采煤循环（10 刀）；当“砌体梁”结构铰接块体回转速度较快时，来压持续长度为 4 m，即 5 个采煤循环（5 刀）。通过前述几何关系，可得各个采煤循环的活柱下缩量及整个来压持续长度内支架活柱下缩总量，如图 3-19 所示。

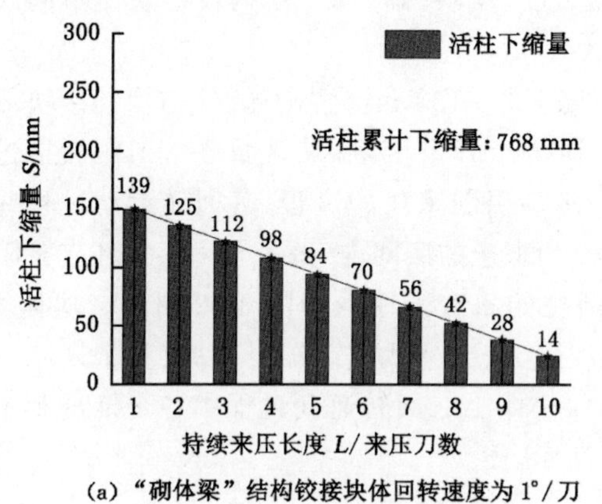

(a) “砌体梁”结构铰接块体回转速度为 1°/刀

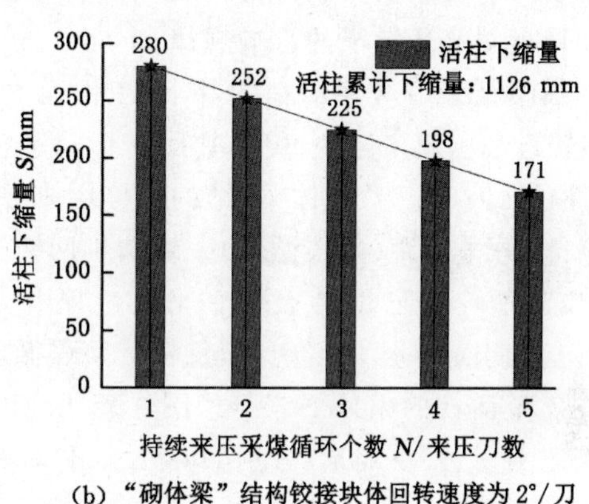

(b) “砌体梁”结构铰接块体回转速度为 2°/刀

图 3-19 “砌体梁”结构铰接块体回转速度对来压持续长度及活柱下缩量的影响

由图 3-19 可知，在工作面来压阶段内，由于“砌体梁”结构铰接块体回转角度是一定的，“砌体梁”结构铰接块体回转速度越快，则每一个采煤循环内“砌体梁”结构铰接块体回转较大，使得经历个数较少的采煤循环后即能触及采空区冒落矸石，因而来压持续长度较短；反之，若“砌体梁”结构块体回转速度越慢，则会导致工作面来压持续长度较长。

此外，“砌体梁”结构铰接块体回转速度较慢时，每一个采煤循环内支架活柱下缩量较小，分别为：139 mm、128 mm、112 mm、98 mm、84 mm、70 mm、56 mm、42 mm、28 mm、14 mm，而整个来压持续长度内支架活柱累计下缩量也较小，累计为 768 mm。而“砌体梁”结构铰接块体回转速度较快时，每一个采煤循环内支架活柱下缩量较大，分别为：280 mm、252 mm、225 mm、198 mm、171 mm，而整个来压持续长度内支架活柱累计下缩量也较大，累计达到 1126 mm。

3.3 影响矿压显现的数值模拟

通过数值模拟软件 UDEC，研究不同的“砌体梁”结构铰接块体回转速度对于采场矿压显现的影响，不同的“砌体梁”结构铰接块体回转速度通过设置“砌体梁”结构铰接块体上覆载荷层厚度得以实现。同时在模型中通过 support 命令设置工作面支架，监测不同模拟方案下支架阻力、支架活柱下缩量等，并分析工作面来压持续长度，借此反映不同的“砌体梁”结构铰接块体回转速度对采场矿压显现特征（支架阻力、支架活柱下缩量、来压持续长度）等评价指标的影响规律。

本节所使用的模型与3.1.1节中研究载荷对“砌体梁”结构铰接块体回转速度的影响规律为同一模型。3.1节关注点在于载荷对回转速度的影响，而此节关注点在于不同载荷层厚度影响下，由support命令监测获得的每一个开采循环支架阻力、支架活柱下缩量、工作面来压持续长度的变化规律。有必要说明的是，该模拟中为分析不同载荷引起“砌体梁”结构铰接块体回转速度的差异对采场矿压显现的影响，定量对比研究不同回转速度的“砌体梁”结构铰接块体向采场支架传递载荷，支架未设置安全阀，模型中支架阻力随着支架活柱下缩量单调递增，即活柱下缩量越大，支架阻力越大，以此等效监测支架所承受的压力。综上数据，对比分析4组不同“砌体梁”结构铰接块体回转速度(即4组不同载荷层厚度)下，各开采步距中支架阻力、支架活柱下缩量、来压持续长度，反映“砌体梁”结构铰接块体不同载荷层厚度对来压特征的影响规律。

模拟结果中，4种载荷条件下，工作面推进距离168～182 m，为“砌体梁”结构铰接块体1回转运动引起来压的过程，其回转运动过程共计14个开采步距(采煤循环)；工作面推进距184～198 m，为“砌体梁”结构铰接块体2回转运动引起来压的过程，其回转运动过程共计14个开采步距(采煤循环)。块体1回转运动引起来压的区间内，每一个采煤循环支架阻力、支架活柱下缩量，以及整个来压过程中支架活柱的累计下缩量如图3-20所示。块体2回转运动引起来压的区间内，每一个采煤循环支架阻力、支架活柱下缩量，以及整个来压过程中支架活柱的累计下缩量如图3-21所示。提取块体1、2回转运动过程中各个推进距中支架阻力、活柱下缩量，分别如图3-20和图3-21所示。

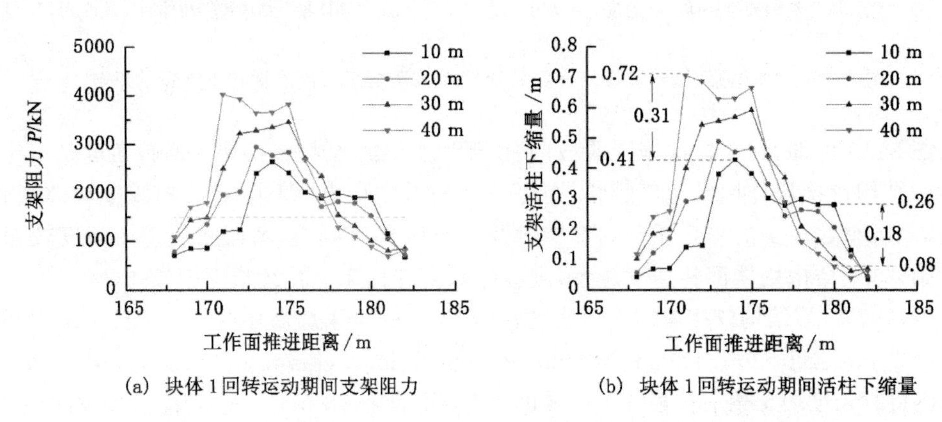

(a) 块体1回转运动期间支架阻力　　(b) 块体1回转运动期间活柱下缩量

图3-20　不同载荷层厚度时块体1回转运动期间工作面来压特征

由图3-20和图3-21可以看出，在来压持续长度的前段，“砌体梁”结构铰接块体上覆载荷越大(即块体回转运动速度越大)，来压所引起的支架阻力增阻越快，阻力越大，支架活柱下缩量越大。在来压持续长度的后段，由于载荷层厚度较大的“砌体梁”结构铰接块体回转速度越快，在历经相同计算时步后更早趋于稳定，此后“砌体梁”结构铰接块体回转速度有所降低，所对应的支架阻力、活柱下缩量亦有所减小。而此时载荷层厚度较小的“砌体梁”结构铰接块体由于回转速度较慢，在历经相同计算时步后尚未稳定，依然处于回转运动状态，其支架阻力、支架活柱下缩量出现了略大于载荷层厚度较大的“砌体梁”结构铰接块体支架阻力及活柱下缩量的现象。

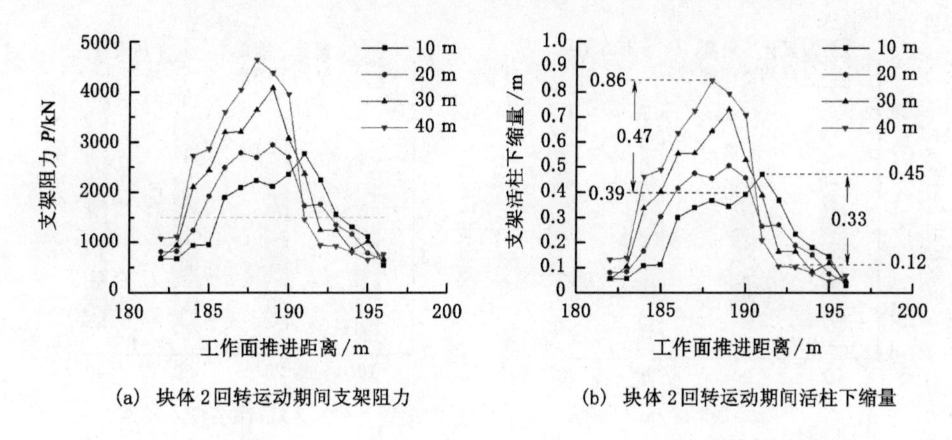

(a) 块体 2 回转运动期间支架阻力　　(b) 块体 2 回转运动期间活柱下缩量

图 3-21　不同载荷层厚度时块体 2 回转运动期间工作面来压特征

相比而言,后期差值远不如前期差值显著,以载荷层厚度分别为 10 m 和 40 m 为例,前期活柱下缩量最大值分别为 720 mm 和 410 mm,差值为 310 mm,后期支架活柱下缩量最大值分别为 260 mm 和 80 mm,差值仅为 180 mm。该规律在块体 2 的回转运动过程中也较为明显,前期活柱下缩量最大值分别为 860 mm 和 390 mm,差值为 470 mm,后期支架活柱下缩量最大值分别为 450 mm 和 120 mm,差值仅为 330 mm。

总体而言,在载荷层厚度较小时,即“砌体梁”结构铰接块体回转速度较小时,模拟实验中“砌体梁”结构铰接块体 1 和块体 2 整个回转运动过程中每一个采煤循环支架活柱下缩量均相对较小,最大值仅分别为 410 mm 和 450 mm;而在载荷层厚度较大时,即“砌体梁”结构铰接块体回转速度较大时,“砌体梁”结构铰接块体整个回转过程中每一个采煤循环支架活柱下缩量均相对较大,最大值达到 720 mm 和 860 mm。

统计上述 4 种载荷层厚度条件下,将“砌体梁”结构铰接块体 1 回转运动过程中每一个开采步距时工作面液压支架活柱下缩量求和,获得整个来压持续长度内的累计下缩量及来压持续长度,如图 3-22 所示。载荷层厚度分别为 10 m、20 m、30 m、40 m 时,所对应的活柱累计下缩量及来压持续长度分别为:3.26 m、3.82 m、4.56 m、5.11 m 和 13 刀(13 m)、12 刀(12 m)、11 刀(11 m)、10 刀(10 m)。由此可得平均活柱下缩量分别为 0.25 m、0.32 m、0.42 m、0.52 m。同理可得,块体 2 回转运动过程中,载荷层厚度分别为 10 m、20 m、30 m、40 m 时,所对应的活柱累计下缩量及来压持续长度分别为:3.49 m、3.92 m、4.87 m、5.54 m 和 13 刀(13 m)、12 刀(12 m)、11 刀(11 m)、10 刀(10 m)。由此可得平均活柱下缩量分别为 0.27 m、0.32 m、0.44 m、0.55 m。

忽略不计“砌体梁”结构铰接块体回转触矸后对矸石的压缩作用,认为“砌体梁”结构破断块体回转运动触及采空区矸石后,即达到稳定状态,因而在工作面开采条件一定的情况下,“砌体梁”的总回转量是一定的。在“砌体梁”结构铰接块体上覆载荷较大时,块体回转运动速度较快,因而在工作面推进速度一定的前提下,块体回转速度越大,破断块体会较早触及采空区矸石而停止回转,因而工作面来压在经历较少采煤循环之后即会结束,因而来压持续长度较短。反之,破断块体上覆载荷较小时,“砌体梁”结构铰接块体回转速度较慢,单个采煤循环内活柱下缩量较小,但是破断块体的运动周期长,工作面来压持续长度较大。

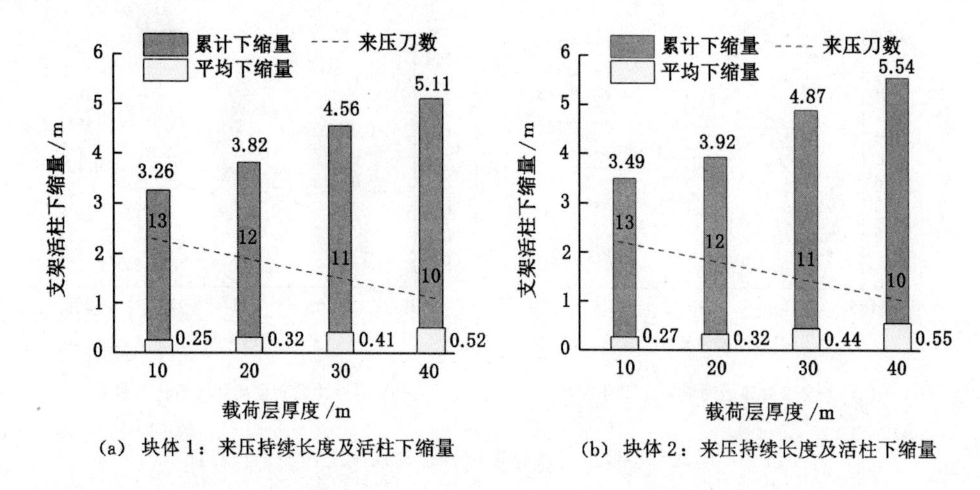

(a) 块体 1：来压持续长度及活柱下缩量　　(b) 块体 2：来压持续长度及活柱下缩量

图 3-22　来压持续长度和支架活柱下缩总量及平均每一个循环的下缩量

总体而言，如图 3-22 所示“砌体梁”结构铰接块体上覆载荷越大，“砌体梁”结构铰接块体回转速度越快，由此导致的来压持续长度越小。“砌体梁”结构铰接块体上覆载荷越大，在来压持续长度内的每一个采煤循环活柱下缩量更大，且来压持续长度内活柱下缩总量也更大，由此引发的采场矿压显现也将会更强烈，这与前述电液伺服万能试验机在不同的加载速度下压缩液压支柱的实验结果是一致的。

4　影响采场矿压的关键层临界高度模拟

本章在“砌体梁”结构铰接块体回转速度力学模型的基础上，通过物理相似模拟，监测“砌体梁”结构铰接块体回转运动过程中回转角速度的变化，通过覆岩多层“砌体梁”结构铰接块体回转角速度的相对大小关系，判别不同“砌体梁”结构铰接块体回转过程中是否存在载荷传递，并结合相似模拟实验中监测所得的顶板压力，以反映覆岩不同层位“砌体梁”结构铰接块体回转速度对矿压是否存在影响及其影响程度。据此提出覆岩中多层关键层不同破断类型及对应的影响矿压的关键层高度，为下一章基于覆岩各层“砌体梁”结构铰接块体回转速度判定影响矿压显现的关键层临界高度奠定基础。

4.1　采动覆岩整体“砌体梁”结构模型

煤系地层中各个岩层分层特性的差异，导致了各个岩层在岩层破断运动中的作用是不同的。根据钱鸣高院士提出的“关键层理论”可知，覆岩中的厚、硬岩层即关键层，对采动岩层运动起着主要的控制作用，是采动岩层的承载主体；而覆岩中的软弱岩层在岩层活动中仅起到加载作用，通常作为载荷施加于其底部的关键层之上。关键层的控制作用意味着，当关键层发生破断运动时，由关键层控制的上覆软弱岩层随之破断运动，关键层的控制作用如图 4-1 所示。

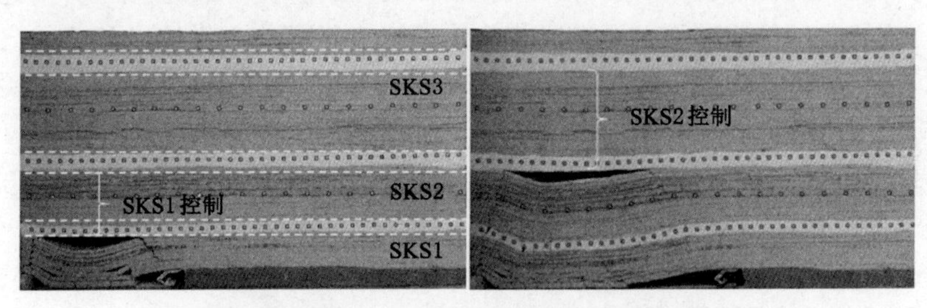

(a) SKS1的控制作用　　(b) SKS2的控制作用

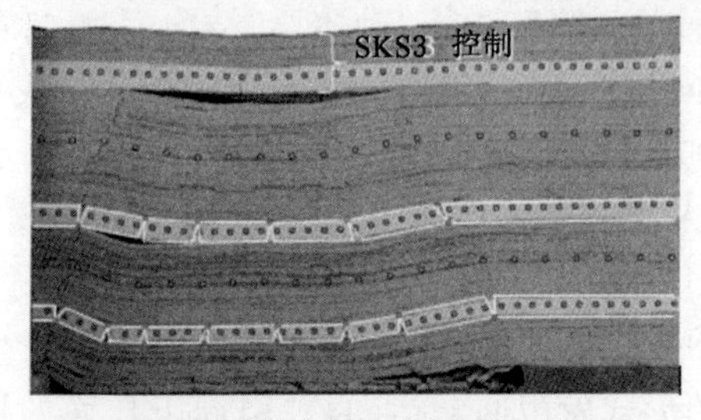

(c) SKS3的控制作用及“砌体梁”结构

图 4-1　关键层控制作用及关键层破断形成的“砌体梁”结构

关键层在破断前,以"板"(或"梁")结构的形式承载上覆岩层,对上覆岩层的破断运动起到控制作用。当关键层破断后,关键层破断块体相互铰接形成"砌体梁"结构,继续作为采动岩层运动的骨架。当覆岩中存在多层关键层时,随着工作面的推进,形成空间上的多层"砌体梁"结构,这即是钱鸣高院士提出的采动覆岩整体结构的力学模型,相似模拟实验中的采动覆岩整体结构的力学模型,如图 4-1c 所示。

钱鸣高院士提出的采动覆岩整体结构力学模型如图 4-2 所示,该模型中包含了覆岩中三层关键层破断形成的三层"砌体梁"结构。在传统的采场矿压控制研究领域,研究对象多集中于覆岩中最下位关键层破断而形成的"砌体梁"结构,即覆岩第一层亚关键层(基本顶)所形成的"砌体梁"结构,并且充分研究了"砌体梁"结构的力学平衡方程及稳定性判别方法,给出了"砌体梁"结构的"*S-R*"稳定性准则。

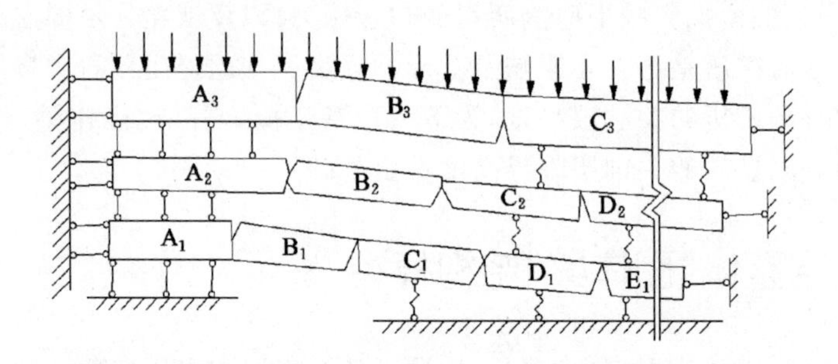

图 4-2　采动覆岩整体结构力学模型

采场矿压显现与覆岩"砌体梁"结构的运动密切相关,以覆岩中存在 2 层"砌体梁"结构为例,说明传统采场矿压控制理论中矿压显现与"砌体梁"结构内在联系。传统采场矿压控制理论中认为关键层破断块体相互铰接形成"砌体梁"结构,其外表是"梁"实则是"三铰拱"的承载结构,该承载结构能够将上覆岩层载荷传递到工作面前方煤体以及后方已经冒落的采空区矸石,从而对采场作业空间、工作面支护设备形成保护。覆岩中,每一层关键层破断后形成的"砌体梁"结构均具有"三铰拱"的承载特性,其应力传递路径如图 4-3a 所示。图 4-3a中虚线箭头示意了"三铰拱"结构承载特征下,上覆岩层载荷向工作面前方煤体及工作面后方采空区的转移、传递路径。

这种情况下,由于第一层"砌体梁"结构对上覆载荷的传递作用,第二层"砌体梁"结构的运动对采场矿压显现不造成影响,对采场矿压显现造成有影响的仅为覆岩中第一层关键层"砌体梁",记为 VBS-Ⅰ。有且只有当第二层"砌体梁"结构失稳,即图 4-3b 中的 VBS-Ⅱ失稳时,其控制载荷 q_2 及其自重向下传递,引发第一层"砌体梁"发生失稳。此时,VBS-Ⅱ及其载荷才会对工作面矿压造成影响,引起诸如动载矿压、压架等矿压问题,神东矿区活鸡兔煤矿 21304 工作面、21305 工作面及 21306 工作面等过沟谷地形时,引起工作面动载矿压事故,也正是这个原因。

众所周知,随着工作面的推进,关键层在上覆载荷的作用下发生周期破断,其破断块体相互铰接,以"砌体梁"结构的形式发生回转运动,并引起工作面的周期来压,其运动过程如图 4-4 所示。"砌体梁"结构块体的回转过程,即为工作面周期来压的过程。在"砌体梁"结构块体回转过程中,工作面也向前推进了一段距离,该距离称为工作面周期来压的来压持续长度。

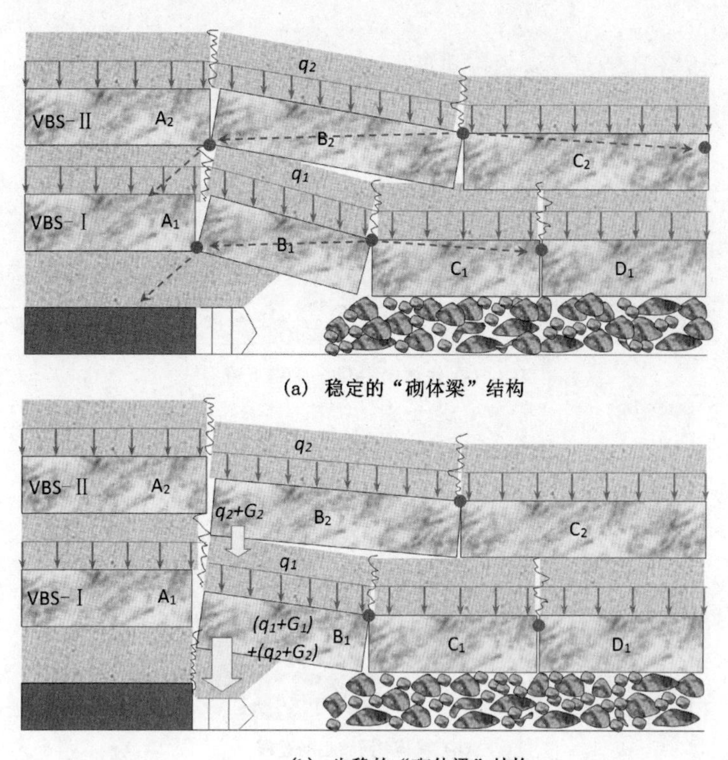

(a) 稳定的“砌体梁”结构

(b) 失稳的“砌体梁”结构

图 4-3 “砌体梁”结构与工作面矿压显现的内在联系

由第 2 章内容可知,“砌体梁”结构铰接块体在回转过程中,其回转运动速度不同将会引起采场矿压显现的差异。“砌体梁”结构铰接块体回转速度越快,则由此引起的采场矿压显现更为强烈,如支架增阻速度快、安全阀开启率高、单个采煤循环内支架活柱下缩量大等现象。对“砌体梁”结构铰接块体回转速度而言,“砌体梁”结构铰接块体上覆载荷大小、块体长度均有显著的影响,且载荷的影响更为突出。

如图 4-4 所示的两层“砌体梁”结构中,若第二层“砌体梁”结构铰接块体在其回转过程中,在其控制载荷 q_2 作用下的回转运动速度较大;而第一层“砌体梁”结构铰接块体在其回转过程中,在其控制载荷 q_1 作用下的回转运动速度较小。这将会导致在这两层“砌体梁”结构铰接块体的回转过程中,第二层“砌体梁”结构铰接块体将会对第一层“砌体梁”结构铰接块体产生一定程度的压覆作用,这就意味着增加了第一层“砌体梁”结构铰接块体上覆载荷。此时第一层“砌体梁”结构铰接块体上覆载荷不再是 q_1,而是 $q_1 + q_1'$,如图 4-4b 所示,q_1'即为回转运动过程中,第二层“砌体梁”结构铰接块体对第一层“砌体梁”结构铰接块体的压覆作用引起的附加载荷。因此,由于载荷的增加,第一层“砌体梁”结构铰接块体的回转速度也必然增加,势必引起矿压显现强度的增加。

由此可知,尽管第二层“砌体梁”结构并未失稳,但是考虑到第二层“砌体梁”结构铰接块体可能对第一层“砌体梁”结构铰接块体的压覆作用而引起的附加载荷,也会间接影响采场矿压。已有研究成果中关于“砌体梁”结构稳定性的探讨,是针对“砌体梁”结构回转运动结束的状态,即图 4-4c 所示的状态,并未考虑覆岩“砌体梁”结构块体回转过程中,即使第二层

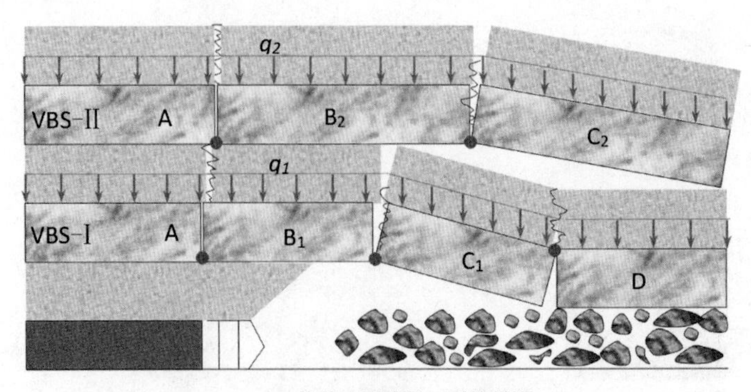

(a) 块体B刚破断—裂缝贯通

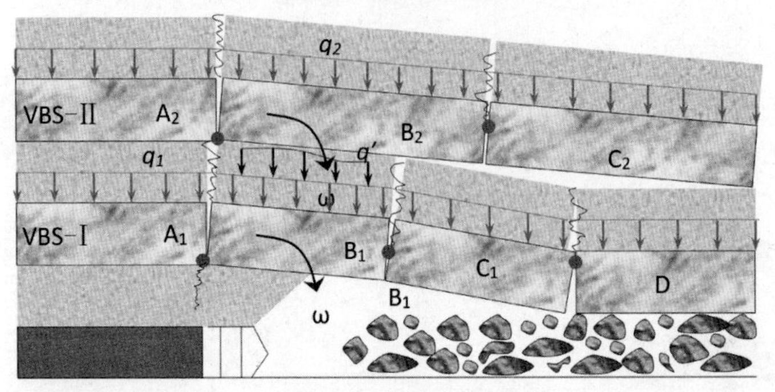

(b) 块体B回转运动过程

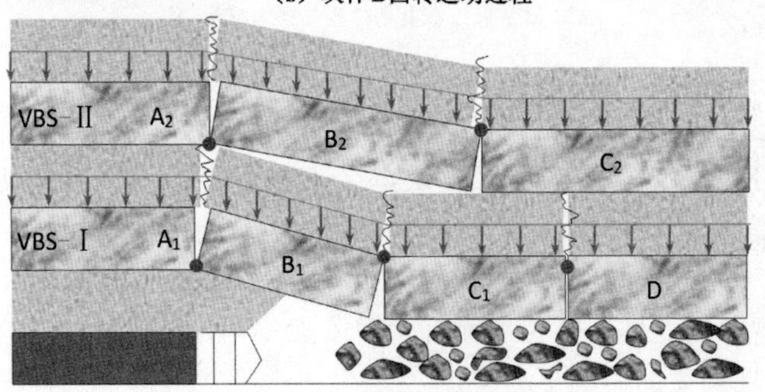

(c) 块体B回转运动结束

图 4-4 “砌体梁”结构铰接块体回转运动过程

“砌体梁”结构并未失稳，但依然会通过对第一层“砌体梁”结构铰接块体的压覆作用而参与影响采场矿压显现。由此可知，基于采动覆岩整体力学结构模型，从“砌体梁”结构铰接块体回转速度的角度入手，分析覆岩中多层“砌体梁”结构铰接块体回转过程中的相互作用规律，是研究影响采场矿压显现的覆岩范围，确定影响矿压显现临界关键层高度的重要环节。

由于覆岩整体弯曲下沉带内关键层处于尚未破断或破断裂缝也尚未全厚贯通的状态，仍然可近似视为连续梁，因此不考虑弯曲下沉带关键层作为连续梁挠曲对采场支架的影响。本书主要针对裂隙带内部能够完全断开的关键层所形成的“砌体梁”结构。基于前述“砌体梁”结构铰接块体回转速度力学模型，研究受载荷、破断块体长度等因素影响下，覆岩中各层“砌体梁”结构铰接块体回转速度大小，以此掌握覆岩中各层“砌体梁”结构铰接块体在不同运动类型下的相互作用规律。据此分析覆岩中多层“砌体梁”结构铰接块体回转过程中载荷自上而下的传递特征,为建立影响采场矿压显现的临界关键层高度的确定方法奠定基础。

4.2 物理相似模拟实验

不同的"砌体梁"结构铰接块体运动类型对于采场矿压显现的影响是不同的,在工作面推进过程中,不同推进距时的顶板来压,参与影响采场矿压显现的上覆岩层范围也不尽相同。对于采场矿压显现而言,若想找到影响某次来压的覆岩关键层范围,其核心在于准确掌握煤层上覆"砌体梁"结构铰接块体的回转运动组合类型。为此,开展了相似模拟实验研究,旨在揭示当覆岩中存在多层关键层时,多层"砌体梁"结构铰接块体可能存在的不同的回转运动组合类型,以及不同的回转运动组合类型对于采场矿压显现的影响规律。

4.2.1 模拟实验原理

采场矿压显现是覆岩关键层破断运动的结果,因此深入揭示覆岩关键层运动规律是研究工作面矿压显现规律的科学手段。基于关键层理论铺设相似模型,并配套相应的监测手段,实施采场矿压、岩层运移、应力传递的综合监测,并揭示覆岩各层关键层破断运动与采场矿压显现的内在联系。在物理相似模拟实验中,进行矿压、岩层移动、应力传递的综合观测,建立完整的"采场矿压—覆岩运动—覆岩应力"3项联合监测方法,如图4-5所示。其中,采场矿压显现通过自主研发的微型液压支架及其阻力监测系统实现,覆岩运动通过高速位移采集仪实现,覆岩应力传递通过实验室UEI压力盒进行监测。

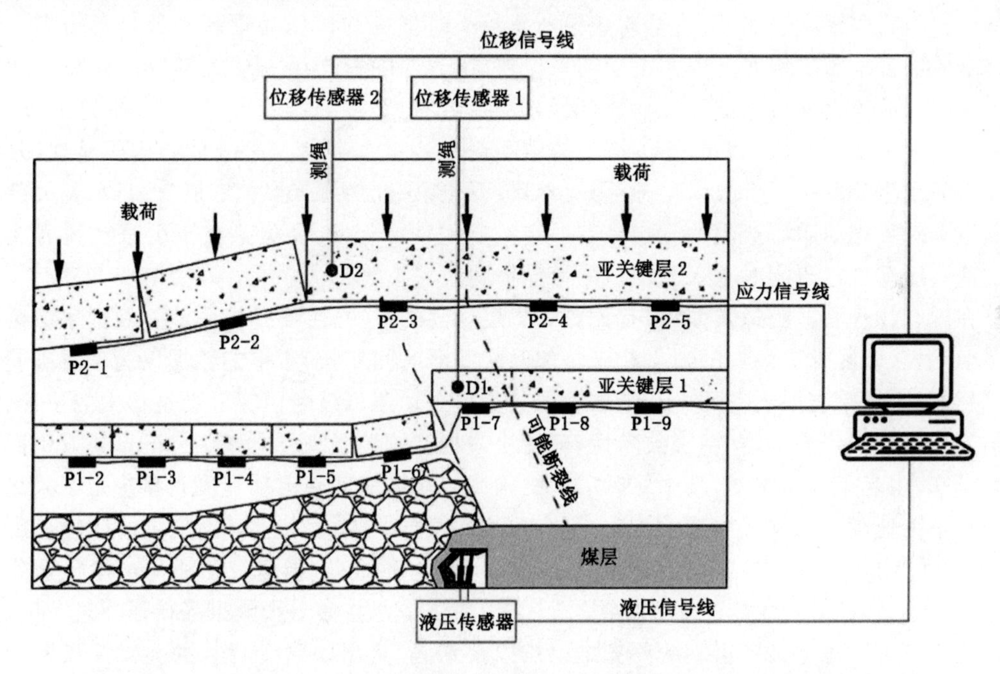

图4-5 物理相似模拟实验的"采场矿压—覆岩运动—覆岩应力"3项联合监测示意图

1. 采场矿压显现监测

在相似模拟实验中,若没有与相似模拟实验配套的采场顶板支护设备,难以判断覆岩第一层亚关键层(基本顶)破断运动所引起的采场矿压显现强度,难以定量化判别、对比两次来压所对应的强度大小关系，即使上覆关键层的破断运动导致了不同采场矿压显现强度，但也因缺乏有效的顶板压力监测设备而难以反映。因此，定量化监测顶板来压强度，是实现3项联合监测的前提。采用在承载结构、材料性质和力学特性上与现场液压支架相似，并对其进行等比例缩放的微型液压支架对采场顶板进行支护，能够最大限度地还原“支架—围岩”作为共同承载结构下上覆岩层的破断运动状态，最为真实地反映“支架—围岩”的相互作用关系。同时通过自主研发微型液压支架及其工作阻力监测系统，能够量化工作面顶板压力，准确判断顶板关键层破断运动引起的矿压显现强度，建立采场顶板来压强度与采场上覆关键层结构运动特征对应关系，实现两者实验监测数据的联动分析，是物理相似模拟实验3项联合动态监测思路及数据分析的基础。

2. 覆岩关键层运动监测

有关采场覆岩运动规律的研究，国内外众多学者提出了一系列针对性的假说，有效解释了煤矿开采中出现的现象，科学地指导了煤矿的安全高效生产。其中，由钱鸣高院士提出的“关键层”理论得到了广泛的应用，强有力地指导了矿压控制、采动应力、裂隙演化、开采沉陷等方面的科学研究工作。采动覆岩运动，是以关键层为主要控制岩层的成组、整体破断及运动。同理，在物理相似模拟试验中，覆岩移动规律也以覆岩关键层为主要观测对象。

经典的矿压控制理论认为，工作面来压主要由覆岩第一层亚关键层，即基本顶的破断、运动导致，这一观点亦被我国煤矿多年的开采实践证实。然而，近年来随着采掘机械制造水平的提升，特大采高综采以及大采高综放开采成为开采特厚煤层的主流技术，伴随着煤层一次采出空间的大幅度增加，一些早期煤层采高较小时鲜见的矿压显现新现象日益增多。例如神东矿区大采高工作面出现大小周期来压现象，表明除覆岩第一层关键层的破断运动影响采场矿压显现之外，覆岩第二层关键层的破断运动也会参与影响矿压显现；更进一步，在神东矿区地表赋存厚风积沙时主关键层的破断运动甚至也会参与影响采场矿压显现，并引发工作面发生动载矿压事故。这种不只覆岩最下位第一层、第二层关键层，而且高位关键层破断运动对工作面矿压产生的影响具有一定的普遍性。因此，此类条件下的采动覆岩关键层的破断运动规律研究对于采场顶板的科学控制至关重要。

在现有物理相似模拟实验中，有关监测岩层运动的方法，主要是摄影测量及数字散斑技术。但是，该监测方法最大的缺点在于相邻两次间隔时间较长，所得的数据仅为岩层破断运动之后的结果，是岩层运动的终态结果。无法获得采动覆岩破断回转运动过程中的位移、速度的变化规律。事实上，关键层破断后，破断块体相互铰接以“砌体梁”结构的形式发生回转运动，同时引起工作面来压，其中“砌体梁”结构铰接块体的回转运动速度直接决定了采场支架活柱下缩速度及活柱下缩量的大小。同时，相邻两层“砌体梁”结构铰接块体回转速度不同，决定了上位“砌体梁”结构铰接块体是否会对下位“砌体梁”结构铰接块体产生压覆作用即应力传递，而这直接决定了上位“砌体梁”结构块体是否会参与影响采场矿压显现。因此，仅仅通过研究关键层破断运动的终态结果难以揭示、剥离出隐藏于背后的关键层破断运动相互作用规律及矿压影响特征。故物理相似模拟实验中，对上覆多层“砌体梁”结构铰接块体回转速度的监测，将有助于分析覆岩多层关键层间的相互作用关系以及上覆关键层破断运动对工作面矿压的影响规律。

3. 覆岩关键层应力传递监测

对于进入周期破断期间的各关键层，上位“砌体梁”结构铰接块体是否对下位“砌体梁”结构铰接块体存在压覆作用，与上、下位“砌体梁”结构回转速度的相对大小密切相关。当存在压覆作用时，上位“砌体梁”结构铰接块体则通过增加下位“砌体梁”上覆载荷及其回转运动速度的方式，参与影响采场矿压显现。此时，掌握覆岩关键层破断运动的相互作用关系，判断两者是否存在应力传递且应力传递是否与速度大小组合存在对应关系，对于确定影响矿压显现的关键层范围至关重要。大量模拟实验和现场实测发现覆岩离层量主要分布于关键层已断块体和未断块体之间，即“O”形圈。然而，上述结果均是各岩层破断运动结束的状态，不能因为终态出现了离层空间就断定上位“砌体梁”结构在回转过程中也不存在载荷传递。也就是说，在“砌体梁”结构铰接块体回转过程中，当上位“砌体梁”结构块体回转速度大于下位“砌体梁”结构铰接块体回转速度时，会对下位“砌体梁”结构铰接块体产生载荷传递并增加其回转速度。这也意味着模拟实验中，应力监测和速度监测都是揭示研究上覆各“砌体梁”结构回转过程中是否存在载荷传递，其破断运动是否参与影响采场矿压的关键。

4.2.2　物理模拟实验设计

4.2.2.1　实验方案设计

采用重力条件下的平面应力模型架，模型三维尺寸(长×宽×高)为500 cm×140 cm×30 cm。各岩层材料配制以砂子为骨料，石膏和碳酸钙为胶结物，在岩层交界处设一层云母以模拟岩层的层理，软岩层厚度为1～2 cm。模型中共设置3层关键层，由下至上分别为KS1、KS2、PKS，其中软岩层1、软岩层2、软岩层3分别为KS1、KS2、PKS的载荷层，即其破断运动分别受控于KS1、KS2、PKS的破断运动，模型实物如图4-6所示，材料配比见表4-1。模拟实验循环开挖步距为2.5 cm，开挖后静置10～15 min或者待本次岩层破断运动稳定后进行下一步开挖循环操作。

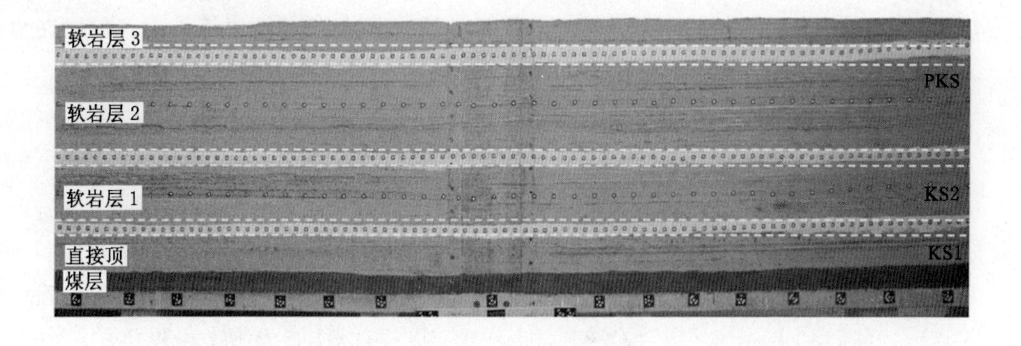

图4-6　模型实物

表4-1　相似模拟实验材料配比

岩层	配比号	厚度/cm	砂子/kg	碳酸钙/kg	石膏/kg	水/L
软岩层3	473	18	211.20	36.96	7.92	29.33
PKS	437	10	211.20	15.84	36.96	29.14
软岩层2	473	40	844.80	147.80	31.68	117.33
KS2	437	8	168.96	12.67	29.57	23.31

表 4-1(续)

岩层	配比号	厚度/cm	砂子/kg	碳酸钙/kg	石膏/kg	水/L
软岩层 1	473	30	633.60	110.88	23.76	88.00
KS1	455	5	105.60	7.92	18.48	14.57
直接顶	473	20	422.40	73.92	15.84	58.67
煤层	773	9	207.90	20.79	8.91	26.39

4.2.2.2 实验监测设备

为模拟研究采场上覆关键层破断运动对采场矿压显现的影响规律，同时探究前述分析中通过“砌体梁”结构铰接块体回转速度，并结合关键层破断运动过程中层间应力传递情况，探查影响采场矿压显现的覆岩关键层范围。实验模型中配套采用了自主研发的微型液压支架及其工作阻力监测系统、高速位移计监测系统，以及实验室 UEI 压力盒的应力监测系统。

1. 微型液压支架及其工作阻力监测系统

该模拟液压支架系统由液压系统、监测系统构成。液压系统包括微型支架结构设计、控制油路；监测系统包括液压传感器、采集模块、PC 终端。

（1）微型支架结构设计是基于现场实际支架模型的等比例缩放，支架原型为应用于大同矿区的特厚煤层综放工作面的 ZF15000/27.5/42。支架框架结构设计包括顶梁、底座、四连杆、掩护梁、油缸等，如图 4-7 所示。支架框架结构的设计核心为四连杆结构设计，四连杆结构是支撑掩护式、掩护式支架的重要组成部分。其重要性主要表现为两个方面：① 支架升架、降架时，四连杆机构能够使顶梁前端运动轨迹呈现双曲线形态，有效防止控顶距过大，有利于顶板控制；② 四连杆结构能够使支架承受一定的水平力，避免支架在顶板来压阶段发生倾倒。图 4-7 中，H_1 为最大支撑高度，m；H_2 为最小支撑高度，m；G 为掩护梁长度，m；A 为后连杆长度，m；P 为支架最高位置时掩护梁与顶梁夹角，(°)；Q 为支架最低位置时掩护梁与顶梁夹角，(°)。支架达到最大支护高度时有：$A/G=0.82$、$P=45°$、$Q=70°$、$G=45$ mm、$A=37$ mm。

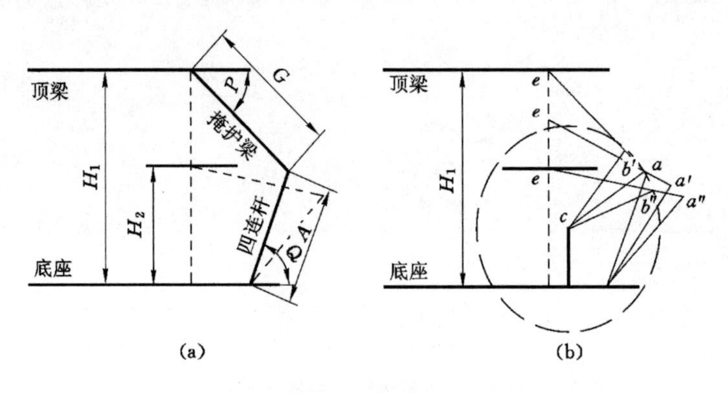

图 4-7　模拟支架框架设计简图

为适应实验室平面应变模型架宽度(200 mm 或 300 mm)，支架顶梁宽度 $b_m=80$ mm。微型液压支架装配，如图 4-8 所示。根据所采用的模型架宽度，布置 3 台微型液压支架，且在工作面割煤之后，3 台液压支架依次完成卸压、移架、初撑的操作。这样的操作即使一台支架卸压移架过程中，顶板关键层破断引起工作面来压，仍有另外一台或者两台支架能够准确无误地监测顶板关键层破断运动所引起的采场矿压显现强度。在该相似模拟实验中，通过支架阻力峰值量化采场矿压显现强度。

图 4-8　微型液压支架各机械构件装配图及实物

（2）油路设计中，采用了 3 台支架并联方式，其中各个支架也可单独使用。该微型模拟支架系统包含左、中、右 3 台支架，每个支架包含前、后油缸各一个，液压支架油路系统如图 4-9 所示。该液压支架油路系统配备了恒压泵站，可以保证在相似模拟实验中，支架对于上覆岩层的初撑力设置基本一致。

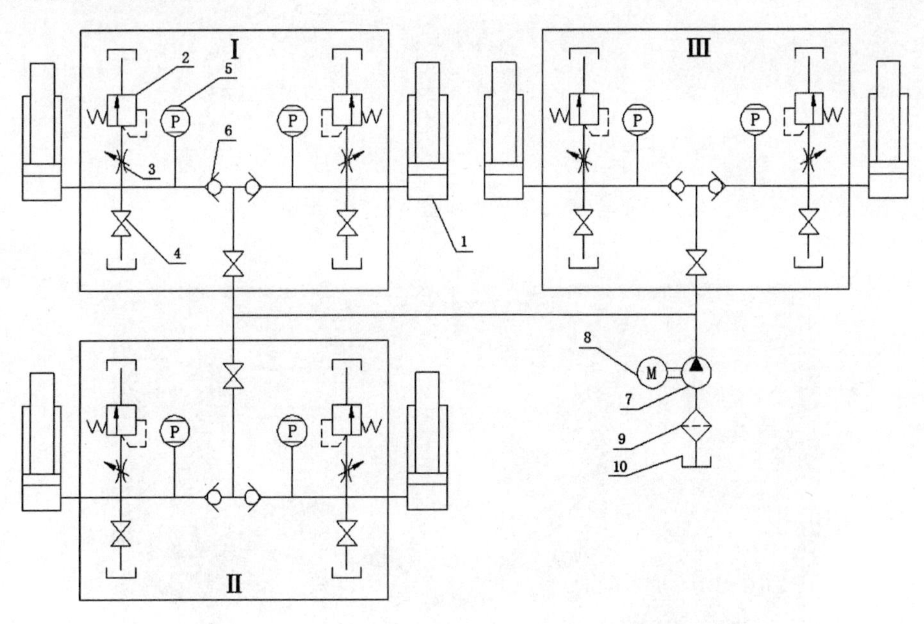

1—单作用活塞式油缸；2—溢流阀；3—节流阀；4—截止阀；5—液压传感器；6—单向阀；
7—齿轮泵；8—电动机；9—过滤器；10—油箱

图 4-9　液压支架油路系统

（3）微型液压支架阻力监测系统主要由液压传感器、采集模块及软件构成，可用于对每一台微型液压支架的前、后柱液压腔内润滑油的液体压力进行实时监测、记录。微型液压支架所采用的压力变送器型号为 PB8300CNM/A，属于扩散硅压力变送器的一种，如图 4-10a 所示。该压力变送器精度为±0.25%（15 kPa），量程为 6 MPa；输入电压为 12～36 VDC，输出信号为 4～20 mA（0～10 V）的模拟量。M-3004 型采集模块基于 modbus 的 8AI/4DI/4DO 采集模块的模拟量采集模块，采用隔离 RS485 型通信接口，16 位 ADC 分辨率，采样精度为0.1%，数据采集频率为 10 Hz。相似模拟实验中微型液压支架及其阻力监测系统如图 4-11 所示。

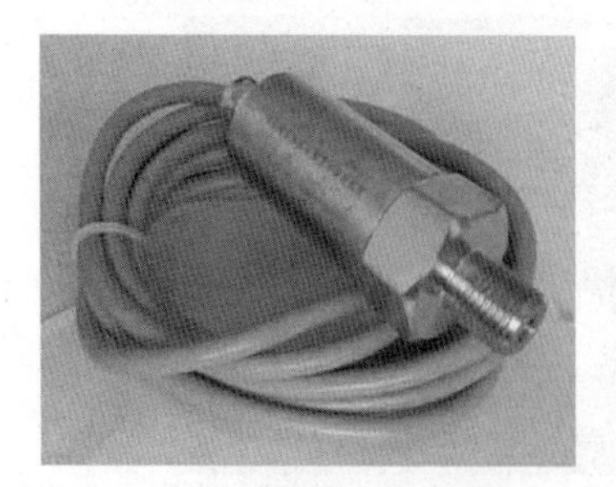

(a) 扩散硅压力变送器

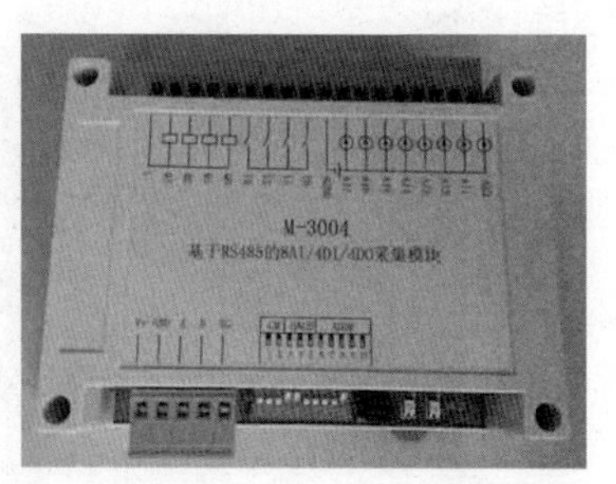

(b) RS485-AI/DI/DO采集模块

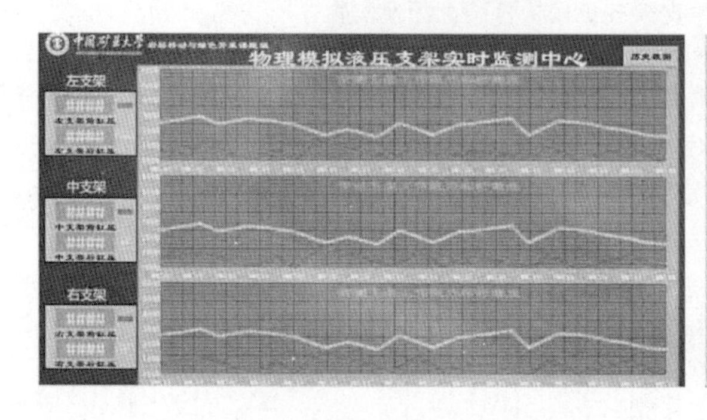

(c) 组态王数据监测平台

(d) 显示界面

图 4-10　微型液压支架阻力监测系统组成

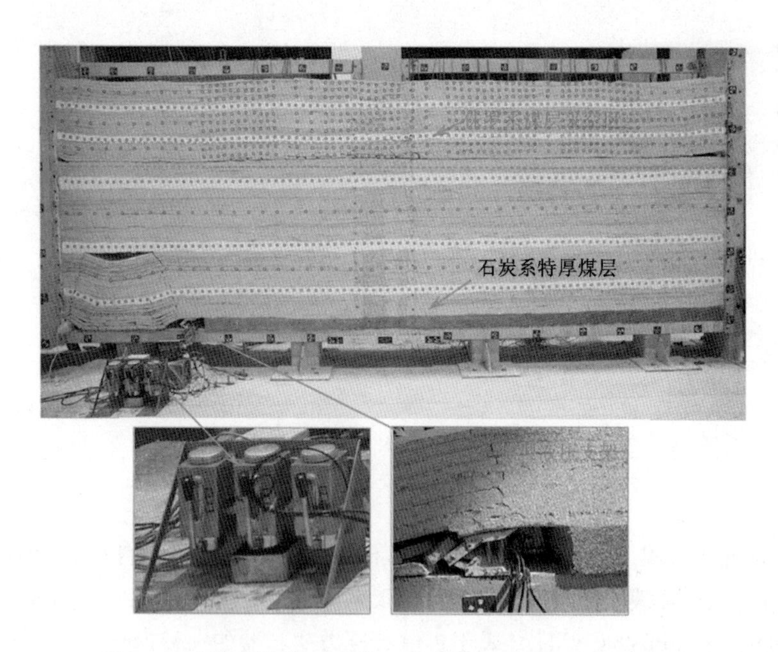

图 4-11　相似模拟实验中微型液压支架及其阻力监测系统

2. 瞬时位移高速采集系统

瞬时位移高速采集系统主要包括:高精度位移传感器和位移采集模块。该系统监测覆岩各层"砌体梁"结构铰接块体回转速度,克服了现有研究中采用三维摄影测量、数字散斑测量等仅能监测关键层破断后终态位移的缺陷,准确反映了"砌体梁"结构铰接块体回转速度变化规律及上、下位"砌体梁"结构铰接块体回转速度的相对大小关系。

高精度位移传感器为 WFD20 模拟型拉绳式位移传感器,该传感器量程为 30 mm,数据采集频率为 10 Hz,能够满足相似模拟实验中对"砌体梁"结构铰接块体回转运动位移及速度的监测要求。在模拟实验中,模型正面用于观测关键层破断运动及采动裂隙发育情况,同时微型液压支架也布设于模型正面用以定量表征上覆关键层破断运动所引起的矿压显现强度。在模型背面安装自主设计的多孔高强度角钢固定结构与模型架相连,而瞬时位移高速采集仪则固定于该角钢之上,如图 4-12 所示。当模型中关键层破断运动时,固定在该角钢结构上的瞬时位移高速采集仪能够及时、高速地采集到"砌体梁"结构铰接块体回转运动过程中位移的变化,进而获得"砌体梁"结构铰接块体的回转运动速度。自主开发的"砌体梁"结构铰接块体回转运动速度监测软件界面如图 4-13b 所示。在模拟实验中,关键层破断块体以"砌体梁"结构铰接块体的形式发生回转运动,块体以前铰点为回转轴心做定轴回转运动,这一运动规律符合理论力学中的"定轴转动"定理。

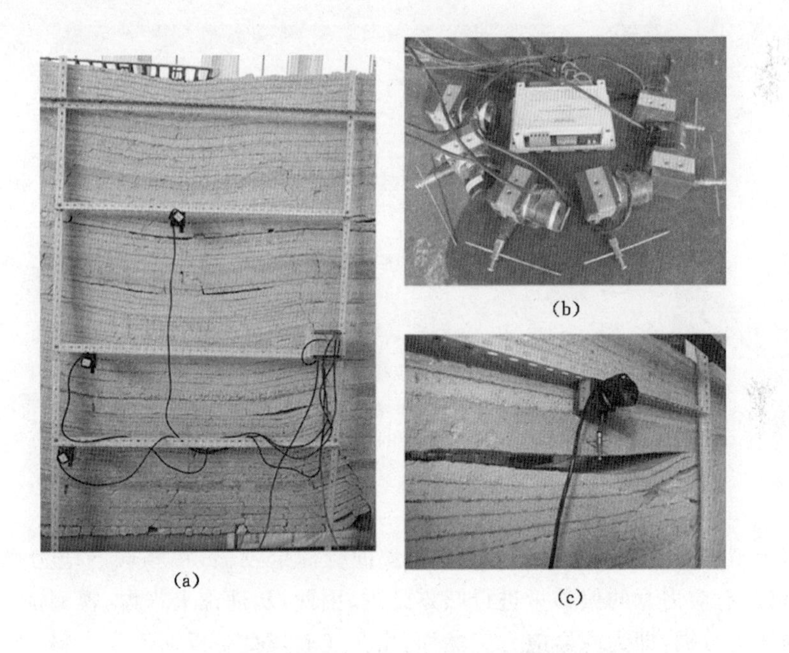

(a) (b) (c)

图 4-12 实验中瞬时位移高速采集器及设备安装

3. 应力监测系统

应力监测系统由 UEILogger 数据采集系统和 BW 型箔式微型压力盒组成,能够有效测试物体间接触面应力变化情况,适用于模拟实验、工程实践中水体、土体等的压力测量,满足物理相似模拟实验的相关要求。该系统用于关键层破断时,"砌体梁"结构铰接块体回转运动过程中岩层间应力传递情况的监测。该实验中所采用的压力盒量程为0.02~1.5 MPa,误差为 0.5%FS,数据采集频率为 10 Hz,压力盒外观厚度为 6.5 mm,直径为 28 mm,如

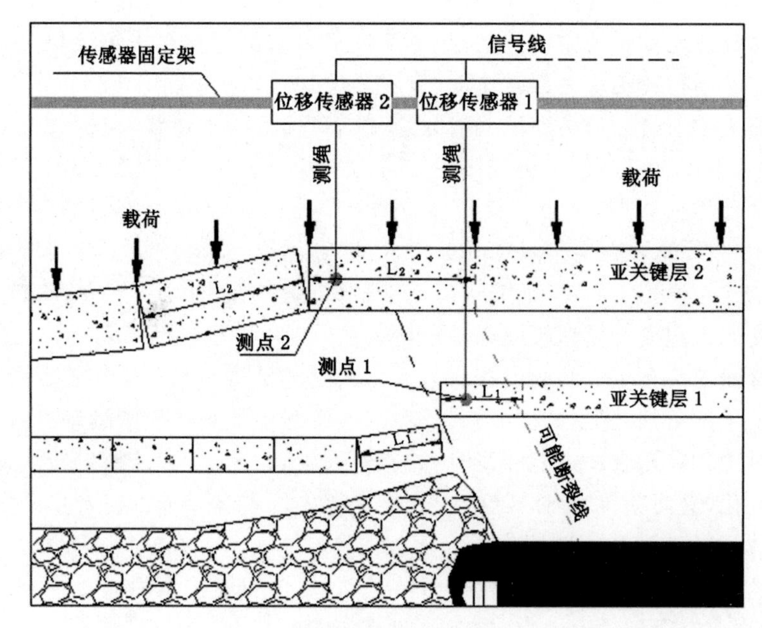

(a) 瞬时位移监测原理

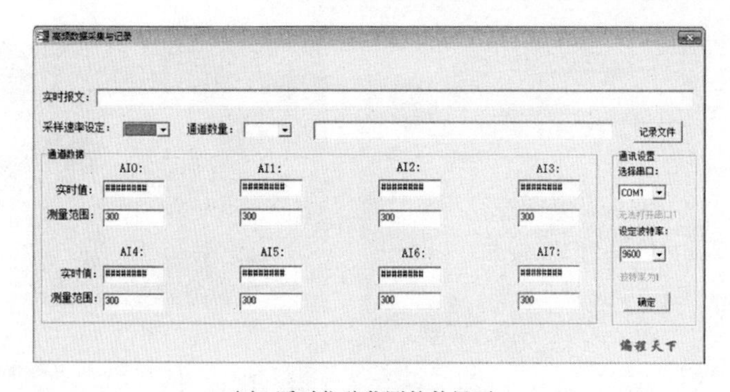

(b) 瞬时位移监测软件界面

图 4-13　实验中瞬时位移高速采集软件

图 4-14所示。

在相似模拟实验模型铺设之前，对压力盒进行标定校核，将相应的应力系数保存至主机，埋设前将所有应力盒的偏移量进行归零处理，因此，从理论上来说，模型铺设成型后压力盒所反映的压力数据，即为原岩应力。然而，由于实验模型是以河砂为骨料，配合石膏、碳酸钙，历经人工夯实而形成的相似模型，埋设于模型中各关键层顶、底界面的各个压力盒与模型中岩层的接触方式并不是严格的面接触且存在一定的不均匀性，这就导致某些应力盒会出现一定程度的应力集中或应力空载现象。此外，压力盒也难以做到完全的平整铺设，可能存在一定的倾斜，这对其反映出的应力数据的准确性也有一定的影响。但是有必要说明的是，压力盒的使用，在一定程度上可能无法得到准确的原岩垂直应力的绝对值。但是，对于同一个压力盒而言，岩层破断前后所引起的压力的变化，即与应力绝对值无关的应力变化增量是能够较为准确地反映的。从这一点来说，通过同一应力盒应力数据的变化，能够掌握

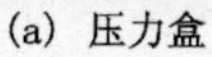

(a) 压力盒

(b) UEILogger600系列主机

图 4-14 应力数据采集系统

“砌体梁”结构铰接块体回转过程中的应力传递情况，能够满足研究的要求。相似模拟实验中，应力盒布设位置及其监测原理如图 4-15 和图 4-16 所示。

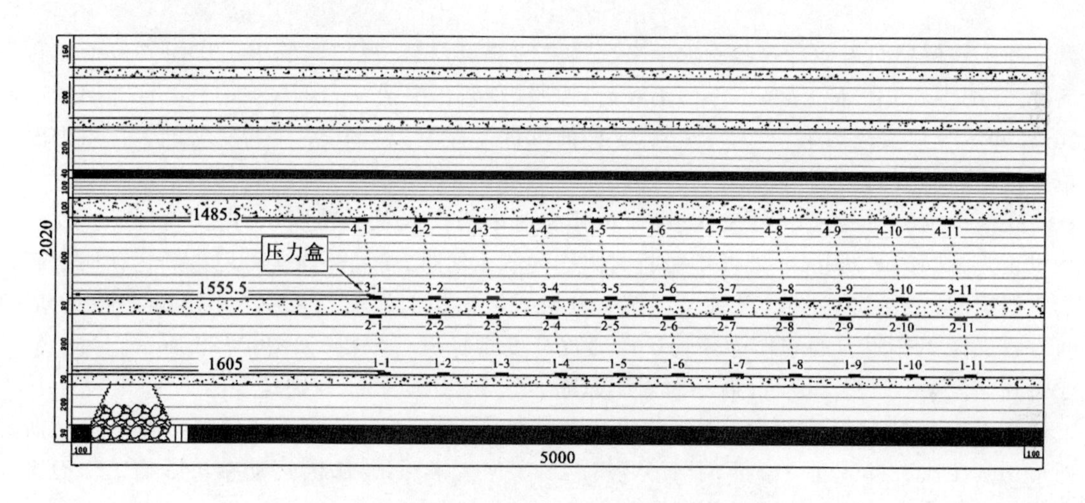

图 4-15 物理相似模拟实验中应力盒布设位置

4.2.3 基于“砌体梁”结构块体回转速度的临界高度模拟研究

在相似模拟实验中，首先将上煤层进行全部开采，之后静置一周时间待上覆岩层完全运动结束，并对下煤层进行开采。以 KS1 的破断运动为参照，下煤层开采过程中工作面累计发生 12 次顶板来压。这 12 次顶板来压中，工作面推进距离分别为 85 cm、105 cm、125 cm、155 cm、170 cm、220 cm、285 cm、335 cm、365 cm、385 cm、430 cm、455 cm，不同位置对应的微型液压支架所反映的顶板来压强度亦不相同，这与模型中 3 层关键层破断运动规律及其相互作用有关。基于工作面微型液压支架所揭示的顶板来压强度，结合关键层破断运动瞬时位移高速采集仪的采集结果及“砌体梁”结构块体回转运动过程中的应力传递情况，分别对模型开采过程中的 12 次顶板来压进行分析，揭示影响采场矿压显现(工作面支架受力)的覆岩关键层范围。在模拟实验中，考虑到采煤工作面的实际操作工序，同时为了避免单一支

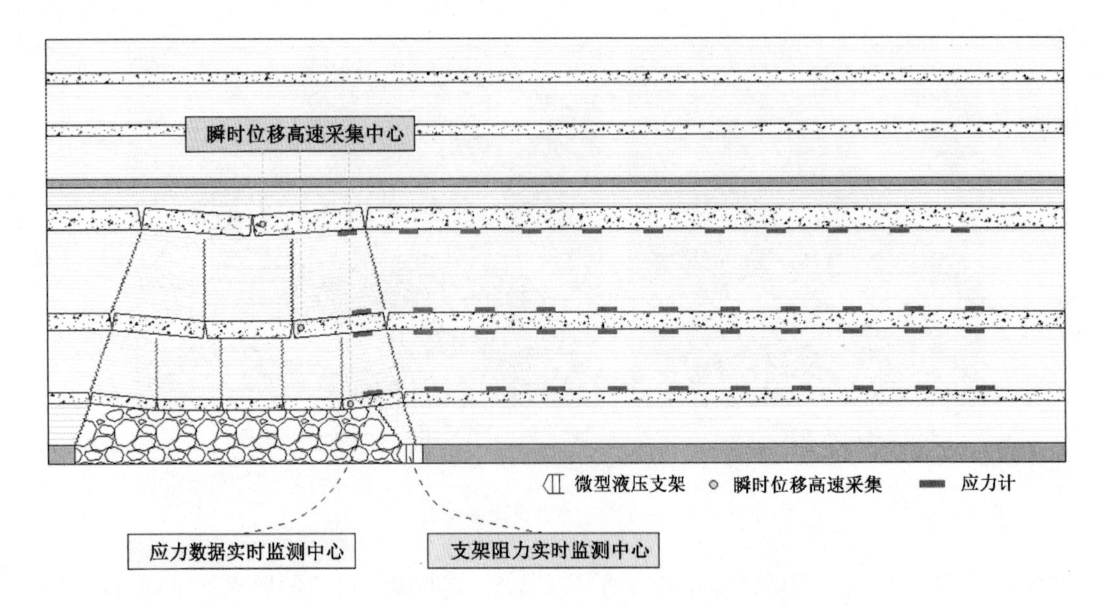

图 4-16 “支架阻力—动态位移—层间应力”3 项联合监测示意图

架在卸压移架期间未能有效监测顶板来压强度的缺点，相似模拟实验中工作面共包括 3 台支架，分别为左、中、右支架，工作面割煤后，按照“左架→中架→右架”的顺序，3 台支架依次完成“卸压→移架→初撑”的循环步骤，工作面推进过程中，左、中、右 3 台支架的工作阻力随着推进距离的变化，分别如图 4-17a、图 4-17b、图 4-17c 所示。

在模拟实验中，微型液压支架、瞬时位移高速采集仪以及高精度压力盒 3 套监测系统，均设定为相同的时间起点，如此即可将时间作为联系纽带，将同一次关键层破断运动所引起的支架响应、位移数据、应力传递情况统一分析。考虑到工作面顶板由 3 台支架共同支撑，将 3 台支架工作阻力的和作为采场矿压显现强度指标进行分析，如图 4-17d 所示。为了便于叙述，将 KS1 的初次破断、第一次周期破断、第二次周期破断分别记录为 KS1-0、KS1-1、KS1-2，其余关键层及周期破断次数均采用相同的表示方法。后续小节编号按照工作面所对应的来压次数进行逐一编排，下面分别对 12 次顶板来压中，破断运动参与影响工作面微型液压支架受力的覆岩关键层范围进行分析。

4.2.3.1 第 1 次来压(KS1-0)

工作面推进至 85 cm 时，第 1 层关键层(KS1)的跨距达到 75 cm，此时 KS1 发生初次破断，KS1 破断前后模型对比如图 4-18a 和图 4-18b 所示。

提取破断时刻前后累计 10 min 内的支架阻力数据，KS1 初次破断时 3 台支架阻力变化如图 4-18c 所示，其中支架载荷和 $P=3280.43$ kPa。此次破断中，仅 KS1 发生初次破断，而 KS2、PKS 尚未破断。由此可知，此次破断中，对采场矿压显现产生影响的仅为 KS1，KS1 初次破断引起的采场矿压显现强度值为 3280.43 kPa。由于 KS1 在尚未布置破断瞬时位移高速采集仪前就突然发生初次破断，且该位置未能布置可有效使用的 UEI 应力盒，因此此次来压未能有效监测到关键层破断运动位移及速度，以及相关应力传递情况。

4.2.3.2 第 2 次来压(KS1-1)

工作面推进至 105 cm 时，第 1 层关键层(KS1)第 1 次周期破断，破断块体长度为

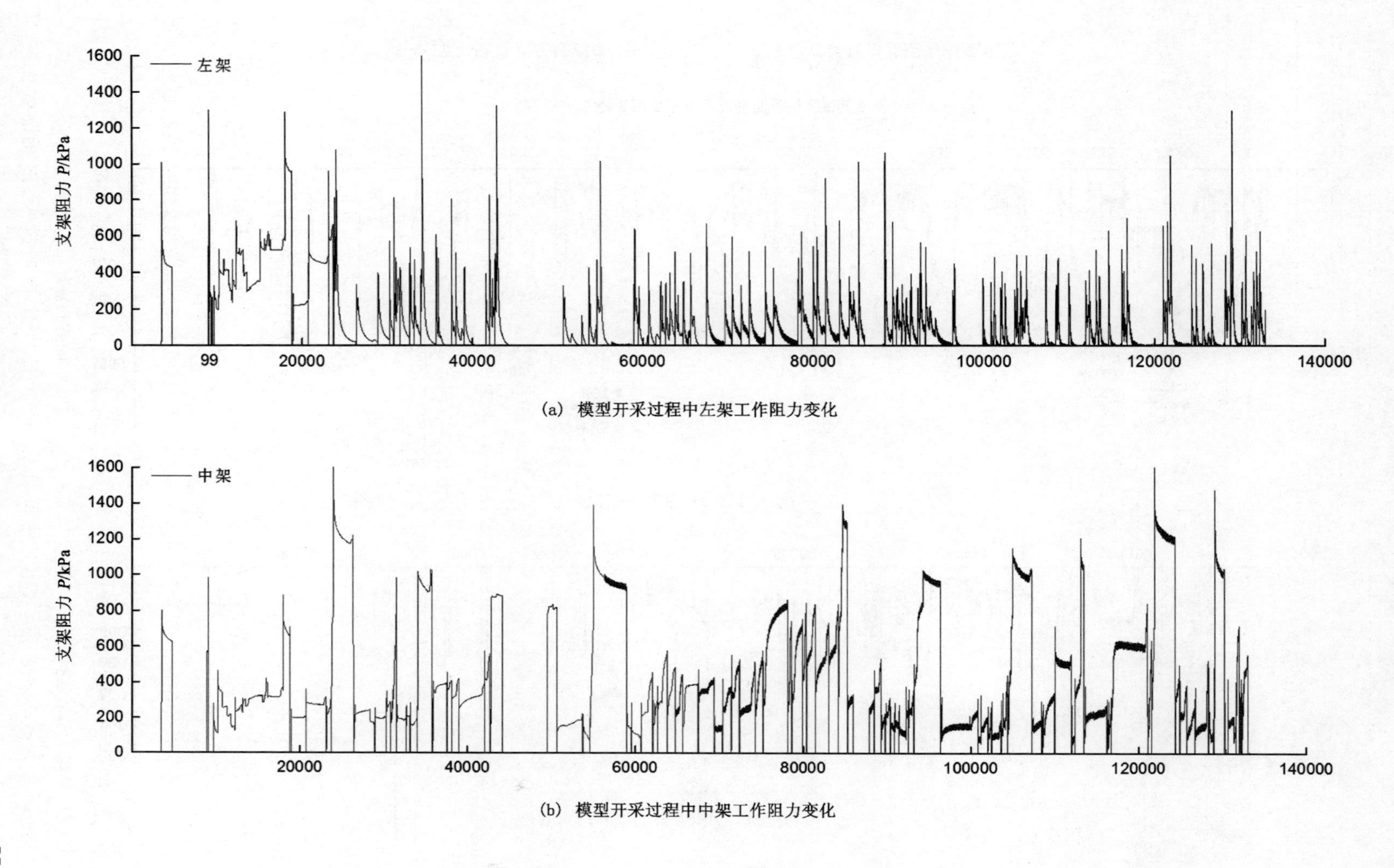

(a) 模型开采过程中左架工作阻力变化

(b) 模型开采过程中中架工作阻力变化

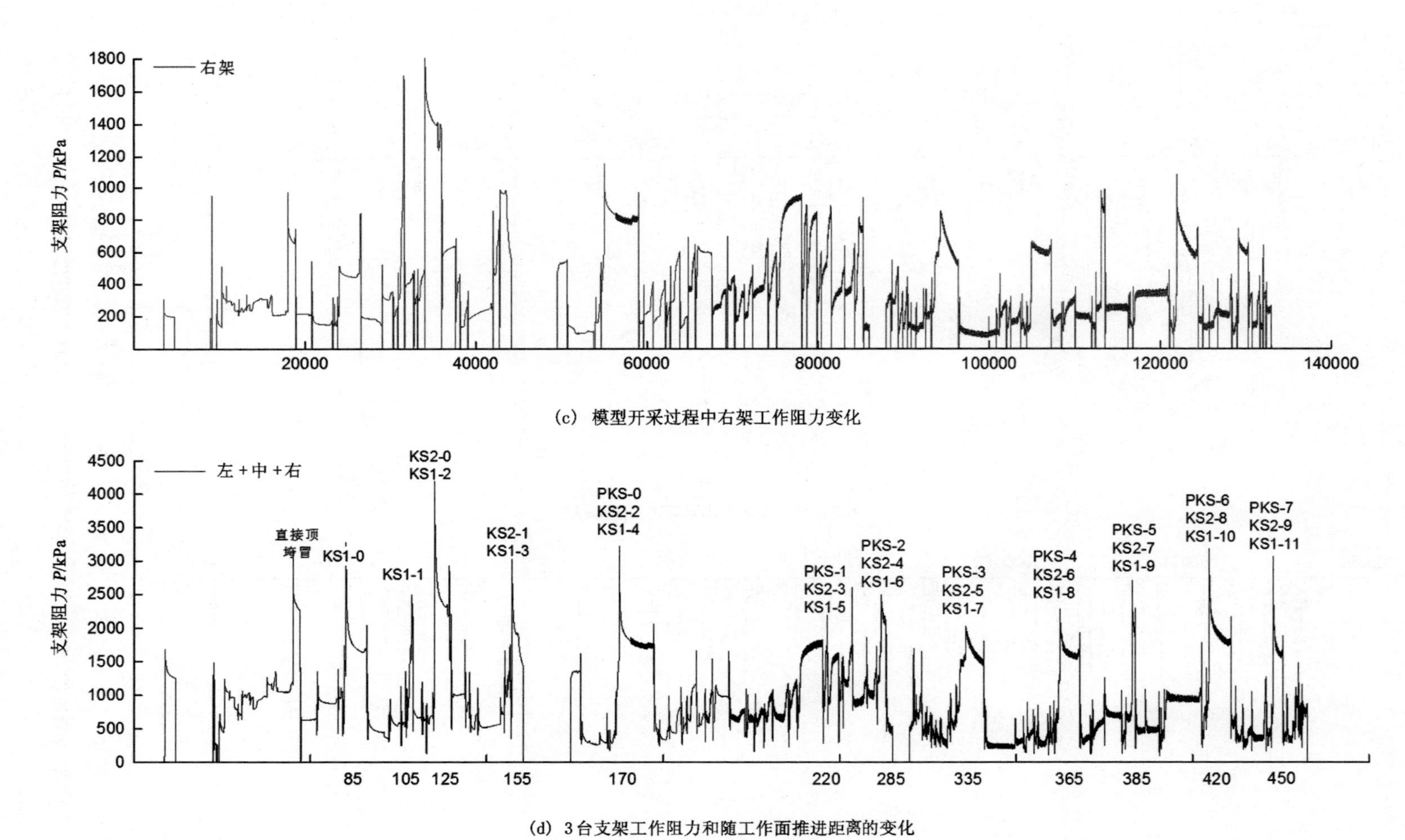

(c) 模型开采过程中右架工作阻力变化

(d) 3台支架工作阻力和随工作面推进距离的变化

图 4-17 模型开采过程中工作面左、中、右3台支架阻力及阻力和变化

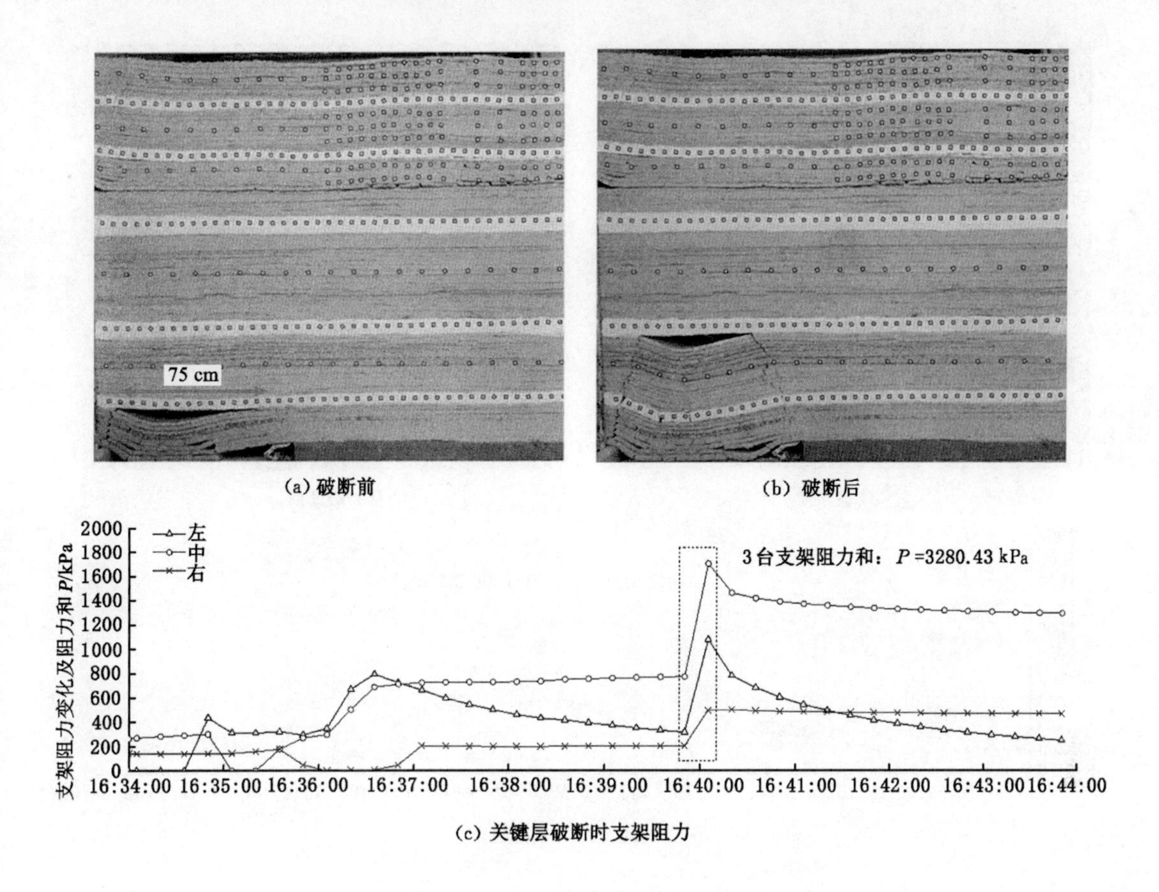

图 4-18 KS1 初次破断对支架阻力的影响

22.5 cm，其中 KS1 位移监测点与铰接块体间回转半径约为 20 cm，如图 4-19a 和图 4-19b 所示。

提取破断时刻前后累计 10 min 内的支架阻力数据，KS1 第 1 次周期破断时 3 台支架阻力变化如图 4-19c 所示，其中支架载荷和 P＝2500.77 kPa。此次破断中，仅 KS1 发生了第 1 次周期破断，而 KS2、PKS 尚未破断。由此可知，此次破断(KS1 第 1 次周期破断)中，对采场矿压显现产生影响的仅为 KS1，且仅 KS1 周期破断引起采场矿压显现强度值为 2500.77 kPa。

4.2.3.3 第 3 次来压（KS2-0、KS1-2）

工作面推进至 125 cm 时，第 1 层关键层(KS1)第 2 次周期破断且第 2 层关键层(KS2)发生初次破断，其破断步距为 85 cm。其中 KS1、KS2 位移监测点与铰接块体间回转半径分别约为 20 cm、30 cm，如图 4-20a 和图 4-20b 所示。

提取破断时刻前后累计 10 min 内的支架阻力数据，KS1 第 2 次周期破断且 KS2 初次破断时 3 台支架阻力变化如图 4-20c 所示，其中支架载荷和 P＝4354.59 kPa。此次破断中，KS2 和 KS1 均发生破断，对比 KS1 第 1 次周期破断，其支架载荷和 P＝2500.77 kPa，而 KS1 第 2 次周期破断支架载荷和 P＝4354.59 kPa，在 2 次周期破断 KS1 破断步距基本相同的情况下，支架所揭示的载荷和显著增加。在此次来压中，初次破断的影响程度高达 (4354－2500)/2500＝1853/2500＝74％。尽管此次破断中，压力盒未能得到有效的监测数

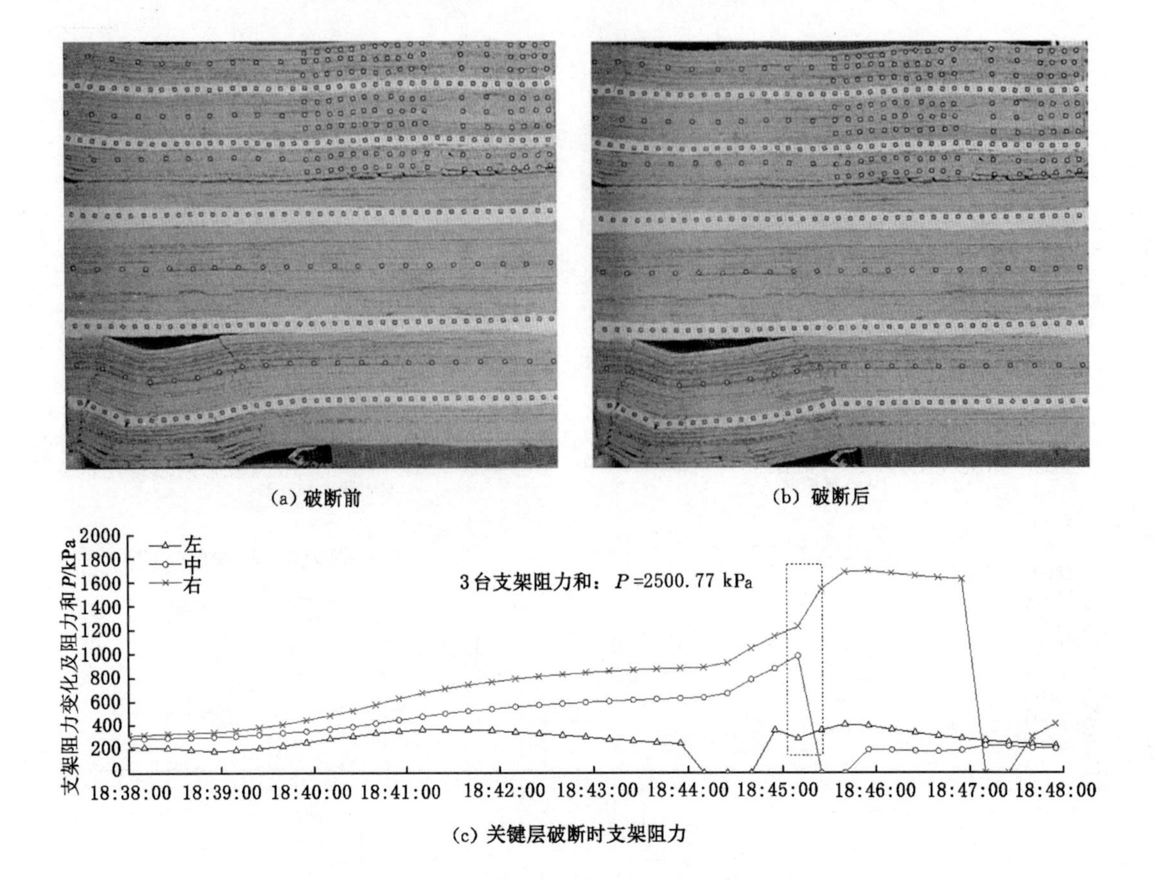

图 4-19　KS1 第 1 次周期破断及支架阻力变化

据，但是从破断瞬时位移高速采集仪中可以看出，在破断回转运动过程中，出现了 KS2 回转运动速度略大于 KS1 回转运动速度的现象。

由此可知，尽管 KS1 最终形成了稳定的“砌体梁”结构，但是“砌体梁”结构铰接块体在回转运动过程中，由于 KS2 回转运动速度大于 KS1 回转运动速度，使得 KS2 对 KS1 产生了一定程度的压覆作用，进而使支架阻力和大幅度增加，这种情况下，KS2、KS1 的破断运动均对矿压造成了影响。来压之后，左架排油管路密封性较差，其阻力随时间缓慢下降，但对用于评价矿压强度的载荷峰值而言，并无影响。

4.2.3.4　第 4 次来压（KS2-1、KS1-3）

工作面推进至 155 cm 时，KS2 发生第 1 次周期破断且 KS1 发生第 3 次周期破断，两者破断步距均近似为 30 cm，其中 KS1、KS2 位移监测点（钢针插入点）与铰接块体间回转半径均为 6 cm，如图 4-21a 和图 4-21b 所示。

提取破断时刻前后累计 10 min 内支架阻力数据，支架载荷和 $P=2629.44$ kPa，如图 4-21c所示。此次破断中，KS2 和 KS1 均发生破断，对比 KS1 第 1 次周期破断，其支架载荷和 $P=2500.77$ kPa，KS2 第 1 次周期破断且 KS1 第 3 次周期破断支架载荷和 $P=2629.44$ kPa，两者相差程度较小。

根据关键层破断运动位移及速度，如图 4-21d 和图 4-21e 所示，可知此次破断中虽然 KS1、KS2 均发生了破断回转运动，但是 KS1 回转运动速度明显大于 KS2 回转运动速度，由

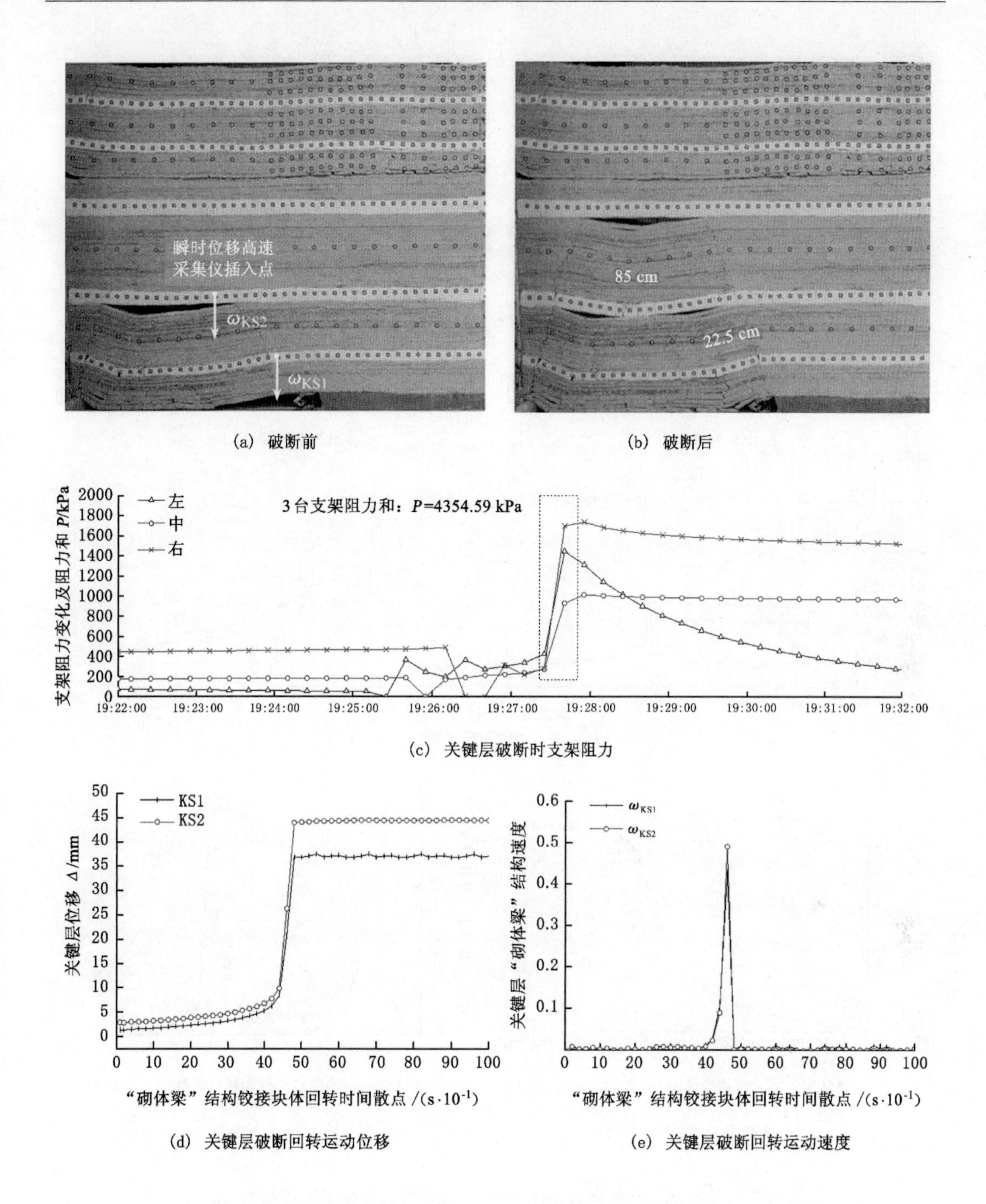

图 4-20 KS2 初次破断且 KS1 第 2 次周期破断关键层运动及支架阻力变化

此可知 KS2“砌体梁”结构铰接块体回转运动过程中并未对 KS1“砌体梁”结构铰接块体产生压覆作用。因而，此次来压中仅 KS1 破断运动对采场矿压造成了影响，KS2 破断运动并未对采场矿压造成影响。

此次来压 1 min 后，PKS 发生破断运动，但由于下部 KS2、KS1 均已形成了稳定的“砌

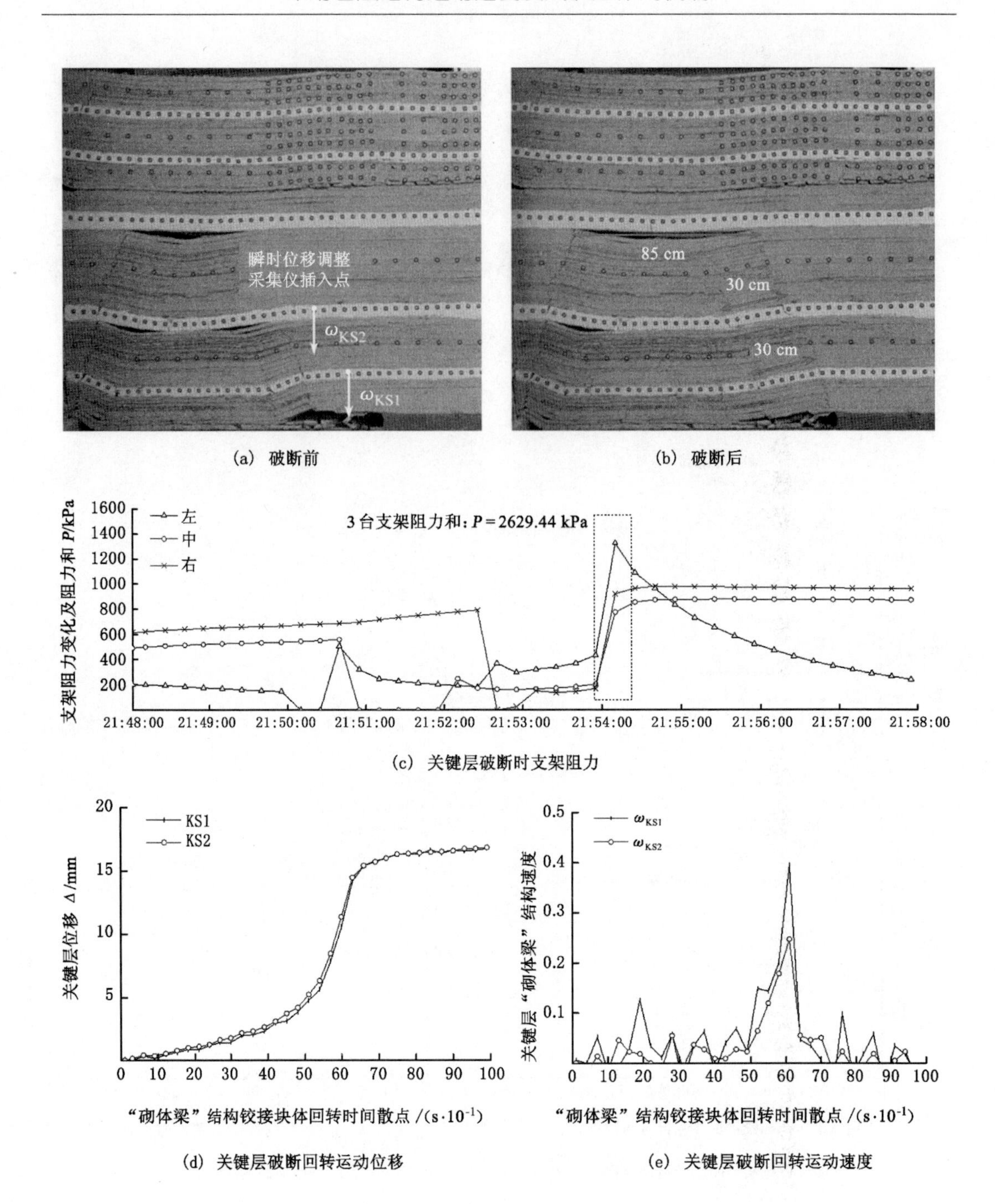

图 4-21　KS2 第 1 次周期破断且 KS1 第 3 次周期破断关键层运动及支架阻力变化

体梁"结构，能够将上覆载荷传递至煤壁前方的实体煤及采空区垮冒矸石，因此 PKS 的破断运动并未对采场矿压产生影响，这一点从工作面支架阻力的变化也可以看出，PKS 破断时，3 台支架阻力和为 2700 kPa，相较于 2629.44 kPa，增幅仅为 2.6%，支架阻力基本无变化。

4.2.3.5 第5次来压(KS2-2、KS1-4)

工作面推进至170 m时,KS2发生第2次周期破断且KS1发生第4次周期破断,两者破断步距均近似为25 cm,其中KS1、KS2位移监测点(钢针插入点)与铰接块体间回转半径均为10 cm,如图4-22a和图4-22b所示。

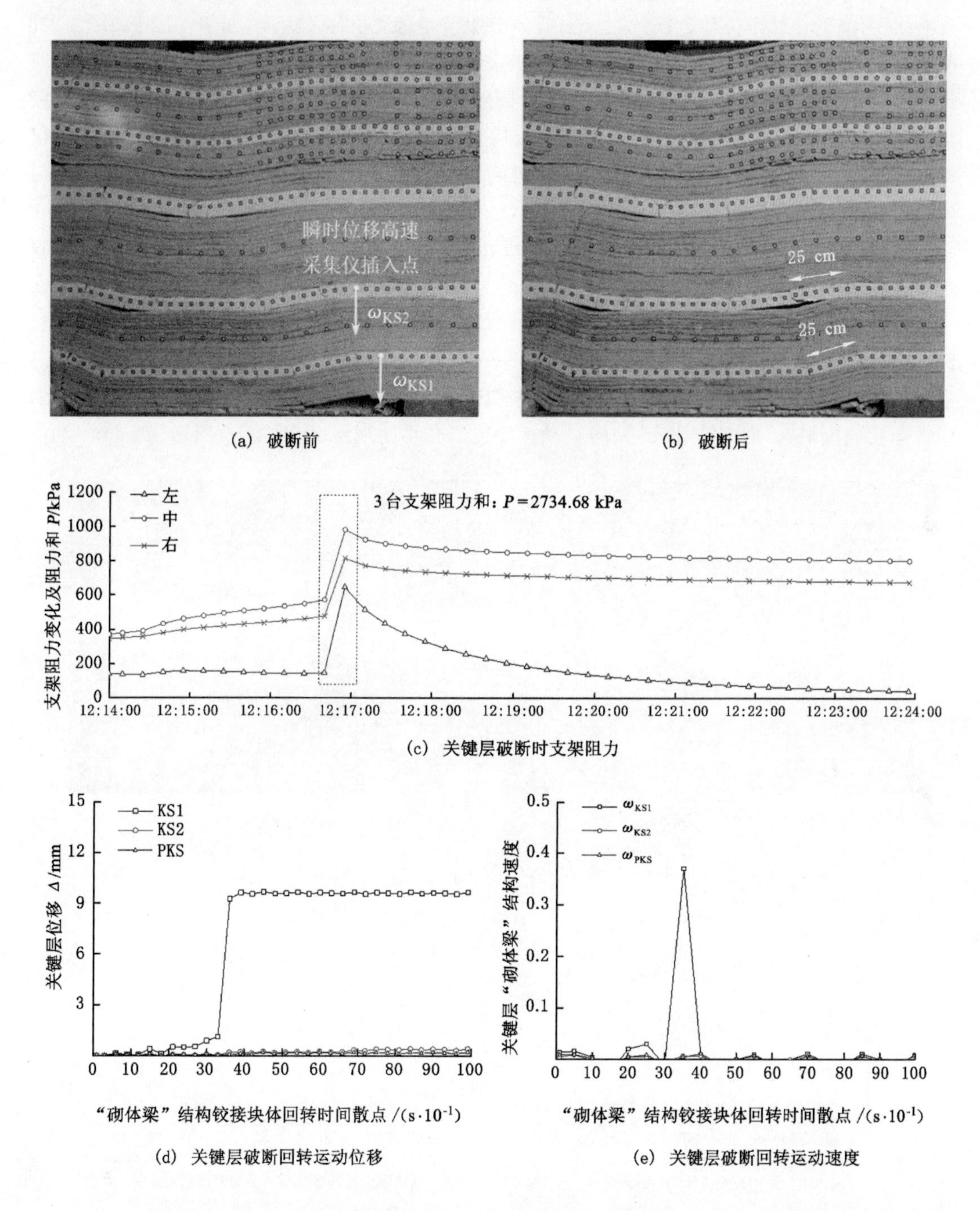

图4-22 KS2第2次周期破断且KS1第4次周期破断关键层运动及支架阻力变化

提取破断时刻前后累计 10 min 内的支架阻力数据，支架载荷和 $P=2734.68$ kPa，如图 4-22c所示。此次破断中，KS2 和 KS1 均发生了破断，对比 KS1 第 1 次周期破断，其支架载荷和 $P=2500.77$ kPa，KS2 第 1 次周期破断且 KS1 第 3 次周期破断支架载荷和 $P=2734.68$ kPa，两者相差程度较小。按照采集频率 10 Hz，提取关键层破断时刻前后 10 s 内关键层位移数据的变化，约 100 个位移数据散点。根据关键层破断运动位移及速度，如图 4-22d 和图 4-22e 可知，此次破断中虽然 KS1、KS2 均发生了破断，但是 KS2 的回转运动量很小，基本并未发生回转运动，且 KS1 回转运动速度明显大于 KS2 回转运动速度，由此可知 KS2“砌体梁”结构铰接块体回转运动过程中并未对 KS1“砌体梁”结构铰接块体产生压覆作用，因而，本次来压中仅 KS1 破断运动对采场矿压造成了影响，KS2 破断运动并未对采场矿压产生影响。

4.2.3.6 第 6 次来压（PKS-1、KS2-3、KS1-5）

随着工作面继续向前推进，在推进距为 170～220 cm 时，3 层关键层随着工作面推进一直处于弯曲下沉状态，直至工作面推进至 220 cm 时，3 层关键层发生新一次破断，即 PKS 第 1 次周期破断、KS2-3 第 2 次周期破断及 KS1 第 5 次周期破断，如图 4-23a 和图 4-23b 所示。KS1、KS2、PKS 块体长度分别约为 40 cm、25 cm、15 cm，其中回转半径分别约为 5 cm、10 cm、15 cm，但此次关键层破断运动发生于支架后方，并未引起来压。在 3 层关键层破断运动中，呈现 KS1 回转运动速度最大，而 KS2、PKS 回转运动速度依次减小的现象，如图 4-23c所示。

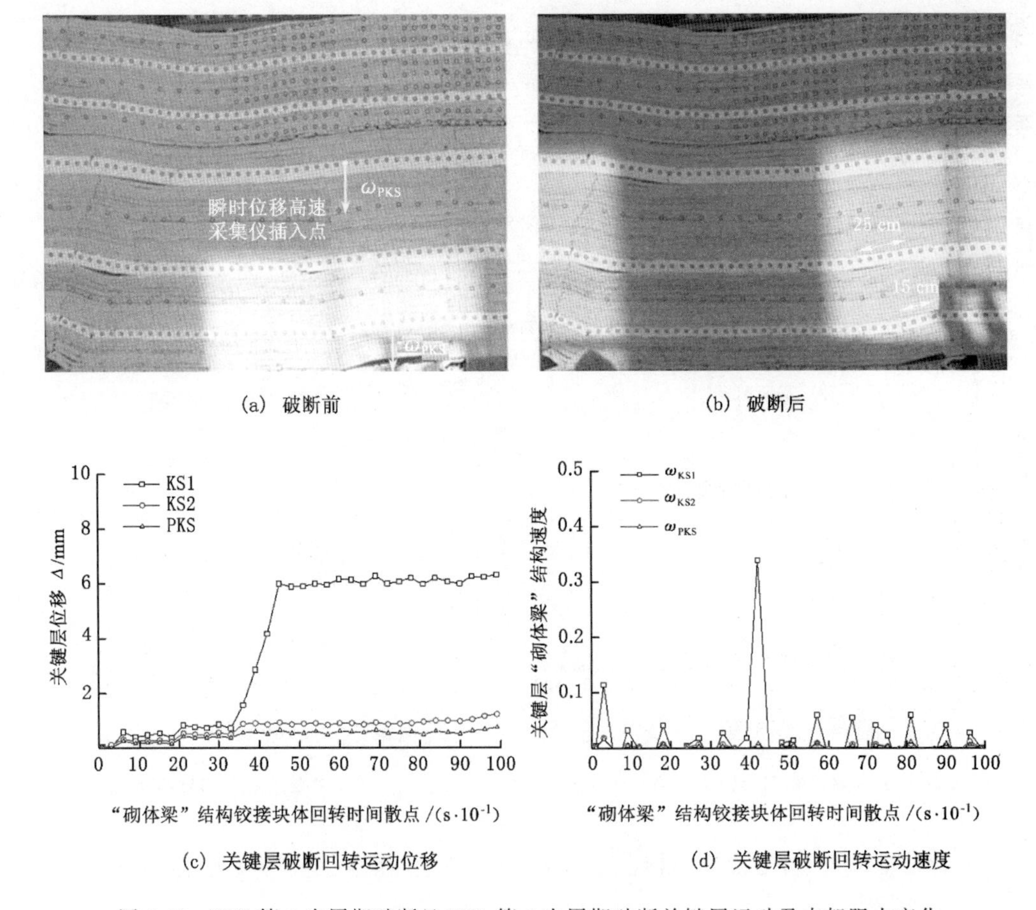

图 4-23 KS2 第 3 次周期破断且 KS1 第 5 次周期破断关键层运动及支架阻力变化

4.2.3.7　第 7 次来压(PKS-2、KS2-4、KS1-6)

采宽 220～285 cm 时,3 层关键层随着工作面的推进,同样一直处于弯曲下沉状态,未发生明显破断及回转运动。当工作面推进至 285 cm 时,3 层关键层发生新一次破断,如图 4-24a 所示,即为 KS1-6、KS2-4、PKS-2,且 3 层关键层自下而上的破断距分别为 35 cm、35 cm、40 cm,其中 KS1、KS2、PKS 位移监测点与铰接块体间回转半径均约为 10 cm,如图 4-24b 所示。

此次破断中,3 层关键层的回转运动过程持续时间较长,且回转运动速度相对较小,关键层破断运动并未引起支架阻力突然性增大,而是随着时间的增长,呈现支架阻力缓慢增大的特征,如图 4-24c 所示。

鉴于关键层呈现持续弯曲下沉现象时间跨度较长,提取支架阻力 20 min 进行分析,同时为观测关键层缓慢过程中位移及速度的变化,需要增加其数据提取时段长度。按照采集频率 10 Hz,提取关键层破断时刻前后 30 min 内关键层位移数据的变化,约 18000 个位移数据散点进行分析,关键层破断运动位移及铰接块体回转运动速度分别如图 4-24d 和图 4-24e所示。由此也证实了前述理论分析中“砌体梁”结构铰接块体回转角速度慢,时间一定或者单个采煤循环内支架增阻率低、矿压显现缓和是正确的。此次来压中,采场支架阻力变化仅受 KS1 破断运动的影响。

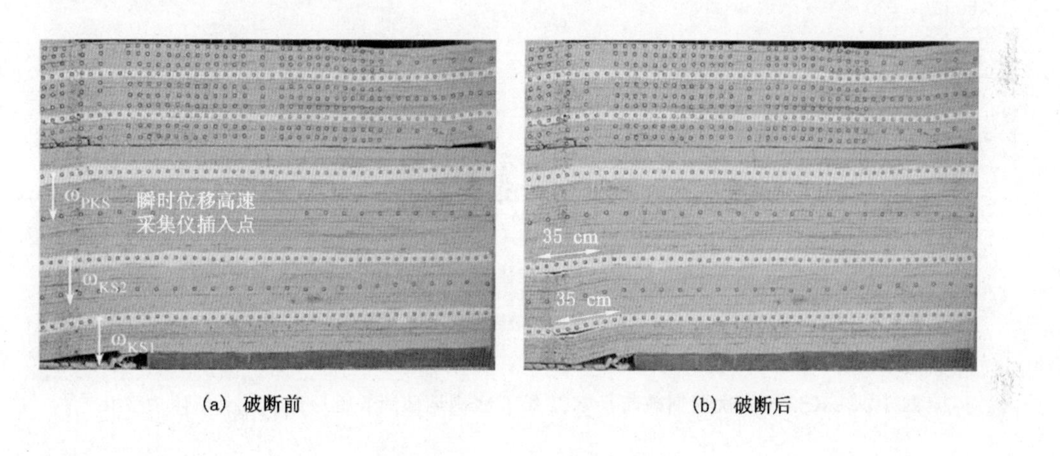

(a) 破断前　　　　(b) 破断后

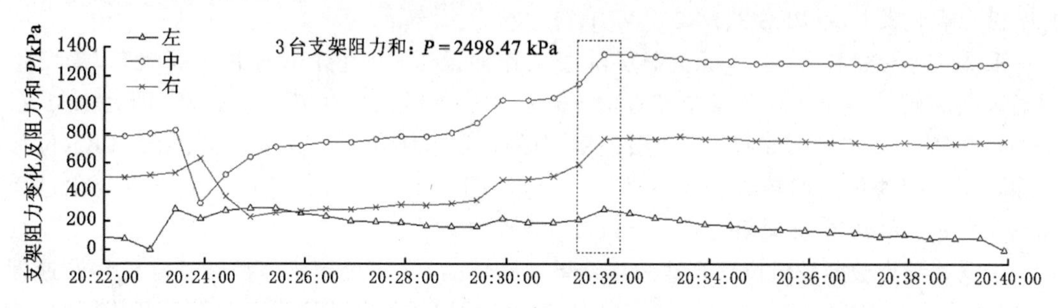

(c) 关键层破断时支架阻力

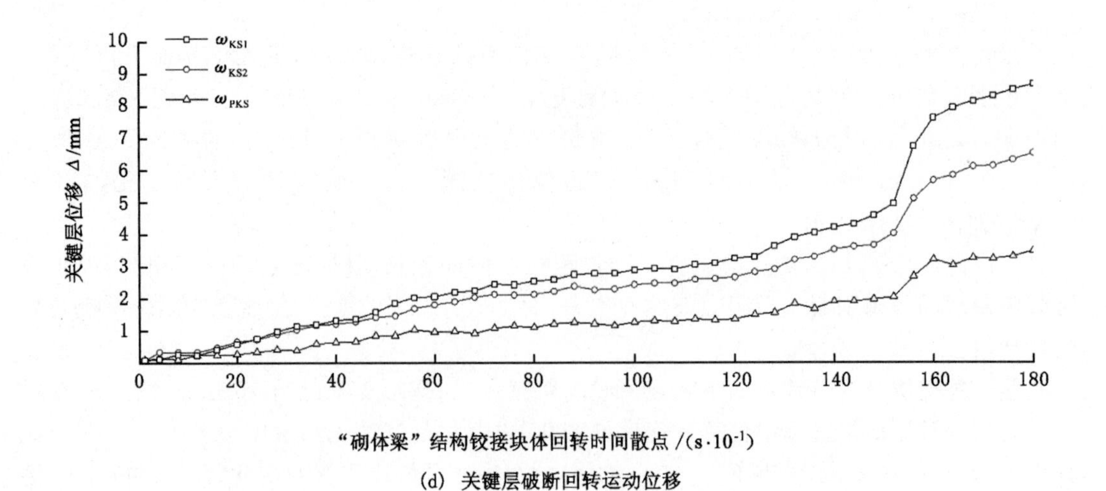

(d) 关键层破断回转运动位移

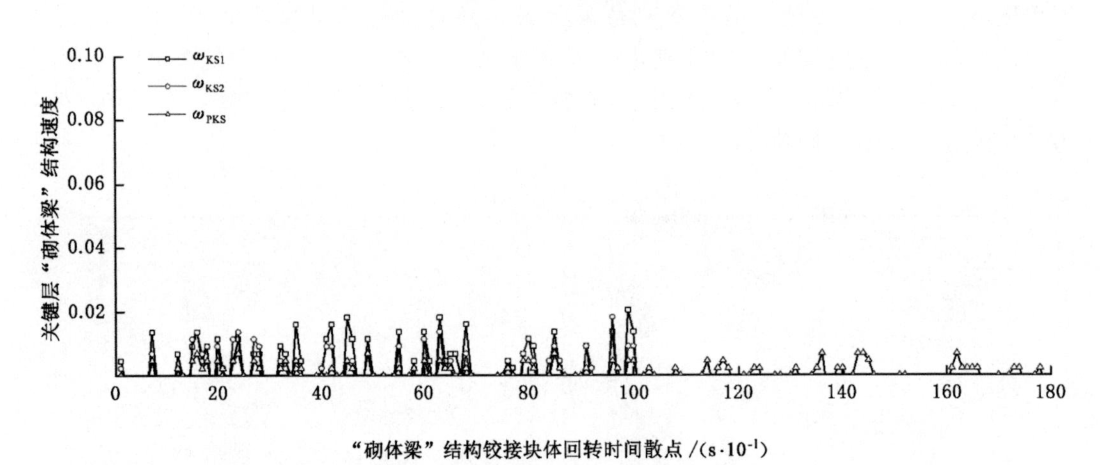

(e) 关键层破断回转运动速度

图 4-24　KS2 第 4 次周期破断且 KS1 第 6 次周期破断关键层运动及支架阻力变化

4.2.3.8　第 8 次来压(PKS-3、KS2-5、KS1-7)

采宽 285～335 cm 时,3 层关键层随着工作面推进,一直处于弯曲下沉状态,未发生明显破断回转。直至工作面推进至 335 cm 时,3 层关键层发生新一次破断,即为 KS1-7、KS2-5、PKS-3,如图 4-25a 所示。3 层关键层破断距均为 50 cm,其中 KS1、KS2、PKS 位移监测点与铰接块体间回转半径均约为 30 cm,如图 4-25b 所示。期间支架压力变化过程如图 4-25c 所示,3 台支架阻力和为 2417.61 kPa。

根据关键层破断瞬时位移高速采集结果,“砌体梁”结构铰接块体回转运动位移及速度分别如图 4-25d 和图 4-25e 所示。3 层“砌体梁”结构块体回转速度大小关系为:PKS 块体速度最慢,KS2“砌体梁”结构块体速度次之,KS1“砌体梁”结构块体速度最快。由此可知,KS1“砌体梁”结构块体回转过程中,未受到 KS2 块体的压覆作用,支架阻力仅受到 KS1 破断运动的影响,从阻力和的大小也可以得到证实。

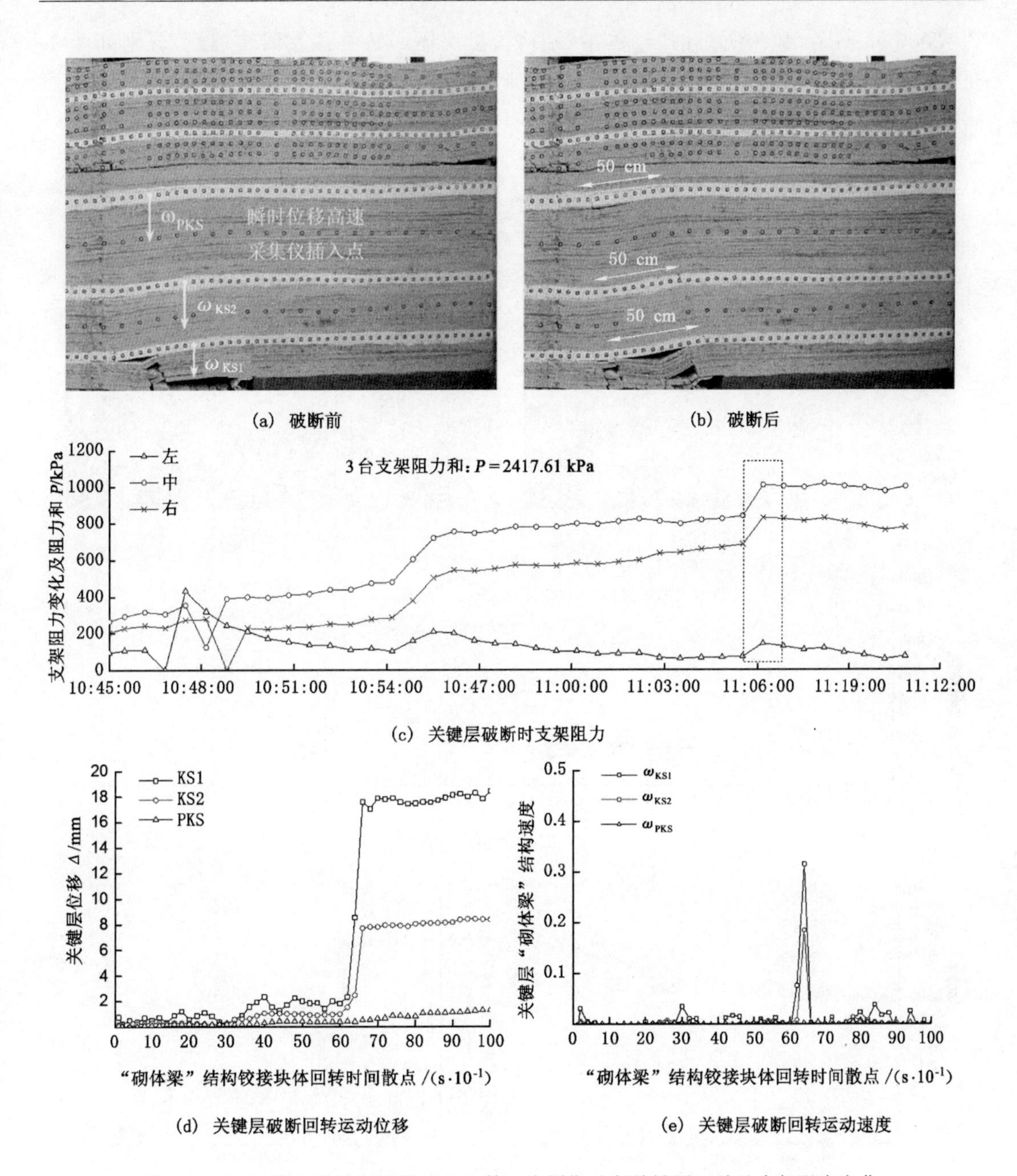

图 4-25 KS2 第 5 次周期破断且 KS1 第 7 次周期破断关键层运动及支架阻力变化

4.2.3.9 第 9 次来压（PKS-4、KS2-6、KS1-8）

工作面推进至 365 cm 时，3 层关键层发生新一次破断，即 KS1-8、KS2-6、PKS-4，KS1、KS2、PKS3 层关键层破断距分别为：32.5 cm、32.5 cm、50 cm，如图 4-26a 和图 4-26b 所示。期间支架阻力变化过程如图 4-26c 所示，表明覆岩处于持续弯曲下沉状态，支架阻力快速增阻时刻，关键层出现较为明显的破断回转，但其回转角较小。工作面支架阻力未出现突然性增阻，而在较快速的增阻期间，关键层回转运动位移如图 4-26d 所示，来压支架承受的载荷

$P=2306.98$ kPa。监测所得的"砌体梁"结构铰接块体回转位移及回转速度，分别如图 4-26d 和图 4-26e 所示，可知 3 层关键层中 KS1 回转运动速度最快，故 KS2 并未向 KS1 传递载荷，这种情况下，影响工作面矿压显现的仅为 KS1。

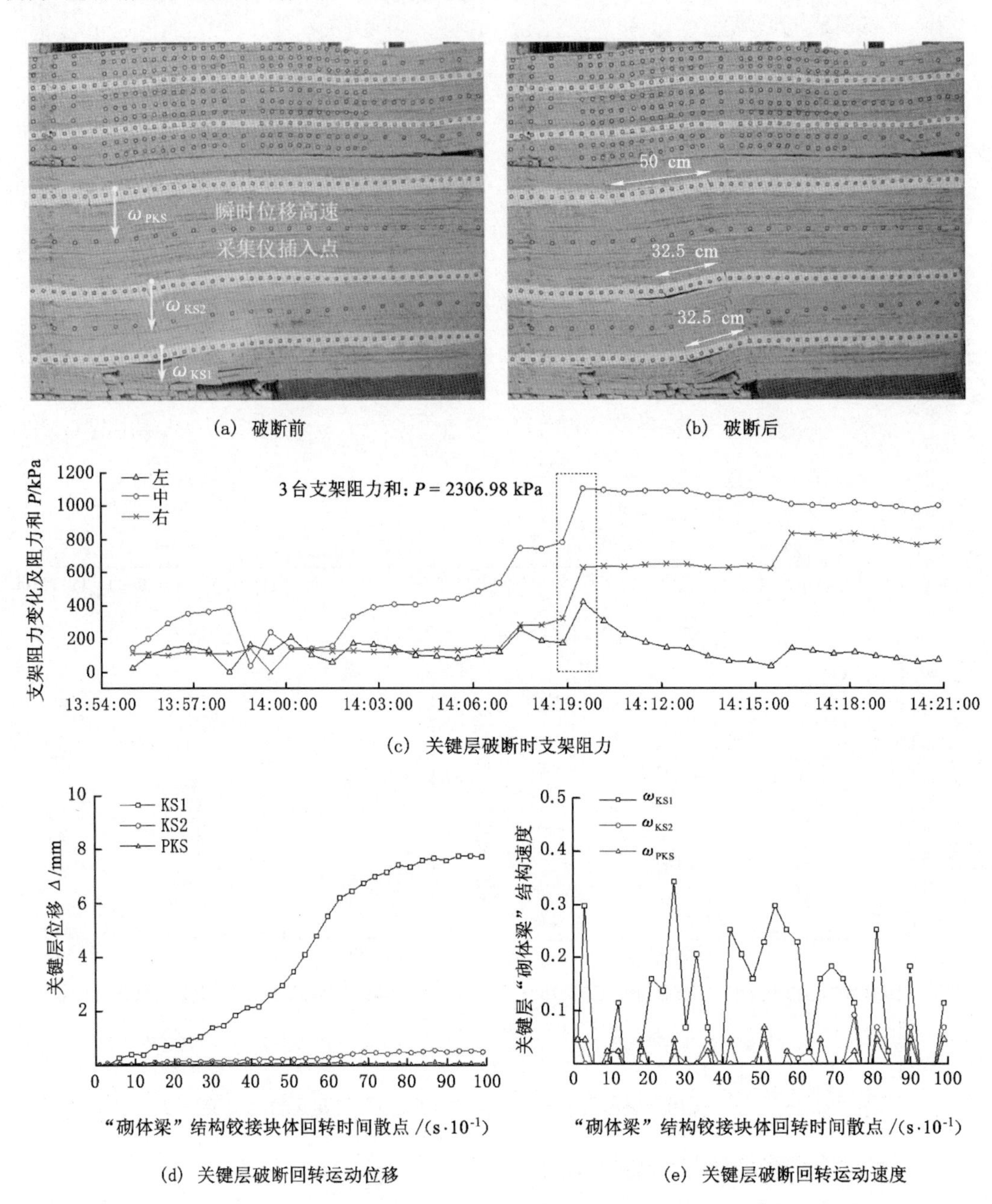

图 4-26 KS2 第 6 次周期破断且 KS1 第 8 次周期破断关键层运动及支架阻力变化

4.2.3.10 第 10 次来压（PKS-5、KS2-7、KS1-9）

工作面推进至 385 cm 时，3 层关键层发生新一次破断，即 KS1-9、KS2-7、PKS-5，KS1、KS2、PKS3 层关键层破断距分别为 22.5 cm、27.5 cm、52.5 cm，如图 4-27a 和图 4-27b 所示。

其中,KS1 发生二次破断,期间支架压力变化过程如图 4-27c 所示,“砌体梁”结构铰接块体回转位移及速度分别如图 4-27d 和图 4-27e 所示,KS1 关键层破断块体回转运动速度最快,且此次来压支架承受的载荷 $P=2709.03$ kPa。可知此次来压中,仅 KS1 的破断回转运动对采场矿压显现造成影响。

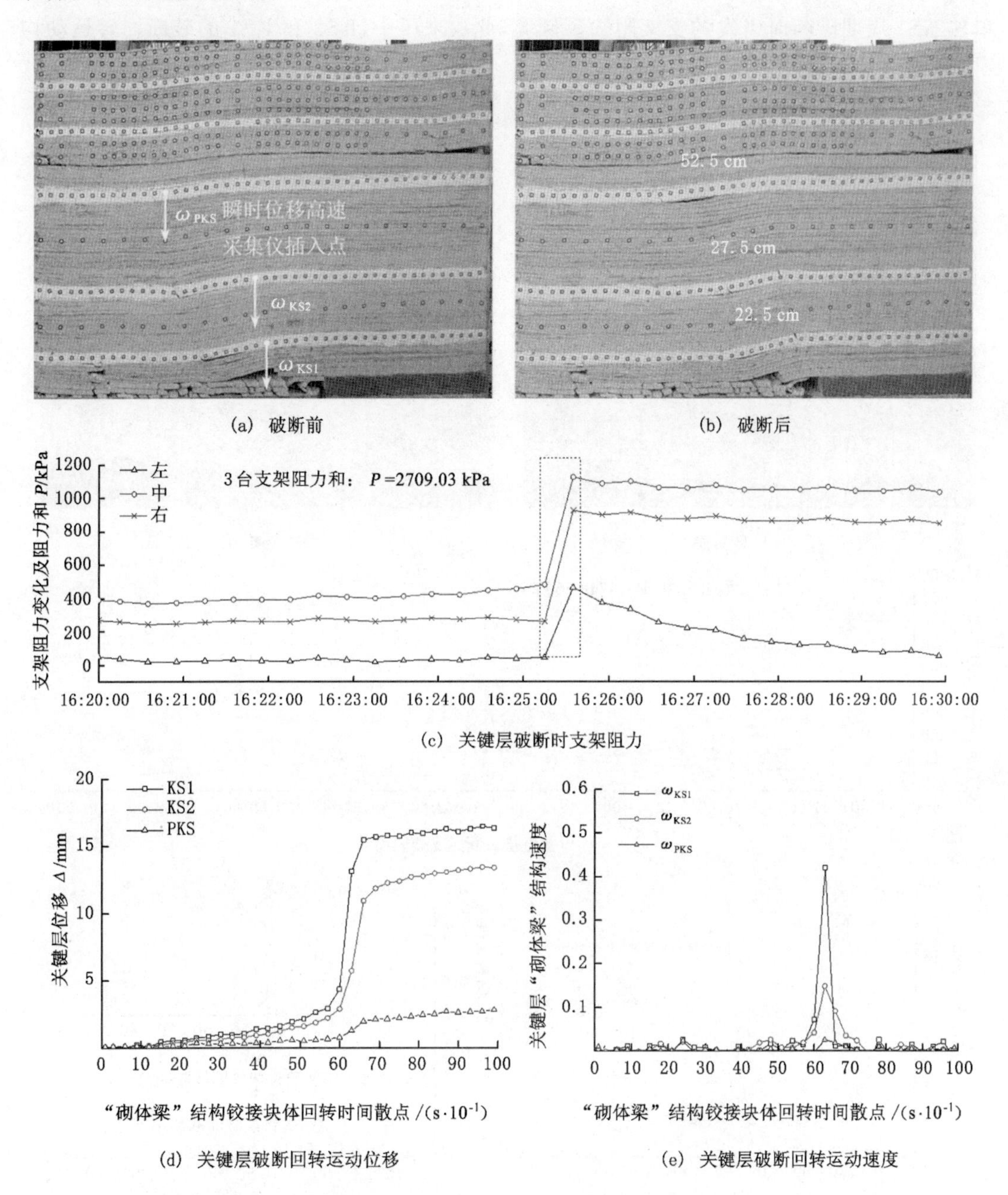

图 4-27　KS2 第 7 次周期破断且 KS1 第 9 次周期破断关键层运动及支架阻力变化

4.2.3.11　第 11 次来压(PK-6、KS2-8、KS1-10)

工作面推进至 430 cm 时,3 层关键层发生新一次破断,即 KS1-9、KS2-7、PKS-5,KS1、

KS2、PKS3 层关键层破断距分别为 22.5 cm、27.5 cm、35 cm，如图 4-28a 和图 4-28b 所示。其中，KS1 破断块体发生二次破断，期间支架压力变化过程如图 4-28c 所示，此次来压支架承受的载荷 $P=3748.56$ kPa，铰接块体回转运动位移及回转运动速度分别如图 4-28d 和图 4-28e 所示，由此可知，此次顶板来压中，KS2 对 KS1 产生压覆作用，使得支架受力显著高于单独 KS1 周期破断时引发的支架阻力。因此，此次来压中，KS2 和 KS1 的破断回转运动均对采场矿压显现造成影响。

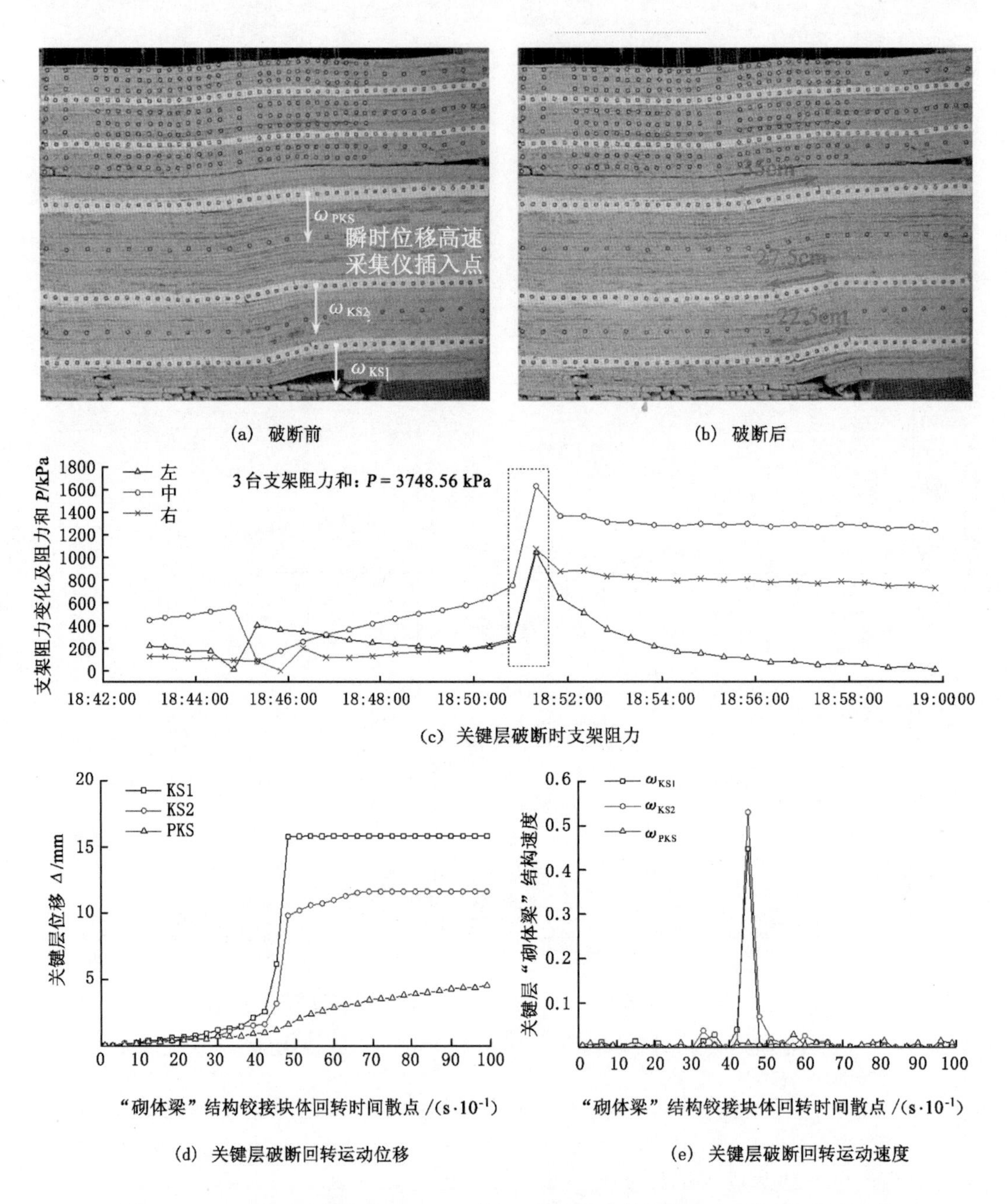

图 4-28　KS2 第 8 次周期破断且 KS1 第 10 次周期破断关键层运动及支架阻力变化

4.2.3.12 第 12 次来压(PKS-7、KS2-9、KS1-11)

工作面推进至 455 cm 时，3 层关键层发生新一次破断，即 KS1-9、KS2-7、PKS-5，KS1、KS2、PKS3 层关键层破断距分别为 22.5 cm、27.5 cm、35 cm，如图 4-29a 和图 4-29b 所示。其中，KS1 破断块体发生二次破断，期间支架压力变化过程如图 4-29c 所示，此次来压支架承受的载荷 P＝4113.88 kPa，提取“砌体梁”结构铰接块体高速位移采集结果，可得铰接块体回转运动位移及速度分别如图 4-29d 和图 4-29e 所示，由此可知，此次顶板来压中，KS2 对 KS1 形成了一定量的载荷传递。因此，此次来压中，KS2 和 KS1 的破断回转运动均对采场矿压显现造成影响。

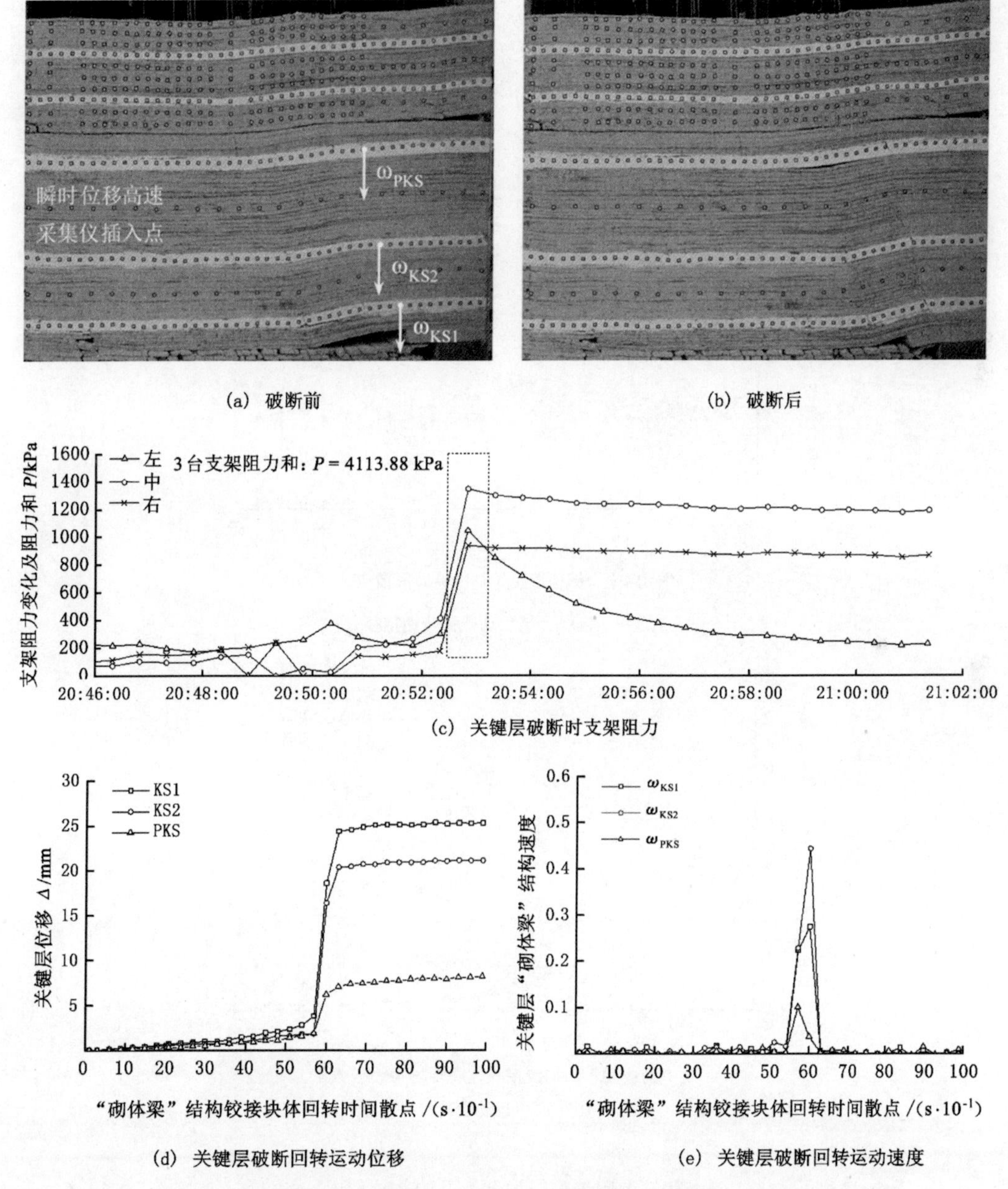

图 4-29 KS2 第 9 次周期破断且 KS1 第 11 次周期破断关键层运动及支架阻力变化

4.2.4 不同“砌体梁”结构块体角速度组合的应力传递特征

物理相似模拟结果显示，主关键层的“砌体梁”结构块体回转速度最小，且始终小于其下位关键层 KS1、KS2“砌体梁”结构块体回转速度。而关键层 KS2“砌体梁”结构块体和关键层 KS1“砌体梁”结构块体回转速度分为两种情况：① 同步回转运动，即 KS2“砌体梁”结构块体回转速度大于 KS1“砌体梁”结构块体回转速度，KS2“砌体梁”结构块体对 KS1“砌体梁”结构块体形成一定程度的压力传递，两者呈现出“同步回转运动”的特征；② 分层回转运动，即 KS1“砌体梁”结构块体回转速度大于 KS2“砌体梁”结构块体回转速度，KS2“砌体梁”结构块体与 KS1“砌体梁”结构块体之间无压力传递，两者在回转过程中出现离层，呈现出“分层回转运动”特征。模拟实验中，受应力盒与块体相对位置的影响，未能监测到每次来压所对应的应力传递情况，但从已得监测结果来看，可得“同步回转运动”和“分层回转运动”所对应的关键层界面应力变化情况，数据间隔为 0.1 s，如图 4-30 所示。

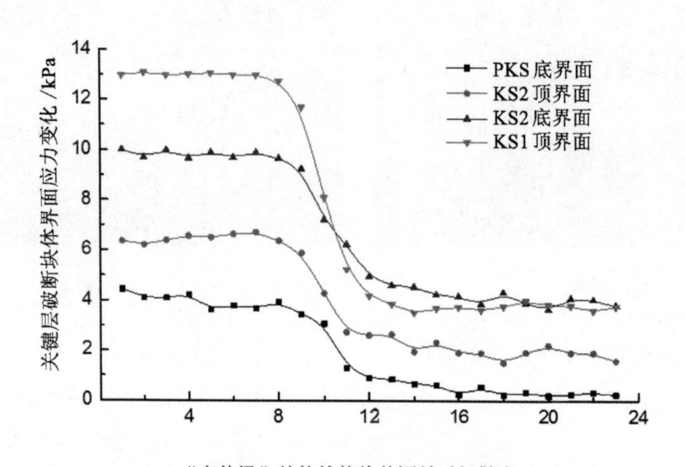

(a) 分层运动载荷传递特征

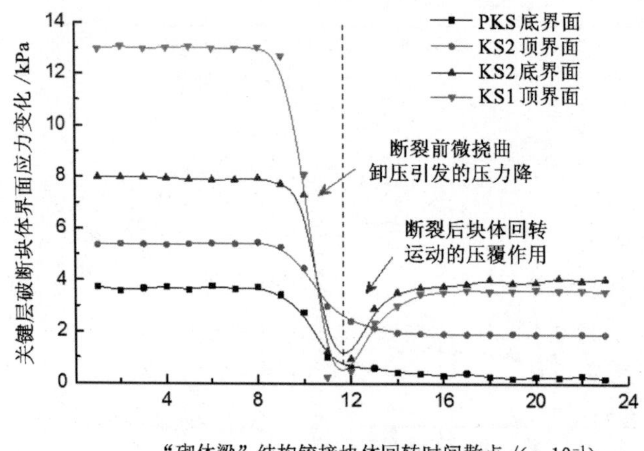

(b) 同步运动载荷传递特征

图 4-30 不同关键层运动类型的载荷传递特征

由此可知，通过"砌体梁"结构块体瞬时位移高速采集仪所得的速度数据，与关键层层间界面应力盒监测所得的应力传递数据呈现出一致的对应性。也就是说，当 KS2"砌体梁"结构块体回转速度略大于 KS1"砌体梁"结构块体回转速度时，意味着 KS2 对 KS1 形成了一定程度的载荷传递；与此同时，在破断块体的回转运动过程中，KS1 顶界面应力盒及 KS2 底界面应力盒均表现出应力数据的增加，这也意味着 KS2 对 KS1 产生了一定程度的压覆作用，通过增加 KS1 上覆载荷增加 KS1 回转运动速度的方式，参与影响了采场矿压显现。因此，无论是"砌体梁"结构块体回转位移及回转速度的监测，还是关键层层间应力传递的监测均能有效呈现出采场上覆各层关键层破断运动对采场矿压显现的影响，且相对于应力监测，通过"砌体梁"结构块体回转位移及速度的监测，更能获得更多有益的信息。由物理相似模拟实验多位监测结果，可知通过"砌体梁"结构块体回转速度来研究采场上覆各层关键层的破断运动及其对矿压显现的影响是科学且可行的。

4.3　覆岩"砌体梁"结构块体回转运动组合类型

当覆岩中存在多层关键层时，"砌体梁"结构块体具体回转过程中是否对采场矿压产生影响，与多层关键层的破断组合类型紧密相关。鉴于实验模型连续推进长度有限，不足以得到所有可能存在的"砌体梁"结构块体回转运动组合类型。但是根据已有的实验结果，可以推断覆岩"砌体梁"结构铰接块体回转运动组合类型还应包括如下几种，以覆岩中存在 2 层"砌体梁"结构为例进行说明。首先，依据 2 层"砌体梁"结构块体破断的先后顺序划分为 2 类，即"同时破断"和"非同时破断"；其次，在 2 层关键层均破断形成"砌体梁"结构后，依据 2 层"砌体梁"结构块体回转速度，对前述 2 类进行进一步细分，共划分为 2 类 7 种。在此基础上，针对每一种模式，研究上覆"砌体梁"结构块体回转速度对采场矿压显现的影响，并分别阐述该回转运动组合中影响采场矿压显现的关键层临界高度。

4.3.1　同时破断

4.3.1.1　同速回转运动

随着工作面向前推进，关键层周期破断产生的周期来压已经结束，如图 4-31a 所示，其中第 1 层"砌体梁"结构块体 C_1、第 2 层"砌体梁"结构块体 C_2 回转运动已经结束，而前方块体 B_1 及 B_2 尚未发生破断，此时工作面处于非来压状态。随着工作面向前推进，第 1 层"砌体梁"结构块体 B_1、第 2 层"砌体梁"结构块体 B_2 均达到各自的破断步距，2 层关键层同时发生破断，块体 B_1、B_2 的破断裂缝同步产生并贯通，如图 4-31b 所示。在上覆载荷、块体长度等影响因素综合作用下，2 层"砌体梁"结构块体 B_1、B_2 的回转角速度相同，即图 4-31c中 $\omega_1=\omega_2$。此种关键层的破断类型，称为同时破断同速回转运动。这种情况下，由于在"砌体梁"结构块体 B_1、B_2 回转运动过程中，2 块体间不会出现载荷传递现象，即第 1 层"砌体梁"结构上覆载荷仍为 q_1，前述所述的附加载荷 $q'=0$。此时，仅第 1 层"砌体梁"结构的回转运动对采场矿压显现产生影响，第 2 层"砌体梁"结构的回转运动并不对矿压显现产生影响。

4.3.1.2　异速回转运动

随着工作面向前推进，关键层周期破断产生的周期来压已经结束，如图 4-32a 所示，其

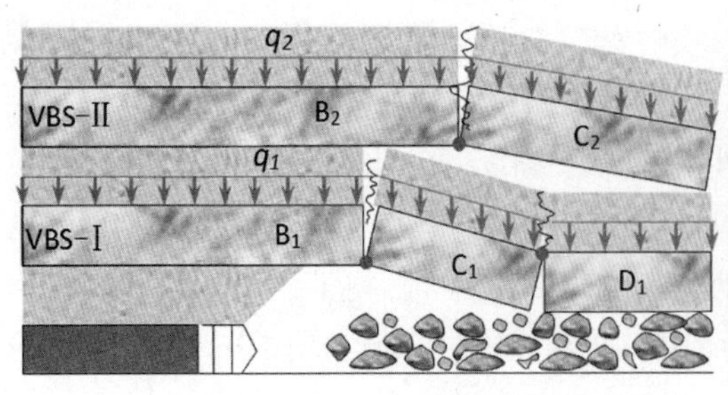

(a) 块体 B_1 和 B_2 尚未破断

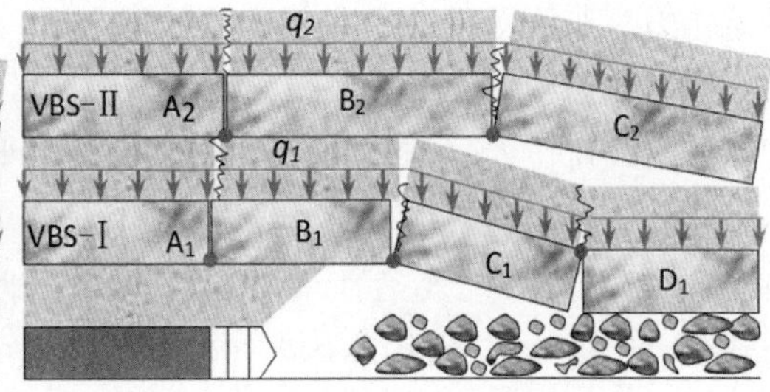

(b) 块体 B_1 和 B_2 同时破断

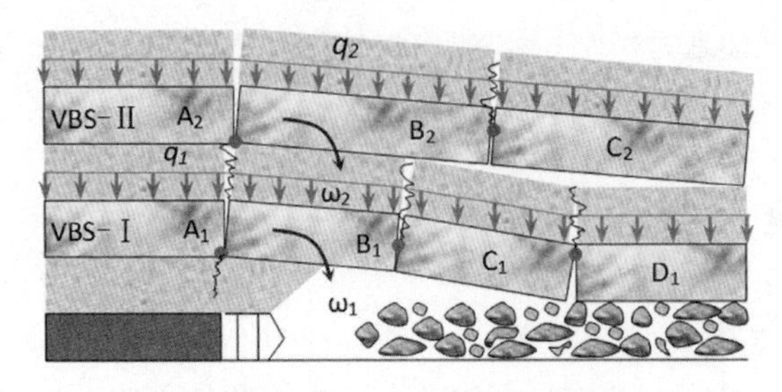

(c) 块体 B_1 回转角速度等于块体 B_2 回转角速度：$\omega_1=\omega_2$

图 4-31 关键层破断类型“同时破断同速回转运动($\omega_1=\omega_2$)”

中第 1 层“砌体梁”结构块体 C_1、第 2 层“砌体梁”结构块体 C_2 回转运动已经结束，而前方块体 B_1 及 B_2 尚未发生破断，此时工作面处于非来压状态。随着工作面向前推进，第 1 层“砌体梁”结构块体 B_1、第 2 层“砌体梁”结构块体 B_2 均达到各自的破断步距，2 层关键层同时发生破断，块体 B_1、B_2 的破断裂缝同步产生并贯通，如图 4-32b 所示。但在上覆载荷、块体长度等影响因素作用下，2 层“砌体梁”结构块体 B_1、B_2 的回转角速度并不相同。这种情况下，2 层“砌体梁”结构块体的回转过程可进一步分为下述 2 种情况：① $\omega_1>\omega_2$，即第 1 层“砌体梁”结构块体回转角速度大于第 2 层“砌体梁”结构块体回转角速度，这意味着 2 层“砌体梁”结构块体在回转过程中，块体 B_1、B_2 之间将会出现一定的离层量，第 2 层“砌体梁”结构块体回转过程中不会对第 1 层“砌体梁”结构块体产生压覆作用，第 1 层“砌体梁”结构块体回转受控于其自身载荷 q_1，这种情况下影响矿压显现的仅有第 1 层“砌体梁”结构，如图 4-32c所示；② $\omega_1<\omega_2$，即第 2 层“砌体梁”结构块体回转角速度大于第 1 层“砌体梁”结构块体回转角速度，这意味着 2 层“砌体梁”结构块体在回转过程中，块体 B_2 将对块体 B_1 产生一定程度的压覆作用，第 2 层“砌体梁”结构块体回转过程中将会施加额外的附加载荷于第 1 层“砌体梁”结构块体之上，第 1 层“砌体梁”结构块体上覆载荷由 q_1 增加至 q_1+q_1'，载荷的增加将导致第 1 层“砌体梁”结构块体回转角速度增加。此时第 2 层“砌体梁”结构块体通过压覆第 1 层“砌体梁”结构块体、增加其上覆载荷进而增加第 1 层“砌体梁”结构块体回转角速度的方式参与影响了采场矿压，这种情况下 2 层“砌体梁”结构块体回转均影响采场矿压，如图 4-32d 所示。

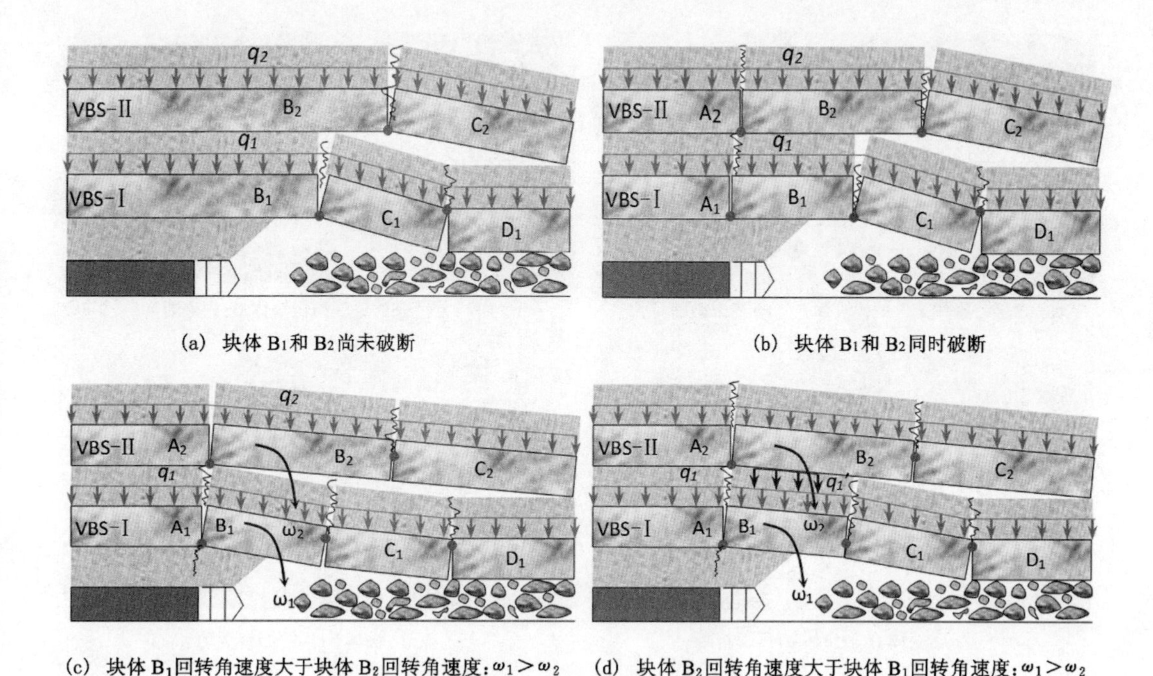

(a) 块体 B_1 和 B_2 尚未破断　　(b) 块体 B_1 和 B_2 同时破断

(c) 块体 B_1 回转角速度大于块体 B_2 回转角速度：$\omega_1 > \omega_2$　　(d) 块体 B_2 回转角速度大于块体 B_1 回转角速度：$\omega_1 > \omega_2$

图 4-32　关键层破断类型“同时破断异速回转运动($\omega_1 > \omega_2$)和($\omega_2 > \omega_1$)”

4.3.2　非同时破断

4.3.2.1　上位关键层先断，下位关键层被压断

随着工作面向前推进，关键层周期破断产生的周期来压已经结束，如图 4-33a 所示，其中第 1 层“砌体梁”结构块体 C_1、第 2 层“砌体梁”结构块体 C_2 回转运动已经结束，而前方块体 B_1 及 B_2 尚未发生破断，此时工作面处于非来压状态。随着工作面继续向前推进，第 1 层“砌体梁”结构块体 B_1 尚未达到破断步距，但第 2 层“砌体梁”结构块体 B_2 均达到其破断步距，如图 4-33b 所示。第 2 层“砌体梁”结构块体首先发生破断，进而块体 B_2 的回转运动对下位第 1 层“砌体梁”结构块体 B_1 产生压覆作用，载荷的增大迫使块体 B_1 被强行折断。这种情况下，块体 B_1 的长度将小于块体 C_1 的长度，如图4-33c所示。这也是某些开采工作面出现大小周期现象的原因。块体 B_1 破断后，形成非等长块体的“砌体梁”结构，回转角速度为 ω_1。第 2 层“砌体梁”结构块体回转角速度为 ω_2。

当这 2 层关键层形成“砌体梁”结构后，其回转过程可进一步分为下述 2 种情况：① $\omega_1 > \omega_2$，这时 2 层“砌体梁”结构块体在回转过程中，块体 B_1、B_2 之间将会出现一定的离层量，这意味着第 2 层“砌体梁”结构块体回转过程中不会对第 1 层“砌体梁”结构块体产生压覆作用，影响矿压显现的仅有第 1 层“砌体梁”结构，如图 4-33e 所示；② $\omega_1 < \omega_2$，这时 2 层“砌体梁”结构块体在回转过程中，块体 B_2 将对块体 B_1 产生一定程度的压覆作用，这意味着第 2 层“砌体梁”结构块体在回转过程中将会施加额外的附加载荷于第 1 层“砌体梁”结构块体之上，第 1 层“砌体梁”结构块体上覆载荷由 q_1 增加至 $q_1 + q_1'$，此时 2 层“砌体梁”结构块体的回转运动均影响了采场矿压显现，如图 4-33f 所示。

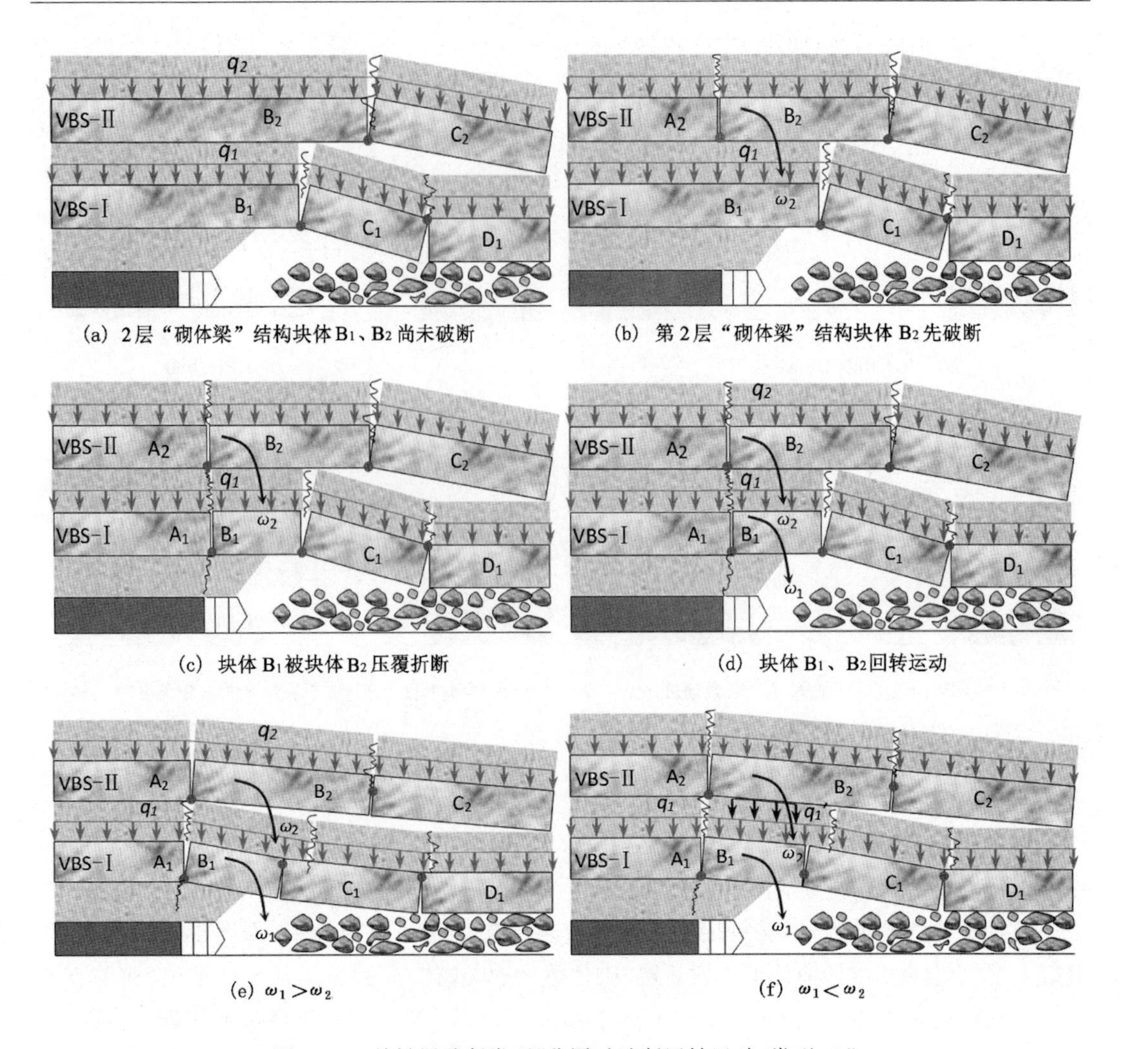

(a) 2层“砌体梁”结构块体 B_1、B_2 尚未破断　(b) 第2层“砌体梁”结构块体 B_2 先破断

(c) 块体 B_1 被块体 B_2 压覆折断　(d) 块体 B_1、B_2 回转运动

(e) $\omega_1>\omega_2$　(f) $\omega_1<\omega_2$

图 4-33　关键层破断类型“非同时破断回转运动(类型 1)”

4.3.2.2　下位关键层先断,上位关键层后断

随着工作面向前推进,关键层周期破断产生的周期来压已经结束,其中第 1 层“砌体梁”结构块体 C_1、第 2 层“砌体梁”结构块体 C_2 回转运动已经结束,而前方块体 B_1 及 B_2 尚未发生破断,此时工作面处于非来压状态,如图 4-34a 所示。随着工作面继续向前推进,第 1 层“砌体梁”结构块体 B_1 破断并回转运动,第 2 层“砌体梁”结构块体 B_2 尚未达到其破断步距,如图 4-34b所示。但随着工作面向前推进一小段距离,第 2 层“砌体梁”结构也达到其破断步距进而发生破断,如图 4-34c 所示,随之回转运动,如图 4-34d 所示。但是此时,第 1 层“砌体梁”结构块体 B_1 已经回转过一定的角度,这种情况下,第 2 层“砌体梁”结构块体 B_2 的回转运动与第 1 层“砌体梁”结构块体之间存在追及问题,而第 2 层“砌体梁”结构块体回转是否会影响矿压,则与 2 层“砌体梁”结构的运动规律密切相关。

此后 2 层“砌体梁”结构块体的回转运动,可进一步分为下述 2 种情况:① 直至第 1 层“砌体梁”结构块体回转结束时,第 2 层“砌体梁”结构块体始终未能追上第 1 层“砌体梁”结构块体,这意味着在第 1 层“砌体梁”结构块体整个回转过程中,第 2 层“砌体梁”结构块体

B_2 与第 1 层“砌体梁”结构块体 B_1 间始终存在离层量，第 2 层“砌体梁”结构块体回转过程中不会对第 1 层“砌体梁”结构块体产生压覆作用，这时影响矿压的仅有第 1 层“砌体梁”结构，如图 4-34e 所示；② 在第 1 层“砌体梁”结构块体回转结束前的某一时刻，第 2 层“砌体梁”结构块体追上第 1 层“砌体梁”结构块体，且此时第 2 层“砌体梁”结构块体回转速度大于第 1 层“砌体梁”结构块体回转速度，即 $\omega_2 > \omega_1$，这意味着 2 层“砌体梁”结构块体在后续回转过程中，块体 B_2 将对块体 B_1 产生压覆作用，第 2 层“砌体梁”结构块体回转过程中将施加附加载荷于第 1 层“砌体梁”结构块体之上，第 1 层“砌体梁”结构块体上覆载荷由 q_1 增加至 $q_1 + q_1'$，增大第 1 层“砌体梁”结构块体回转速度，此时 2 层“砌体梁”结构均影响矿压，如图 4-34f 所示。

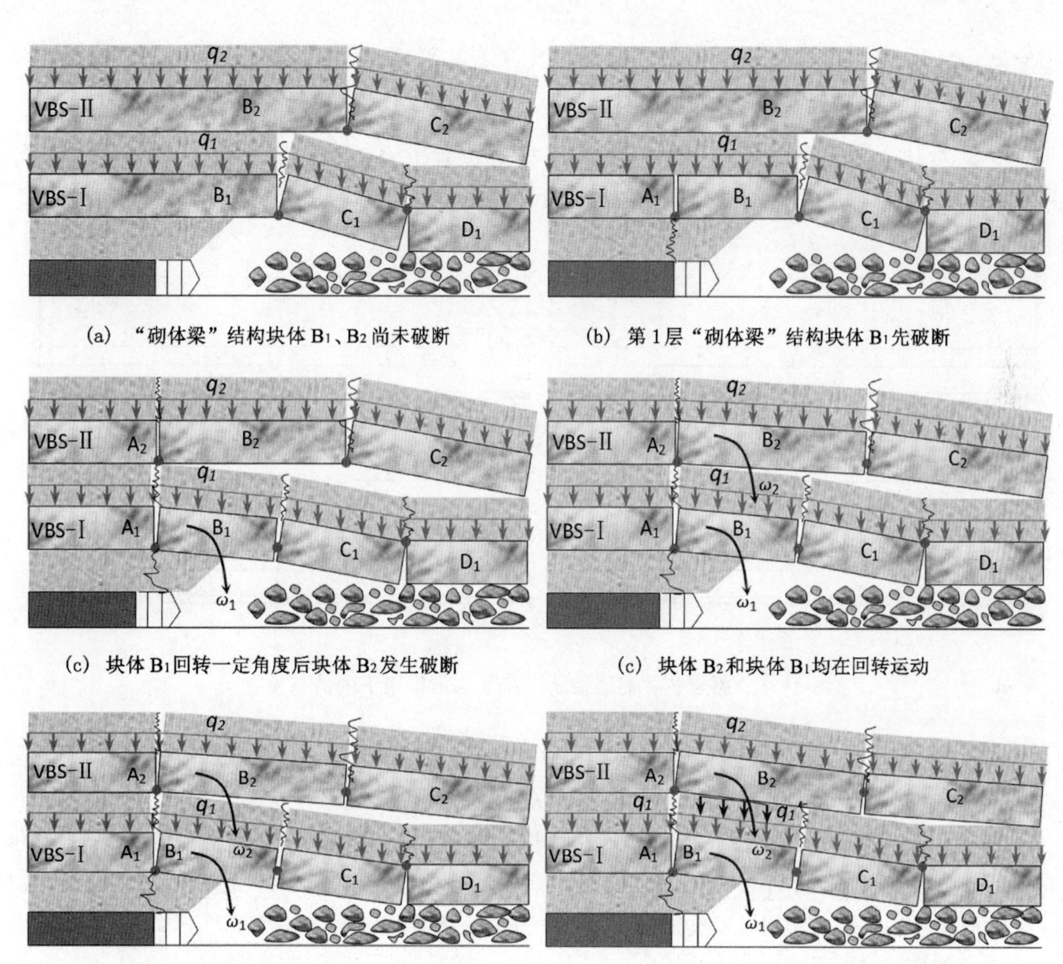

(a)　“砌体梁”结构块体 B_1、B_2 尚未破断　　(b)　第 1 层“砌体梁”结构块体 B_1 先破断

(c)　块体 B_1 回转一定角度后块体 B_2 发生破断　　(c)　块体 B_2 和块体 B_1 均在回转运动

(e)　块体 B_2 回转速度小于块体 B_1 回转速度　　(f)　块体 B_2 回转速度大于块体 B_1 回转速度

图 4-34　关键层破断类型“非同时破断回转运动(类型 2)”

4.3.3　覆岩“砌体梁”结构块体运动类型的判别方法

由 4.2 节可知，确定覆岩中多层“砌体梁”结构的破断运动类型，对于确定、评价覆岩第 1 层“砌体梁”结构块体之上的“砌体梁”结构块体的回转运动是否影响矿压至关重要。其中覆岩中各层关键层的破断步距，或者各层关键层破断块体的相对位置，决定了上述“砌体梁”结构块体的破断运动组合类型。以覆岩中存在2层“砌体梁”结构为例，说明“砌体梁”结构运动组合类型的判别方法，当覆岩中存在2层以上的多层关键层时，该方法依然适用。

步骤1：按照式(4-1)和式(4-2)，初步计算覆岩中每1层关键层的破断步距。

$$L_{初}=h\sqrt{\frac{2R_t}{q}} \tag{4-1}$$

式中 $L_{初}$——关键层初次破断步距；

h——关键层厚度；

R_t——关键层抗拉强度；

q——关键层自重及其控制的上覆岩层载荷。

$$L_{周}=h\sqrt{\frac{R_t}{3q}} \tag{4-2}$$

式中 $L_{周}$——周期破断步距。

步骤2：建立覆岩各层关键层拟断裂线的相对位置关系，如图4-35所示，图4-35中各关键层断裂线的位置，即代表覆岩各关键层独立破断的位置。

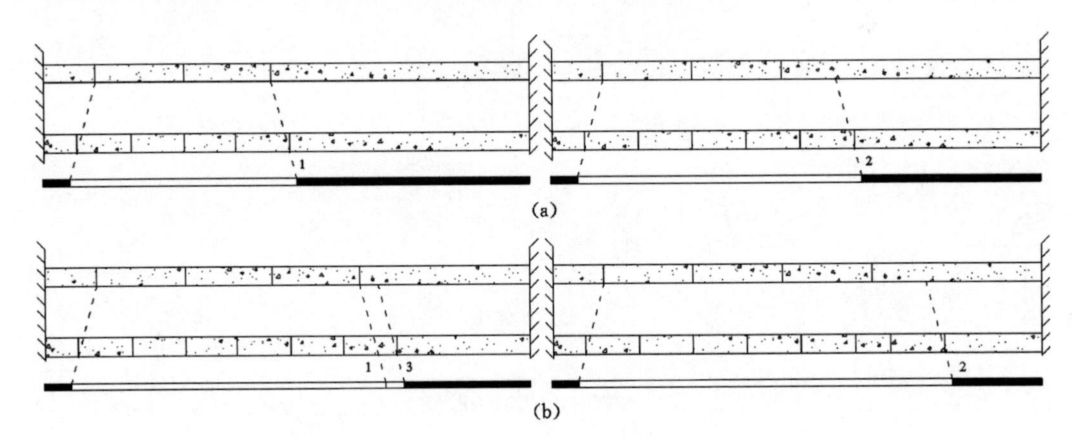

图4-35　覆岩各关键层控制载荷及自重作用下的破断位置

步骤3：当上位关键层压断下位关键层时，以新的断裂位置为起点，即重置2层关键层的断裂位置，并以此为基点，继续向前确定各关键层的断裂位置。

通过上述计算可以初步判定工作面某次来压中，采场上覆各层关键层在周期来压期间的先后破断次序，对照本节中关于覆岩“砌体梁”结构块体运动组合类型进行判断。在此物理相似模拟中，工作面累计12次来压中，各次覆岩关键层破断运动类型及其微型液压支架阻力峰值如图4-36所示。

由图4-36可知，在KS2与KS1“砌体梁”结构块体分层回转运动类型中，除去第1次来压为KS1初次破断，其余数次来压中工作面支架阻力均仅受到KS1破断回转运动的影响，其所对应的来压强度峰值分别为：2500 kPa、2629 kPa、2734 kPa、2498 kPa、2417 kPa、2307 kPa、2709 kPa，取其平均值可知，该相似模型中仅由于KS1破断回转运动而引起的支架阻力峰值为2542 kPa。同理，在KS2与KS1“砌体梁”结构块体同步回转运动类型中，除第3次来压为KS2初次破断，其余数次来压中工作面支架阻力不仅受到KS1破断回转运动

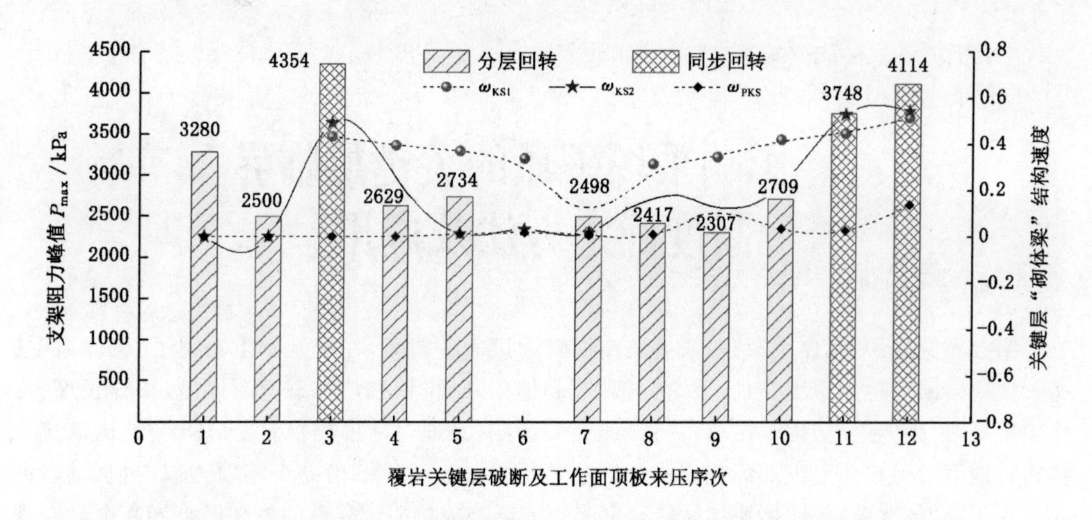

图 4-36　相似模拟实验中每次来压关键层破断运动所属类型及阻力峰值

的影响，还受到 KS2 破断运动的影响，2 次来压对应的来压强度峰值分别为：3748 kPa、4114 kPa，取其平均值可知，该相似模型中 KS1 和 KS2 破断回转运动共同影响下的支架阻力峰值为 3913 kPa。结果表明相比工作面支架仅受 KS1“砌体梁”结构块体回转运动的影响，在 KS2“砌体梁”结构块体回转运动的同时参与影响采场矿压，影响工作面支架受力情况时，KS2“砌体梁”结构块体的平均影响程度高达(3913－2542)/2542＝1371/2542＝53.9％。

物理相似模拟实验结果表明，通过覆岩各“砌体梁”结构块体回转速度的大小能够反映“砌体梁”结构块体破断回转运动过程中载荷自上至下的传递情况，能够揭示工作面支架来压期间顶板载荷来源及其组成。因此，基于“砌体梁”结构块体回转速度来探究影响矿压的覆岩关键层高度是科学且可行的。

5 影响采场矿压的关键层临界高度确定方法及应用

第2章建立了“砌体梁”结构铰接块体回转速度力学模型，在此基础上获得了“砌体梁”结构铰接块体回转运动速度方程，理论分析了“砌体梁”结构铰接块体载荷层厚度、块体长度、工作面采高对“砌体梁”结构铰接块体回转速度的影响，并通过数值模拟对“砌体梁”结构铰接块体回转速度及对矿压显现的影响规律进行了分析验证。第4章借助于物理相似模拟实验，证实了基于“砌体梁”结构铰接块体回转速度来探究影响采场矿压显现的关键层临界高度是合理且科学可行的。本章基于“砌体梁”结构铰接块体回转速度力学模型及已有的“砌体梁”结构稳定性分析，通过研究相邻“砌体梁”结构铰接块体运动的相互作用规律及载荷传递特征，分析高位或上位“砌体梁”结构对于矿压的影响机制，并量化该上位“砌体梁”结构铰接块体运动对于采场矿压显现的影响程度。基于上述理论研究成果，给出了影响采场矿压显现的关键层临界高度的确定方法，并将“岩层控制的‘三位一体’监测方法”(专利号:201710492420X)，成功应用于大同矿区同忻煤矿8203综放工作面，建立了“井下矿压—覆岩运移—地表沉陷”监测体系，揭示了覆岩关键层破断运动与采场矿压显现的时空对应关系，并且实测获得了影响矿压显现的临界关键层高度，据此也可对前述理论分析结果进行验证。

5.1 相互作用及载荷传递准则

采场矿压显现与覆岩“砌体梁”结构铰接块体回转速度及其终态稳定性密切相关。覆岩中最下位“砌体梁”结构(距离开采煤层最近的“砌体梁”结构)铰接块体回转速度直接通过直接顶岩层(或者在大采高工作面，距离煤层最近的关键层破断形成“悬臂梁”结构，而最下位“砌体梁”结构将会通过悬臂梁控制的岩层、悬臂梁、直接顶等)作用于工作面液压支架，并引起矿压显现。从采动覆岩整体“砌体梁”结构而言，最下位“砌体梁”结构铰接块体回转对于矿压的影响是最为直接的。而覆岩中由下至上的第2层、第3层关键层“砌体梁”，甚至主关键层“砌体梁”结构，其回转运动不可能越过、忽略最下位“砌体梁”结构而直接参与影响采场矿压。如前面章节所述，其作用形式必定是通过施加附加载荷(即上位“砌体梁”结构铰接块体回转速度快，下位“砌体梁”结构铰接块体回转速度慢而产生的压覆作用)，增大最下位“砌体梁”结构铰接块体回转速度，进而参与影响采场矿压显现，详见5.3.1节。或者，某些特殊条件下，尽管下位“砌体梁”结构能够保持稳定，但此时上位“砌体梁”结构却处于失稳状态，其自重及其控制岩层载荷将作为附加载荷施加于原本处于“稳定状态”的“砌体梁”结构之上，引起下位“砌体梁”结构因难以承担过大载荷而失稳，并最终导致工作面发生动载矿压、压架等强矿压显现事故，如神东矿区浅埋煤层开采过沟谷地形、过露天矿边坡时的动载矿压事故。不管是哪一种影响或作用方式，归根结底是要掌握或确定当上、下两层“砌体梁”结构存在相互作用时，上位“砌体梁”结构铰接块体向下位“砌体梁”结构铰接块体施加的附加载荷的大小。这是探究影响显现的关键层临界高度，定量化研究不同层位关键层破断运动对采场矿压显现的影响程度，以及定量化设计工作面支架阻力，并指导现场生产实践的基础。本节主要研究相邻“砌体梁”结构铰接块体相互作用时的载荷传递特征，并对附加载荷大小进行量化。

5.1.1　“砌体梁”结构铰接块体回转过程中的载荷传递

前述内容已经说明，在2层“砌体梁”结构铰接块体回转过程中，若两层“砌体梁”结构均未失稳，当2层“砌体梁”结构铰接块体回转角度相同，且第2层“砌体梁”结构铰接块体回转角速度大于第一层“砌体梁”结构铰接块体回转角速度时，即 $\omega_2>\omega_1$；第2层“砌体梁”结构铰接块体会对第1层“砌体梁”结构铰接块体产生压覆作用，迫使第1层“砌体梁”结构铰接块体上覆载荷由 q_1 增加至 q_1+q_1'，进而增加第1层“砌体梁”结构铰接块体回转角速度。通过这种方式，第2层“砌体梁”结构铰接块体在回转过程中影响矿压。

当第2层“砌体梁”结构铰接块体参与影响矿压时，由于其对第1层“砌体梁”结构铰接块体的压覆作用，将会导致第1层“砌体梁”结构铰接块体回转角速度增加多少呢？更为严格地说，如何确定由此压覆作用引起的附加载荷 q_1' 的大小呢？这对于量化覆岩关键层破断运动对采场矿压的影响程度，确定工作面液压支架合理工作阻力至关重要。为此，本书对这个问题展开了深入的研究，不予考虑两“砌体梁”结构铰接块体回转碰撞过程中的能量损失，因此相邻两层“砌体梁”结构铰接块体在回转运动过程中的相互作用满足“能量守恒”和“动量守恒”原则。假设，2层相邻的“砌体梁”结构铰接块体在碰撞瞬间前，第2层“砌体梁”结构块体，即VBS-Ⅱ的回转角速度为 ω_2，碰撞后回转角速度为 ω_2'；第1层“砌体梁”结构块体，即VBS-Ⅰ的回转角速度为 ω_1，碰撞后回转角速度为 ω_1'，如图5-1所示。

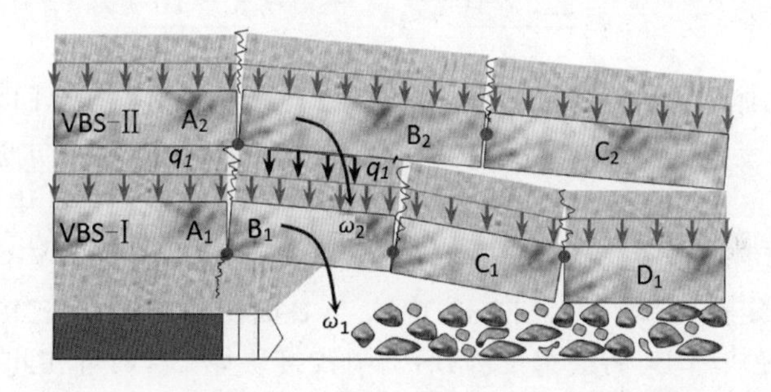

图5-1　“砌体梁”结构铰接块体回转运动过程中的载荷传递

“砌体梁”结构铰接块体的回转运动等效于理论力学中的定轴转动，其回转动能可以表述为转动惯量与回转角速度二次方乘积的一半，见式(5-1)。“砌体梁”结构铰接块体回转动能：

$$E_k=\frac{1}{2}J\omega^2 \tag{5-1}$$

根据“能量守恒”，有式(5-2)成立，即

$$\frac{1}{2}J_1\omega_1^2+\frac{1}{2}J_2\omega_2^2=\frac{1}{2}J_1(\omega_1')^2+\frac{1}{2}J_2(\omega_2')^2 \tag{5-2}$$

同时，2相邻“砌体梁”结构铰接块体相互作用时，2层关键层铰接岩块间的附加载荷属于内力，且两者相互作用属于持续作用类型。对于该系统而言，系统内力大于外力。因此，两层“砌体梁”结构铰接块体回转运动的相互作用满足动量守恒定理，且对于定轴转动物体

而言，其回转动量 L' 可以表述为转动惯量与回转角速度的乘积，见式(5-3)。“砌体梁”结构铰接块体回转动量：

$$L' = J\omega \tag{5-3}$$

根据“动量守恒”，有式(5-4)成立，即

$$J_1\omega_1 + J_2\omega_2 = J_1\omega_1' + J_2\omega_2' \tag{5-4}$$

联立式(5-2)和式(5-4)即可得出 ω_1' 和 ω_2' 的表达式，见式(5-5)、式(5-6)，并取其正值即可。

$$\omega_1' = \frac{J_1\omega_1 - J_2\omega_1 + 2J_2\omega_2}{J_1 + J_2} \tag{5-5}$$

$$\omega_2' = \frac{2J_1\omega_1 - J_1\omega_2 + J_2\omega_2}{J_1 + J_2} \tag{5-6}$$

由此得到了相邻 2 层“砌体梁”结构铰接块体回转过程中，当两者发生相互作用时，因载荷增量导致的“砌体梁”结构铰接块体回转运动速度的变化。如图 5-1 所示，对于 VBS-Ⅰ而言，该附加载荷 q_1' 增大了第 1 层“砌体梁”结构铰接块体 B_1 的回转角速度，对于 VBS-Ⅱ而言，则减缓了第 2 层“砌体梁”结构铰接块体 B_2 的回转角速度。以覆岩中存在 2 层“砌体梁”结构为例，即图 5-1 中，假设 VBS-Ⅰ和 VBS-Ⅱ2 层“砌体梁”结构破断块体厚度为 10 m，块体长度分别为 20 m 和 30 m，载荷层厚度均为 20 m。其中，“砌体梁”结构铰接块体转动惯量可用式(5-7)表示：

$$J = \int_S r^2 \times \mathrm{d}m = \int_0^L\int_0^h \rho(x^2 + y^2)\mathrm{d}x\,\mathrm{d}y = \frac{1}{3}\rho hL(h^2 + L^2) \tag{5-7}$$

由此可知，VBS-Ⅰ和 VBS-Ⅱ中铰接块体转动惯量 J_1 和 J_2 分别为

$$J_1 = \frac{2.5 \times 10^8}{3} \qquad J_2 = \frac{7.5 \times 10^8}{3} \tag{5-8}$$

其中，当 2 层“砌体梁”结构铰接块体不存在相互影响时，其各自回转角速度如图 5-2a 所示，其中 VBS-Ⅰ和 VBS-Ⅱ“砌体梁”结构铰接块体在回转角度 $\eta = 5.6°$ 时，铰接块体回转角速度一致，而当 $\eta < 5.6°$ 时，VBS-Ⅰ中铰接块体回转角速度大于 VBS-Ⅱ中铰接块体回转角速度，这也意味着在运动前期，两者的回转运动将会出现脱离现象，即 VBS-Ⅰ和 VBS-VⅡ中 B_1 和 B_2 之间出现一定量的离层，当图 5-2a 中 A 与 B 面积相同时，即铰接块体回转角度 $\eta = 5.6°$ 时，VBS-Ⅱ中铰接块体 B_2 将会追上 VBS-Ⅰ中铰接块体 B_1，两者在此位置将会发生相互作用，并出现 VBS-Ⅱ中铰接块体 B_2 施加于 VBS-Ⅰ中铰接块体 B_1 的附加载荷 q_1'，引起 VBS-Ⅰ中铰接块体 B_1 回转角速度增加，受此影响 VBS-Ⅱ中铰接块体 B_2 及 VBS-Ⅰ中铰接块体 B_1 的回转角速度变化如图 5-2b 所示。且在上述参数下，VBS-Ⅱ和 VBS-Ⅰ中铰接块体在整个回转运动过程中的速度如图 5-2b 所示。

附加载荷引起了回转角速度的增加，在该算例中当回转角度 $\eta = 8.6°$ 时上位“砌体梁”结构铰接块体 VBS-Ⅱ追上下位“砌体梁”结构铰接块体 VBS-Ⅰ，并产生了一定程度的压覆作用，形成了相应的附加载荷，进而增大了下位“砌体梁”结构 VBS-Ⅰ中铰接块体 B_1 的回转角速度。按照式(5-9)，利用附加载荷作用前后的回转角速度 ω_1 和 ω_1'，对此速度增幅进行了求解，计算结果如图 5-3a 所示。对比发现，由于此附加载荷的作用，块体 B_1 回转角速度增幅达到 30% ～ 42%。

$$\xi = \frac{\omega_1' - \omega_1}{\omega_1} \times 100\% \tag{5-9}$$

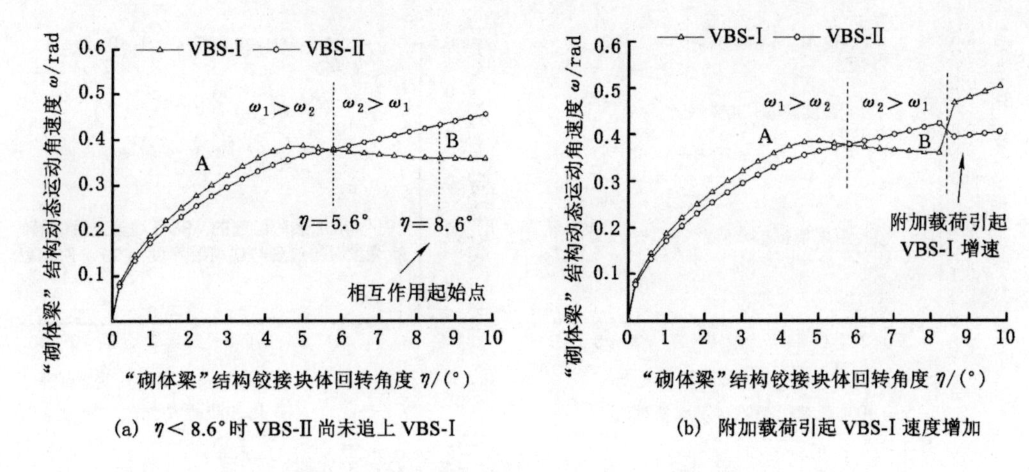

(a) $\eta<8.6°$ 时 VBS-Ⅱ尚未追上 VBS-Ⅰ　　(b) 附加载荷引起 VBS-Ⅰ速度增加

图 5-2 "砌体梁"结构铰接块体回转过程中 $\omega_2>\omega_1$ 引起的载荷传递(类型Ⅰ)

更进一步,准确求解上述附加载荷,对于评价上位关键层"砌体梁"VBS-Ⅱ中铰接块体 B_2 回转运动对采场矿压的影响程度至关重要。为此,本书详细论述了上述附加载荷 q_1' 的确定方法,并且给出了"砌体梁"结构铰接块体在回转过程中由于相互作用而引起的附加载荷 q_1' 的确定步骤,步骤如下:

第一步:基于第 2 章每 1 层"砌体梁"结构回转运动速度计算公式,计算获得每 1 层"砌体梁"结构铰接块体在其控制载荷作用下,整个回转运动过程中铰接块体在各个回转角度时回转角速度曲线,据此判断两层"砌体梁"结构铰接块体回转过程是否存在相互作用;此时分为 3 种情况:① 整个回转运动过程中,下位"砌体梁"结构铰接块体回转角速度大于上位"砌体梁"结构铰接块体回转角速度,即 $\omega_1>\omega_2$,此时两层"砌体梁"结构铰接块体不会出现相互作用;② 整个回转运动过程中,上位"砌体梁"结构铰接块体回转角速度大于下位"砌体梁"结构铰接块体回转角速度,即 $\omega_2>\omega_1$,此时两层"砌体梁"结构铰接块体会出现相互作用;③ 上、下位"砌体梁"结构铰接块体回转角速度曲线存在交叉,即回转角速度大于一定值时,两层"砌体梁"结构铰接块体会出现相互作用。

第二步:按照式(5-5)、式(5-6)、式(5-7),求解两层"砌体梁"结构铰接块体相互作用时,下位"砌体梁"结构铰接块体回转角速度 ω_1' 及回转角速度增幅 $(\omega_1-\omega_1')/\omega_1$。

第三步:对于相同"砌体梁"结构铰接块体尺寸参数下,设第 1 层、第 2 层"砌体梁"结构,其载荷层厚度分别为 H_1 和 H_2,受上位"砌体梁"结构的影响,下位"砌体梁"结构铰接块体回转角速度由 ω_1 增加为 ω_1'。依据第一步中的公式,在不改变"砌体梁"结构铰接块体尺寸参数,仅改变载荷层厚度的情况下,通过枚举法计算获得与附加载荷影响作用下,相同回转角度时回转角速度基本一致的载荷层厚度 H_1'。相应的附加载荷 q_1' 等效于载荷层厚度 H_1' 与 H_1 的差值,即 $H_1'-H_1$。

依据上述算例参数,经此 3 步计算可得其附加载荷 q_1' 等效于 10 m 载荷层厚度,即当回转角度为 8.6°时,第二层"砌体梁"结构 VBS-Ⅱ中铰接块体 B_2 对第 1 层"砌体梁"结构铰接块体 VBS-Ⅰ中块体 B_1 的压覆作用所引起的附加载荷,相当于额外增加了下位"砌体梁"结构 10 m 的载荷层厚度,即其载荷层厚度由 20 m 变为了 30 m,增幅为 50%,附加载荷计算结果如图 5-3b 所示。

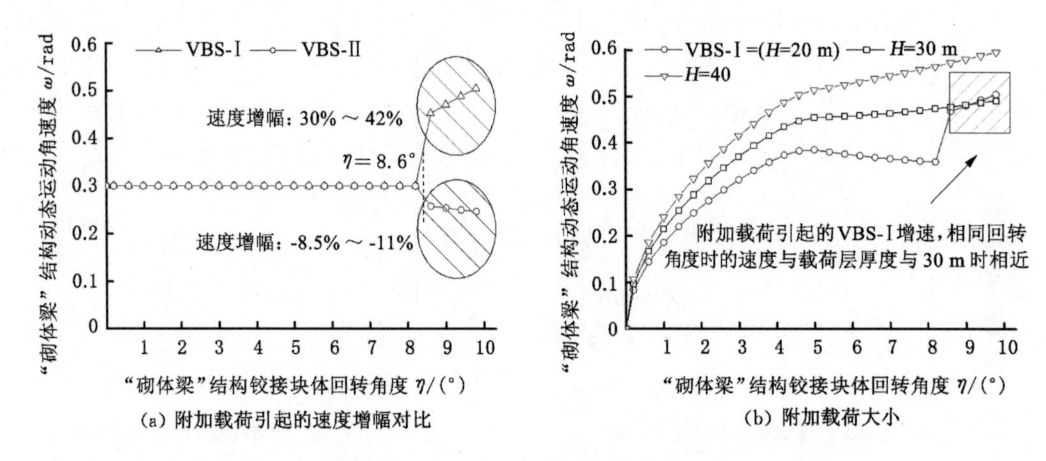

图 5-3 附加载荷引起的速度增幅及附加载荷大小(类型 Ⅰ)

前面讨论了两层"砌体梁"结构铰接块体在回转过程中，开始时下位"砌体梁"结构铰接块体回转速度较大，而上位"砌体梁"结构铰接块体回转速度较小，前期两者出现脱离的现象，此时不存在载荷传递的现象；在两者回转运动后期，上位"砌体梁"结构铰接块体回转速度加快，并追上下位"砌体梁"结构，通过对下位"砌体梁"结构块体产生压覆作用而传递载荷，增加下位"砌体梁"结构铰接块体回转速度。

除此之外，还存在一种载荷传递的形式，即在两层"砌体梁"结构铰接块体回转运动的整个过程中，上位"砌体梁"结构铰接块体回转速度比下位"砌体梁"结构铰接块体回转速度大，其载荷传递从"砌体梁"结构铰接块体回转开始已产生，而不存在上、下两层"砌体梁"结构铰接块体的追及问题。通过下面一个算例来说明此类情况。假设覆岩存在 VBS-Ⅰ和 VBS-Ⅱ两层"砌体梁"结构，破断块体厚度为 10 m，块体长度分别为 20 m 和 30 m，载荷层厚度分别为 20 m 和 40 m。通过前述分析可得，此两层"砌体梁"结构铰接块体在各自载荷及自重作用下的回转运动角速度如图 5-4a 所示。同理，依据式(5-8)计算获得两者转动惯量，分别见式(5-10)。

$$J_1 = \frac{2.5 \times 10^8}{3} \qquad J_2 = \frac{7.5 \times 10^8}{3} \tag{5-10}$$

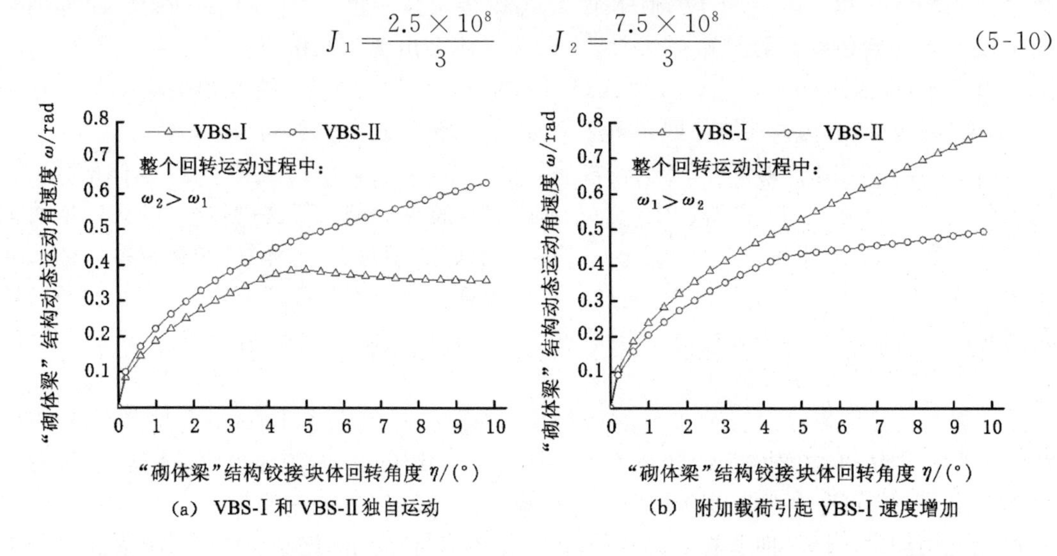

图 5-4 "砌体梁"结构铰接块体回转运动过程中 $\omega_2 > \omega_1$ 引起的载荷传递(类型 Ⅱ)

两者发生载荷传递作用引起速度变化后，回转角速度如图 5-4b 所示。在此载荷传递过程中，VBS-Ⅰ和 VBS-Ⅱ的回转角速度增量如图 5-5a 所示。对于 VBS-Ⅰ而言，其回转角速度的增加，在不同回转角度时，等效于载荷层厚度是变化的，即其附加载荷所对应的载荷层厚度是变化的。当回转角度 $\eta<4.5°$时，其附加载荷所对应的载荷层厚度为 20 m；当回转角度 $4.5°<\eta<6.2°$时，其附加载荷所对应的载荷层厚度为 30 m；当回转角度$6.2°<\eta<7.8°$时，其附加载荷所对应的载荷层厚度为 35 m；当回转角度 $\eta>7.8°$时，其附加载荷所对应的载荷层厚度为 40 m。由此可知，VBS-Ⅱ对 VBS-Ⅰ的压覆作用而引起的附加载荷，在不同回转角度时对应的大小不同，但总体上可以认为等效于 20～ 40 m，平均 30 m 岩层，其载荷增量为 150%，如图 5-5b 所示。

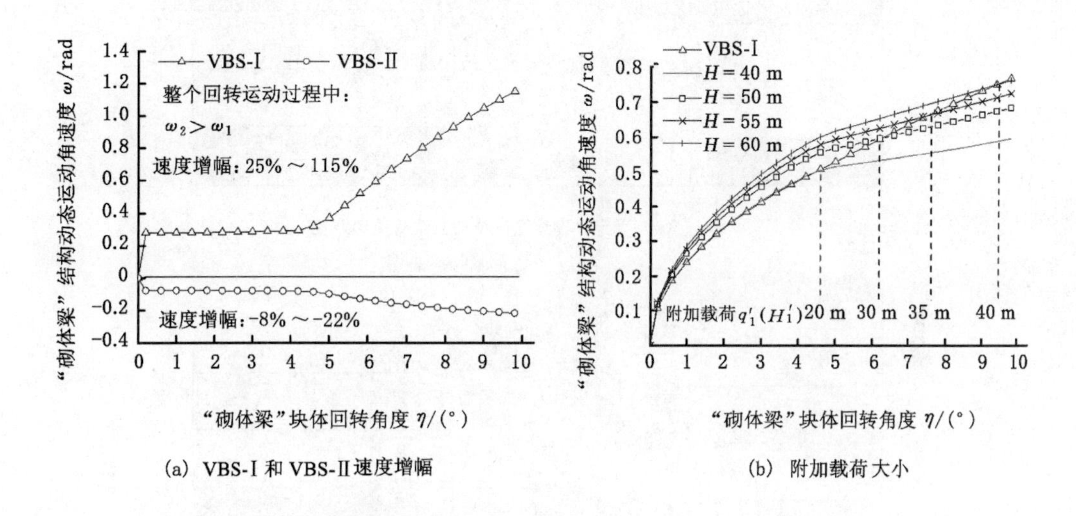

图 5-5　附加载荷引起的速度增幅及附加载荷大小(类型 Ⅱ)

5.1.2　"砌体梁"结构终态失稳时的载荷传递

"砌体梁"结构对采场矿压的影响主要表现为两个方面，一是"砌体梁"结构铰接块体回转运动速度的变化引起的矿压显现；二是"砌体梁"结构铰接块体回转运动结束后，其终态稳定性对于采场矿压显现的影响，即"砌体梁"结构的稳定性对采场矿压显现的影响。上一节论述了"砌体梁"结构铰接块体在回转运动过程中，两层"砌体梁"结构因速度差异而引起的载荷传递，并对该附加载荷进行了定量计算。本节主要针对"砌体梁"结构稳定性，以覆岩中两层"砌体梁"结构为例，研究上位关键层"砌体梁"失稳时对下位"砌体梁"结构形成的载荷传递及对矿压的影响。

按照岩层控制的关键层理论，稳定的"砌体梁"结构能够起到三铰拱的作用，将上覆载荷传递至工作面煤壁前方，以及后方采空区已垮冒的矸石上。以覆岩中两层"砌体梁"结构为例，此两层"砌体梁"结构将上覆载荷传递至前方煤体以及后方冒落岩石，其中上位"砌体梁"结构和下位"砌体梁"结构的载荷传递路径分别如图 5-6a 中虚线箭头所示。此时，若上位"砌体梁"结构受某些条件的影响，其破断块体难以相互铰接而形成稳定的"砌体梁"结构，这将导致原本由上覆"砌体梁"结构所控制的载荷，将会全部向下传递至下一层"砌体梁"结构，

其上覆载荷将变为 q_1+q_2，如图 5-6b 所示。这种情况下，若下位“砌体梁”结构，在双重载荷作用下不能继续保持稳定时，工作面将会由于“砌体梁”结构的失稳而出现动载矿压，甚至压架灾害。基于该载荷传递原理，文献[60,66]科学地解释了神东矿区浅埋煤层综采工作面在推过地表沟谷地形阶段，下煤层采煤工作面由上覆集中煤柱区进入房采煤柱区时普遍发生的工作面压架现象，本书对此不再赘述。

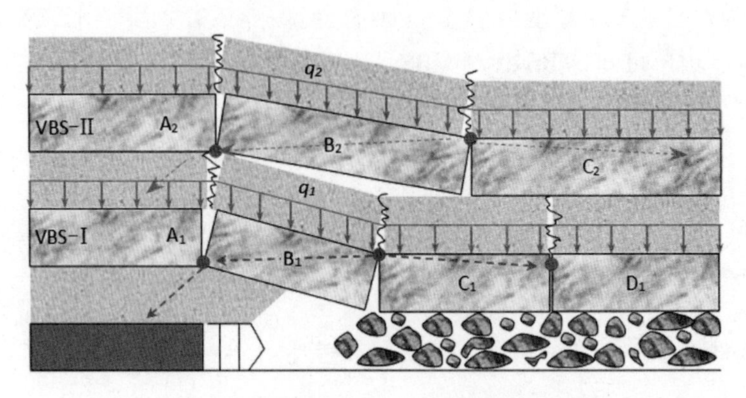

(a) 稳定“砌体梁”结构的载荷传递路径

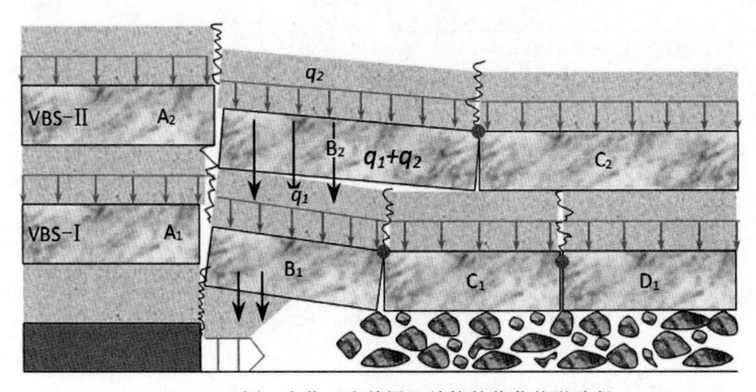

(b) 失稳“砌体梁”结构的载荷传递路径

图 5-6 “砌体梁”结构的载荷传递路径

5.2 关键层临界高度确定方法

本节主要从覆岩“砌体梁”结构是否能够保持稳定状态的角度，以采动覆岩裂隙带范围内的所有关键层破断后破断块体均相互铰接形成“砌体梁”结构为研究前提，论述影响采场矿压显现关键层临界高度的确定方法。具体实施步骤如下：

(1) 根据已有的导水裂隙带高度研究成果，基于覆岩关键层柱状判别结果，计算关键层位置距开采煤层高度，并判别关键层破裂裂缝是否贯通。如果关键层位置距开采煤层高度大于 7～10 倍采高，则该关键层破裂裂缝是不贯通的；如果该关键层位置距开采煤层高度小于 7～10 倍采高，则该关键层破断裂缝是贯通的，且受它控制的上覆岩层破裂裂缝也是贯通的。当覆岩主关键层位于7～10倍采高以内时，导水裂隙将发育至基岩顶部，这种情况下导水裂隙带高度等于或大于整个基岩厚度；当覆岩主关键层位于7～10倍采高以外时，导水裂隙将发育至7～10倍采高上方最近的一层关键层底部，导水裂隙带高度等于该关键层距开采煤层的高度。为便于叙述，以覆岩中2层关键层处于导水裂隙带高度范围内为例进行后续步骤的说明，且裂隙带范围内2层"砌体梁"结构分别记为SKS1(VBS-Ⅰ)、SKS2(VBS-Ⅱ)。值得说明的是，由于地质条件的多样性，当覆岩导水裂隙带高度内关键层数目增加，即导水裂隙带内存在3层、4层以及更多层"砌体梁"结构时，分析过程中相应的数学计算工作量增加，但其"自上而下，逐层分析"的研究思路不变。

(2) 根据上述(1)中覆岩导水裂隙带高度计算结果，认为覆岩导水裂隙带内所有关键层均发生破断，且破断块体相互铰接形成"砌体梁"结构。基于"砌体梁"结构的"S-R"稳定性判别准则，自上而下逐层判断各"砌体梁"结构在其自重及其所控制载荷作用下的稳定性，即分别计算VBS-Ⅱ、VBS-Ⅰ的稳定性。若VBS-Ⅰ、VBS-Ⅱ均能保持稳定，则需要借助于第2章中覆岩"砌体梁"结构铰接块体回转速度力学模型，求解计算2层"砌体梁"结构铰接块体回转角速度，通过VBS-Ⅰ、VBS-Ⅱ回转角速度的大小关系，判断在2层"砌体梁"结构铰接块体回转运动过程中是否存在载荷传递的现象；并且当存在载荷传递现象时，按照5.1.1节的内容进一步对载荷传递引起的附加载荷进行量化分析，最终获得2层"砌体梁"结构终态不失稳情况时影响采场矿压显现的关键层临界高度，以及量化VBS-Ⅱ对采场矿压显现的影响程度。显然，存在载荷传递，则意味着VBS-Ⅱ中铰接块体回转运动过程中，对VBS-VⅠ中铰接块体有一定程度的压覆作用，此时影响采场矿压显现的关键层临界高度即为SKS2。若不存在载荷传递，则意味着VBS-Ⅱ中铰接块体和VBS-Ⅰ中铰接块体在回转运动过程中处于脱离状态，仅VBS-Ⅰ中铰接块体的回转运动影响了采场矿压，此时影响采场矿压显现的关键层临界高度即为SKS1。

(3) 同(2)，根据上述(1)中已经计算获得的VBS-Ⅰ、VBS-Ⅱ的稳定性结果进行后续分析。若VBS-Ⅱ处于失稳状态，则意味着该层"砌体梁"结构自重及其所控制载荷将全部施加至下位"砌体梁"结构，即VBS-Ⅰ；此时再对VBS-Ⅰ结构稳定性进行分析，若VBS-Ⅰ处于失稳状态，则意味着上覆2层"砌体梁"结构均将对采场矿压显现产生影响，即影响采场矿压显现的关键层临界高度为SKS2，且2层"砌体梁"结构及其载荷均将全重施加于采场支架，矿压显现极其强烈。若VBS-Ⅰ处于稳定状态，此时则需要根据(2)中"砌体梁"结构铰接块体回转速度力学模型，将VBS-Ⅱ自重及其载荷考虑在内，计算VBS-Ⅰ中铰接块体回转运动速度，借助于回转角速度增量的对比，量化VBS-Ⅱ结构失稳和不失稳两种情况下，采场支架矿压显现程度的变化。此时，影响采场矿压显现的关键层临界高度也为SKS2，但是两者就影响程度而言，2层"砌体梁"结构失稳时更为显著，由此引发的采场矿压显现也更为强烈，工作面支架增阻速度、支架活柱下缩量也将更为显著。

至此，基于覆岩关键层判别结果，能够得到影响采场矿压显现的关键层临界高度的判别方法，为了更好地理解该方法，将计算步骤绘制为下述流程，如图5-7所示。

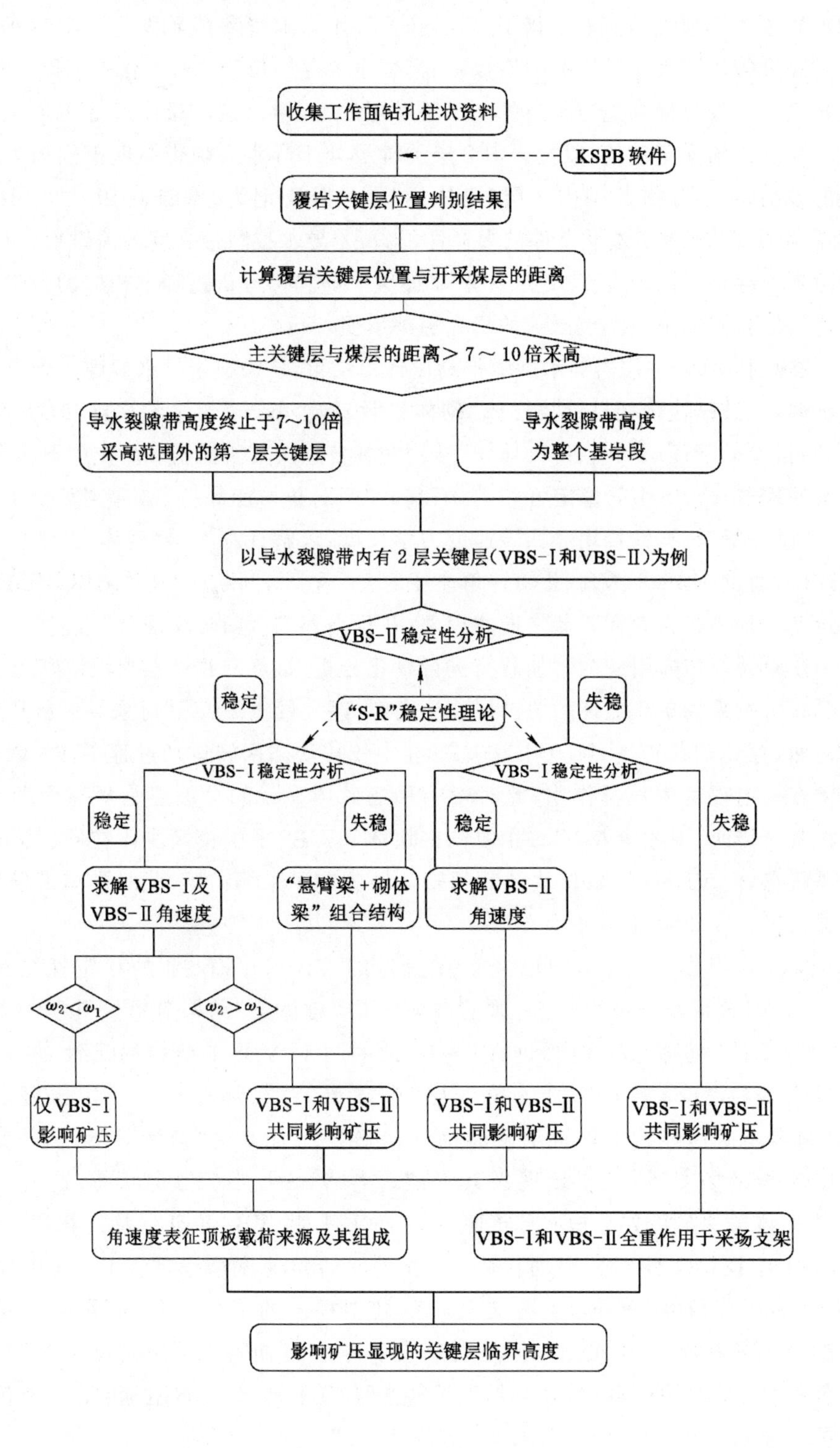

图 5-7　影响矿压显现的关键层临界高度判别流程

5.3 工程应用

基于前述研究成果，以神东矿区大柳塔煤矿 52304 综采工作面以及大同矿区同忻煤矿 8203 综放工作面为例，分析 2 种条件下影响采场矿压的覆岩关键层临界层位，并且通过现场矿压显现特征及其实测结果进行了验证。在现场监测方面，基于"关键层理论"，提出"岩层控制的'三位一体'监测方法"(专利号：201710492420.X)。"三位一体"监测方法，其内涵是将井下矿压、覆岩运移、地表沉陷 3 个空间位置的监测数据，以时间为联系纽带，建立覆岩关键层破断运动与采场矿压显现的时空对应关系。岩层控制的"三位一体"监测方法，为揭示覆岩中哪些关键层的破断运动会对采场矿压显现造成影响，明确影响矿压显现的关键层范围及其临界高度的研究工作提供了科学的监测思路及监测手段。

5.3.1 工程应用Ⅰ——厚风积沙强矿压显现机理研究

5.3.1.1 工作面开采地质条件

52304 工作面是神东矿区大柳塔煤矿 5^{-2} 号煤层三盘区首采工作面，煤层埋深 140～200 m，煤层厚度 6.6～7.3 m，平均厚度 7.0 m。52304 工作面上方为上煤层 22306 和 22307 工作面采空区，52304 工作面平面布置如图 5-8a 所示。52304 工作面地表广泛赋存风积沙，且沿工作间推进方向地表风积沙厚度变化较大，在工作面开切眼一侧以及推进距为 0～631 m区间内地表风积沙赋存厚度为 0～10 m，在沿工作面推进方向 631～736 m 区间内风积沙厚度逐渐增大至 40～50 m，如图 5-8b 所示。依据 52304 工作面钻孔取芯结果进行覆岩关键层判别，如图 5-8c 所示。52304 工作面面长 301 m，共布设有 152 架液压支架，每架液压支架上均配备有 PM32 压力监测系统，可自动记录随工作面推进支架的工作阻力变化情况。

5.3.1.2 薄、厚风积沙开采阶段工作面矿压显现特征

52304 工作面在初采段风积沙厚度较小区域，周期来压情况观测范围对应推进距为 150～450 m，累计观测跨度为 300 m。薄风积沙下开采期间，52304 工作面周期来压特征表现为两端 1～29 号支架及 121～151 号支架基本无来压，而工作面来压区域 30～120 号支架周期来压步距整体呈现"中间小、两端大"的特征；机头侧 30～35 号支架以及机尾侧 120 号支架附近区域平均来压次数仅为 15 次，平均来压步距为 27.1 m，平均持续长度为 2.5 m；机头一侧 40～50 号支架区域平均周期来压次数为 21 次，平均来压步距为 19.3 m，平均持续长度为 2.9 m；而机尾侧 60～110 号支架区域平均周期来压为 26 次，平均来压步距为 13.4 m，平均持续长度为 3.2 m。对支架的工作阻力情况进行统计，结果表明非来压期间支架的循环末阻力为 9584～12013 kN，平均为 10798 kN；周期来压时，支架循环末阻力为 15516～17293 kN，平均为 16404 kN；动载系数为 1.33～1.50，平均为 1.41。52304 工作面在初采段风积沙厚度较小区域开采过程中煤壁片帮现象较多，但片帮深度一般不大，为 200 mm 左右，端面漏冒现象不明显。同时，观测发现周期来压时安全阀开启率普遍在 50%以下，且安全阀开启时，乳化液一般为溢出，流量较小，支架活柱下缩量不大，一般均在 50 mm 以内。总体而言，52304 工作面在此区域矿压显现不明显。

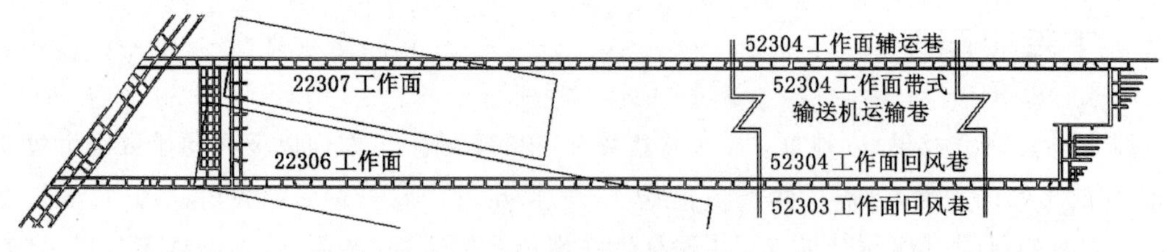

(a) 52304工作面平面图

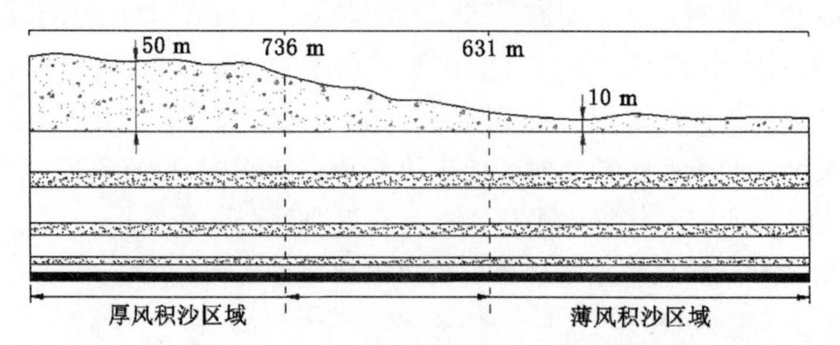

(b) 52304工作面地表风积沙厚度变化示意图

层号	厚度/m	埋深/m	岩性	关键层位置	岩层图例
35	10	10	风积沙		
34	4.8	14.8	泥岩		
33	3.6	18.4	砂质泥岩		
32	3.3	21.7	细砂岩		
31	7.1	28.8	粉砂岩		
30	4.4	33.2	细砂岩		
29	0.7	33.9	粉砂岩		
28	4.3	38.2	粗砂岩		
27	3.3	41.5	砂质泥岩		
26	3.4	44.9	粉砂岩		
25	4.2	49.1	粗砂岩		
24	2.0	51.1	砂质泥岩		
23	13.4	64.5	中砂岩	关键层	
22	5.2	69.7	粉砂岩		
21	4.8	74.5	粉砂岩		
20	5.2	79.7	粗砂岩		
19	3.0	82.7	中砂岩		
18	4.8	87.5	粉砂岩		
17	4.1	91.6	泥岩		
16	2.8	94.4	粉砂岩		
15	3.5	97.9	砂质泥岩		
14	9.5	107.4	细砂岩	关键层	
13	2.8	110.2	粉砂岩		
12	1.9	112.1	中砂岩		
11	4.9	117.0	细砂岩		
10	3.1	120.1	中砂岩		
9	4.5	124.6	泥岩		
8	3.8	128.4	细砂岩		
7	2.7	131.1	砂质泥岩		
6	2.6	133.7	粉砂岩		
5	4.5	138.2	砂质泥岩		
4	5.7	143.9	粉砂岩	关键层	
3	3.2	147.1	砂质泥岩		
2	3.8	150.9	泥岩		
1	3.2	154.1	粉砂岩		
0	7.2	161.3	煤层		

(c) 52304工作面覆岩关键层判别结果

图 5-8　52304 工作面地表风积沙赋存情况及覆岩关键层判别结果

52304 工作面在推进 700 m 以后进入地表赋存风积沙厚度较大区域，此期间周期来压时安全阀开启率较高，普遍在 60%以上，明显高于薄风积沙赋存区域。工作面支架阻力分布具有明显的分区特征，而工作面 30～140 号支架区域来压期间支架工作阻力普遍达到或超过额定工作阻力，来压现象显著。煤壁来压及非来压期间片帮深度统计结果显示，非来压期间片帮深度在 300～500 mm 以内的占 82.3%，而来压期间片帮深度在 300～800 mm 以内的占 80.7%。支架的活柱下缩量是反映工作面矿压显现的一个重要指标，工作面推过厚风积沙开采阶段时，通过井下观测发现工作面液压支架安全阀泄液现象十分明显，尤其是工作面中部区域 50～110 号支架在工作面来压时，安全阀开启时乳化液通常呈喷泉状涌出，有时甚至喷射而出，单刀活柱下缩量达到 200 mm 以上的情况普遍存在，且连续几个采煤循环支架活柱下缩量均较大，在连续推进 4～6 刀后，工作面累计活柱下缩量可达 1200～1500 mm，导致工作面来压结束时支架有效支撑高度大幅度减小，局部区域影响采煤机组正常通行，矿压显现极为强烈。

综上可知，风积沙厚度的增加使得 52304 工作面矿压显现更为强烈，通常认为，此类强烈矿压显现应该与“砌体梁”结构失稳有关。然而，由“砌体梁”结构失稳而导致的矿压显现通常使井下工作面支架活柱突发性短时间内急剧下缩，甚至支架完全压死，对应地表常易出现台阶下沉现象，如图 5-9a 所示。而上述实测结果显示，厚风积沙下开采时周期来压期间每个采煤循环支架活柱仅 200～400 mm 的下缩量，直到累计 4～6 个循环后，活柱累计下缩量才达到 1500 mm，且厚风积沙开采区域对应地表并未出现明显的台阶下沉，而是呈现成组的张开裂缝，如图 5-9b、图 5-9c 所示。

(a) “砌体梁”结构失稳引起地表台阶下沉　　(b) 厚风积沙区域地表的张开裂缝

(c) 薄风积沙区域地表的张开裂缝

图 5-9　“砌体梁”结构失稳引起的台阶下沉和 52304 工作面地表的张开裂缝

由工作面来压支架活柱下缩规律及工作面来压时地表裂缝发育特征，可知 52304 工作面地表厚风积沙区域出现的强矿压显现并非由于“砌体梁”结构失稳所致，此时对“砌体梁”结构失稳进行解释已不再适用。那么，它是否是上位“砌体梁”压覆下位“砌体梁”结构增加下位“砌体梁”结构铰接块体回转速度，进而增加采场矿压显现强度呢？也就是说，是否有可能52304工作面在厚风积沙区域参与影响采场矿压显现的覆岩范围（关键层临界高度）要显著大于厚风积沙区域参与影响采场矿压显现的覆岩范围。下文通过计算覆岩“砌体梁”结构铰接块体回转速度，探索此时影响52304工作面矿压显现的关键层临界高度。

5.3.1.3 影响矿压的关键层临界高度

1.“砌体梁”结构稳定性分析

首先，计算确定覆岩关键层破断块体的结构形态。关键层破断后，若由于采出空间即铰接块体回转空间过大，关键层破断块体将难以形成铰接结构，形成“悬臂梁”结构；若破断块体能够相互铰接，将形成“砌体梁”结构。关键层破断块体形成“砌体梁”结构还是“悬臂梁”结构，可以通过式(5-11)进行判断。结合开采条件，求得关键层破断块体的实际回转量并代入式(5-12)。若实际关键层破断块体实际回转量小于允许下沉量，则关键层破断块体将形成“砌体梁”结构，反之若实际关键层破断块体实际回转量大于允许下沉量，破断块体将会由于回转量过大而形成“悬臂梁”结构，借助于式(5-11)即可进行关键层破断块体结构形态的判定。

$$\Delta_{\max}=M+(1-K_{\mathrm{P}})\Delta\begin{cases}\leqslant h-\sqrt{\dfrac{2ql^2}{\sigma_{\mathrm{c}}}} & \text{“砌体梁”结构}\\[2ex] > h-\sqrt{\dfrac{2ql^2}{\sigma_{\mathrm{c}}}} & \text{“悬臂梁”结构}\end{cases}\tag{5-11}$$

式中 $\Delta_{\max}$——关键层破断块体允许回转量；

M——工作面采高；

K_{P}——冒落带岩石碎胀系数；

Δ——冒落岩石总厚度。

$$\zeta=h-\sqrt{\frac{2ql^2}{\sigma_{\mathrm{c}}}}\tag{5-12}$$

式中 ζ——“砌体梁”结构铰接块体最大回转量；

h——关键层厚度；

l——关键层破断块体长度，即关键层断裂步距；

q——关键层自重及其上覆载荷；

σ_{c}——关键层破断岩块抗压强度。

结合52304工作面钻孔柱状相关参数，冒落岩石碎胀系数取值为1.25，依据河南理工大学李化敏教授针对神东矿区不同矿井不同深度岩性物理力学参数实测的统计结果，关键层破断块体抗压强度取值为60 MPa。依据前述判别标准计算可得52304工作面上覆岩层3层关键层结构中，亚关键层1呈现“悬臂梁”结构，亚关键层2呈现“砌体梁”结构，主关键层呈现“砌体梁”结构。

2.“砌体梁”结构块体回转速度

基于第2章的“砌体梁”结构块体回转速度方程，考虑到工作面出现的大小周期来压现象，依据矿压显现实测结果KS1、KS2破断块体长度分别取15 m和25 m。鉴于浅埋煤层开采中主关键层对地表的控制作用极为显著，因此覆岩主关键层破断步距则根据地表裂缝的间距进行取值，其中厚风积沙区域开采时主关键层破断步距取 30 m，薄风积沙区域开采时主关键层破断步距取 55 m。结合表 5-1、表 5-2 中的相关参数，计算厚、薄风积沙区域 PKS 及 KS2“砌体梁”结构铰接块体回转角速度，如图 5-10 所示。考虑到 KS1 进入冒落带，未形成“砌体梁”结构，此处不予计算。

表 5-1　厚、薄风积沙区域关键层上覆载荷组成

类别	密度 ρ/(kg·m^{-3})		厚度 H/m	
	岩层	风积沙	岩层	风积沙
PKS_h	2500	2000	51.1	50
PKS_b	2500	2000	51.1	0
KS2	2500	—	50.8	—

表 5-2　厚、薄风积沙区域关键层破断回转角速度计算参数

类别	密度 ρ/(kg·m^{-3})	重力加速度 g/(m·s^{-2})	块体长度 L/m	最大回转角 θ/(°)
PKS_h	2500	10	30	8.92°
PKS_b	2500	10	55	4.85°
KS2	2500	10	25	10.72°

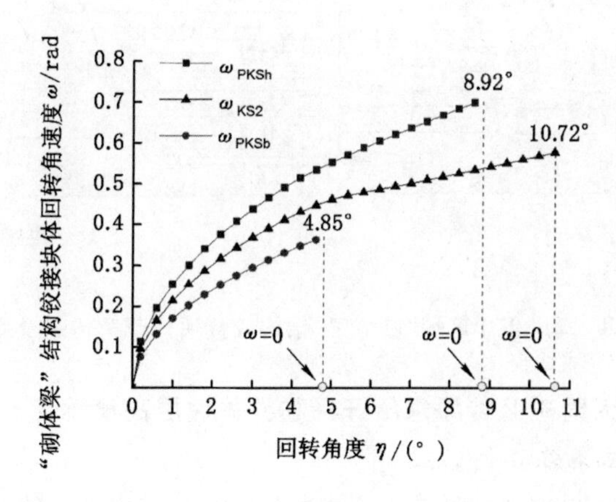

图 5-10　52304 工作面薄、厚风积沙区域 PKS、KS2“砌体梁”结构铰接块体回转角速度

图 5-10 表明，风积沙厚度的增加，不仅增大了覆岩主关键层承担的载荷，而且减小了主关键层破断步距，引起了覆岩主关键层的“砌体梁”结构铰接块体回转速度发生变化。厚风积沙区域覆岩主关键层的“砌体梁”结构铰接块体回转角速度(ω_{PKSh})大于下部亚关键层(KS2)“砌体梁”结构铰接块体回转角速度(ω_{KS2})，即 $\omega_{KS2} > \omega_{PKSb}$。薄风积沙区域覆岩主关键层破断运动角速度($\omega_{PKSb}$)小于下部亚关键层(KS2)“砌体梁”结构铰接块体回转角速度。基于理论分析及相似模拟结果可知，52304 工作面薄风积沙区域主关键层 PKS“砌体梁”结

构铰接块体回转过程中，不会对KS2“砌体梁”结构铰接块体产生压覆作用，主关键层及其载荷不会传递至采场顶板。KS2“砌体梁”结构铰接块体上覆载荷仅为其控制岩层载荷，回转运动速度较慢，此时影响采场矿压显现的仅为KS1和KS2及其控制的岩层，即影响采场矿压显现的关键层高度为KS2，如图5-11a所示。而厚风积沙区域PKS“砌体梁”结构铰接块体回转运动，将会压覆KS2“砌体梁”结构铰接块体，PKS及其上覆载荷将会传递至KS2“砌体梁”结构铰接块体，导致KS2“砌体梁”结构铰接块体回转速度增加，此时影响采场矿压显现的不仅是KS1和KS2及其控制的岩层，还包括覆岩主关键层及其控制的载荷(控制的岩层及地表风积沙)，即影响采场矿压显现的关键层高度为覆岩主关键层PKS，如图5-11b所示。因此，相较于薄风积沙区域，厚风积沙区域下工作面开采时KS2“砌体梁”结构铰接块体回转角速度大，导致工作面顶板压力大且顶板下沉速度快，故周期来压期间每个采煤循环支架活柱下缩量显著增大，且直至来压结束前的连续多个采煤循环均伴随着较大的支架活柱下缩量，矿压显现强烈。

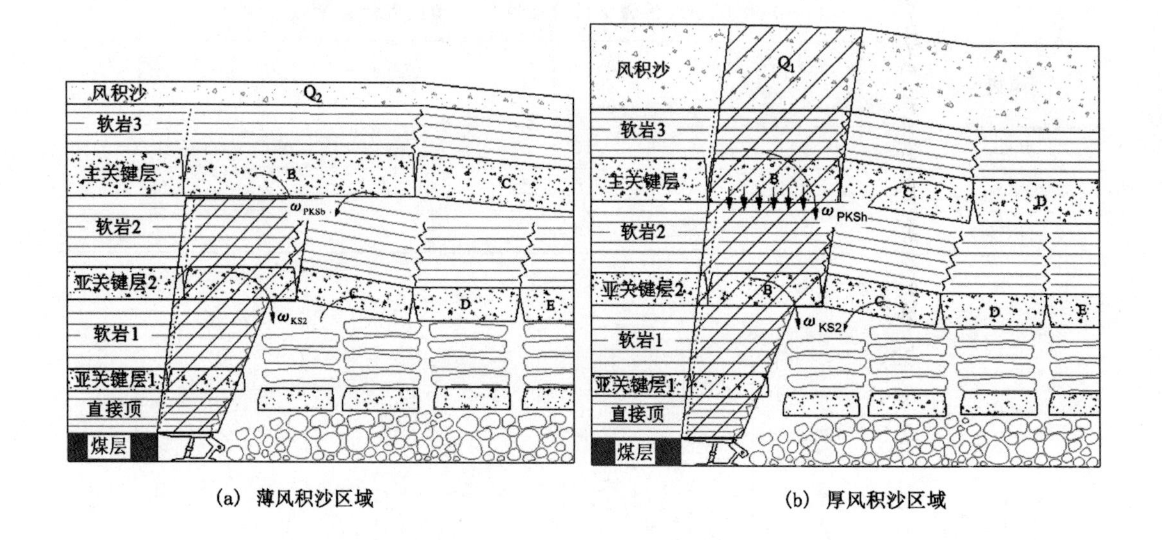

图5-11　52304工作面薄、厚风积沙区域“砌体梁”结构铰接块体载荷传递及影响矿压的覆岩范围

5.3.2　工程应用Ⅱ——大同矿区特厚煤层开采临界关键层高度确定

5.3.2.1　工作面开采地质条件

大同矿区是中国14个亿吨级煤炭生产基地之一，下属塔山、同忻煤矿生产能力高达20 Mt/a，是中国安全高效的示范矿井。目前大同矿区主采石炭系3-5号煤层，厚度12～23 m，平均厚度16 m，属特厚煤层，采用大采高综放开采技术。在特厚煤层开采过程中，工作面频发冒顶、支架活柱急剧大幅度下缩，压架等强矿压事故如图5-12所示，严重制约了矿井的安全高效生产。据不完全统计，自2008年特厚煤层开采以来，仅塔山、同忻两处矿井累计发生强矿压显现次数达80次，导致工作面停产总时长约100天，经济损失逾1亿元。探究影响采场矿压显现的关键层临界高度，明确采场强矿压显现机理，是目前大同矿区特厚煤层开采亟待解决的重大难题。基于本书内容，结合“岩层控制的‘三位一体’”监测方法，以建

立关键层破断运动与采场矿压显现的对应关系，获得影响采场矿压显现的关键层临界高度，并验证理论计算结果。

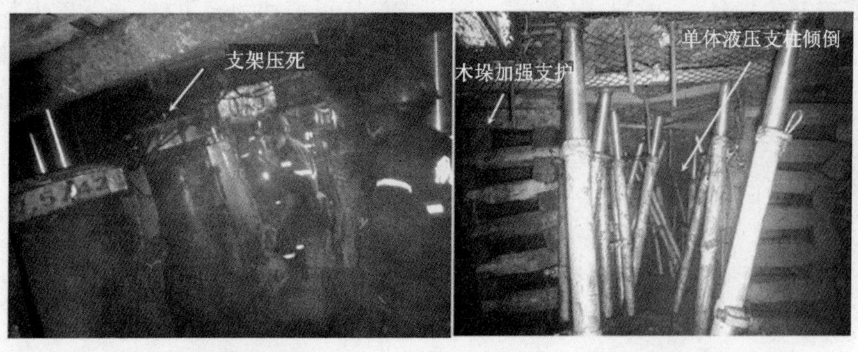

(a) 工作面支架压力　　(b) 工作面巷道破坏

图 5-12　大同矿区特厚煤层强矿压显现

试验矿井为大同矿区同忻煤矿，试验工作面为二盘区首采工作面，即 8203 工作面。8203 工作面开采石炭系 3-5 号特厚煤层，采煤机割煤高度为 3.9 m，放煤高度为 12 m。工作面煤层倾角为 1°～3°，面宽 200 m。根据关键层判别软件 KSPB，可得 8203 工作面中覆岩关键层位置，如图 5-13 所示。结合影响采场矿压的关键层临界高度判别流程，判断覆岩导水裂隙带高度，采高以 16 m 计算，可知覆岩主关键层处于－340 m 层位之下。因此，主关键层也将破断形成“砌体梁”结构。

层号	厚度/m	深度/m	岩层岩性	标记	图例	
46	0.80	316.93	煤层			
45	0.85	317.78	粉砂岩			
44	0.75	318.53	细砂岩			
43	4.00	322.53	粉砂岩			
42	2.85	325.38	细砂岩			
41	3.60	328.53	中砂岩			
40	1.00	329.98	粉砂岩			
39	0.90	330.88	细砂岩			
38	0.95	331.83	粗砂岩			
37	2.70	334.53	煤层			
36	0.35	334.88	砂质泥岩			
35	1.70	336.58	煤层			
34	2.75	339.33	粗砂岩			
33	2.72	342.05	粗砂岩			
32	8.30	350.35	粉砂岩			No.4 锚爪(-345 m)
31	1.20	351.55	粗砂岩			
30	8.37	359.92	粉砂岩			
29	2.10	362.02	中砂岩			
28	23.27	385.29	粗砂岩	PKS		No.3 锚爪(-370 m)
27	1.55	386.84	粗砂岩			
26	1.15	387.99	粉砂岩			
25	4.75	392.74	中砂岩			
24	2.97	395.71	粗砂岩			
23	8.58	404.29	粉砂岩	SKS3		
22	1.30	405.59	细砂岩			
21	2.51	408.10	中砂岩			
20	2.60	410.70	细砂岩			
19	10.1	420.80	粉砂岩			
18	9.57	430.37	粗砂岩	SKS2		No.2 锚爪(-423 m)
17	1.95	432.32	粗砂岩			
16	0.50	432.82	煤层			
15	2.00	434.82	粉砂岩			
14	0.77	435.59	中砂岩			
13	4.86	440.45	粉砂岩			
12	1.90	442.35	粗砂岩			
11	6.55	448.90	粉砂岩			
10	1.36	450.26	砂质泥岩			
9	1.50	451.76	煤层			
8	2.38	454.14	砂质泥岩			
7	12.12	466.26	粉砂岩	SKS1		No.1 锚爪(-460 m)
6	0.60	466.86	煤层			
5	1.90	468.76	砂质泥岩			
4	1.90	470.66	煤层			
3	4.60	475.26	粉砂岩			
2	3.30	478.56	煤层			
1	1.60	480.16	砂质泥岩			
0	21.02	501.18	煤层			

图 5-13　8203 工作面覆岩关键层判别结果

5.3.2.2　“三位一体”监测方案及结果

1.“三位一体”监测原理及监测方案

特厚煤层综放开采，一次采出空间大，覆岩垮裂范围广，更大范围内的关键层的破断运动将会参与影响采场矿压。这种条件下，局限于基本顶(覆岩第一层亚关键层)主导控制采场矿压显现的经典矿压控制理论将不能够完全解释新的采场矿压现象，这就要求必须考虑更大范围，甚至整个覆岩范围内所有关键层破断运动对于采场矿压显现的影响。鉴于此，提出了“岩层控制的‘三位一体’监测方法”。其科学内涵可表述为将下自“井下矿压”，中至“覆岩运移”，上到“地表沉陷”3 个空间位置监测数据，以时间为联系纽带，建立同一时刻的三者的时空对应关系，形成了井上下全地层一体化研究思路，“三位一体”监测原理如图 5-14 所示。

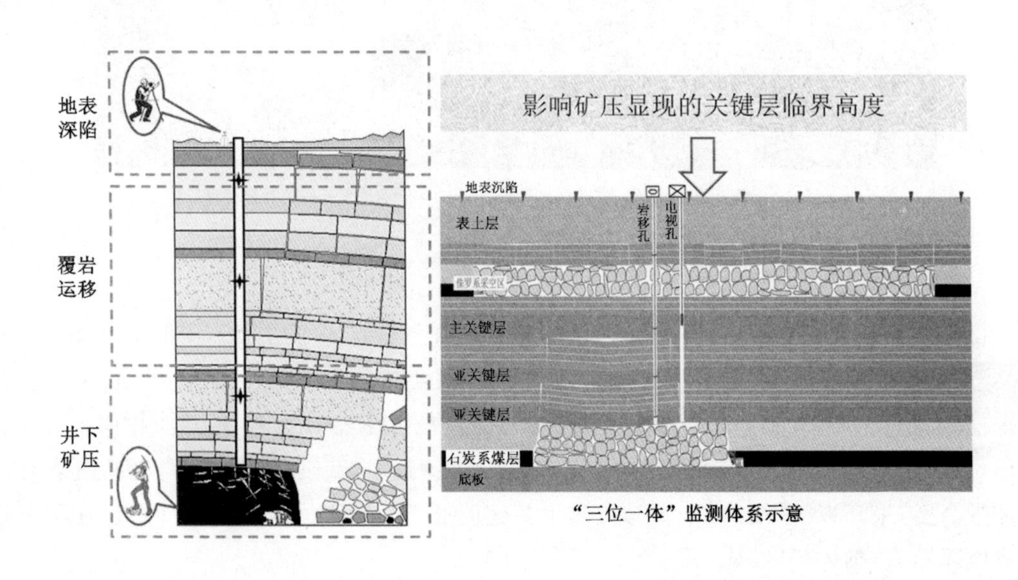

图 5-14　特厚煤层综放开采“三位一体”监测原理示意图

“三位一体”监测方法中，包含井下矿压、覆岩运移、地表沉陷的监测。其中井下矿压监测通过在井下工作面液压支架上安装压力监测仪，实时监测工作面液压支架阻力的变化。8203 工作面压力监测仪布置在 5 号、15 号、25 号、35 号、45 号、55 号、65 号、75 号、85 号、95 号、105 号、115 号液压支架，共计布置 12 个测站，压力监测仪布置平面如图 5-15a所示。覆岩运移监测主要通过在地面钻孔内部安装“覆岩内部多点位移计”进行。覆岩内部多点位移计主要包括锚爪、高强度钢丝绳、气动系统、磁电计米器、数据显示及存储等构件。安装时，首先将锚爪下放至孔内预安装位置，通过气动系统将锚爪从气筒内喷出，锚爪弹开并嵌入钻孔孔壁，以此将锚爪固定于关键层。其次，将连接锚爪的高强度钢丝绳的另一端固定于位于孔口的磁电计米器上，并将读数重置归零。当关键层发生破断运动带动锚爪运动时，通过高强度钢丝绳的传递作用，磁电计米器能够准确地识别锚爪的下沉运动量，精度为 1 mm。最后，磁电计米器将采集到的数据实时传输到存储单元，以便于研究人员读取。岩层移动监测原理及相关构件分别如图 5-15b 至图 5-15e 所示。其中，8203 工作面中 No.1 钻孔为岩层移动观测孔，No.1 钻孔中共装设 4 个锚爪，各锚爪深度分别为：−460 m、−423 m、−375 m、−345 m。S_1 和 S_2 分别表示 8203 工作面与 No.1 钻孔和 No.2 钻孔的距离。

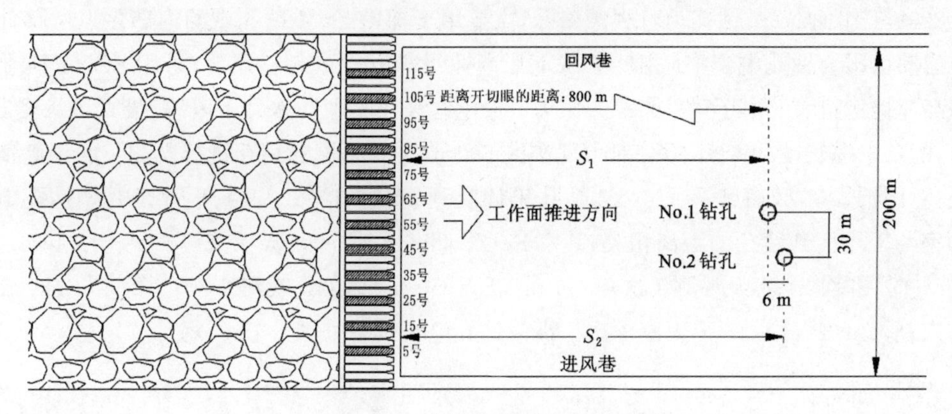

(a) 8203工作面压力监测仪布置示意图

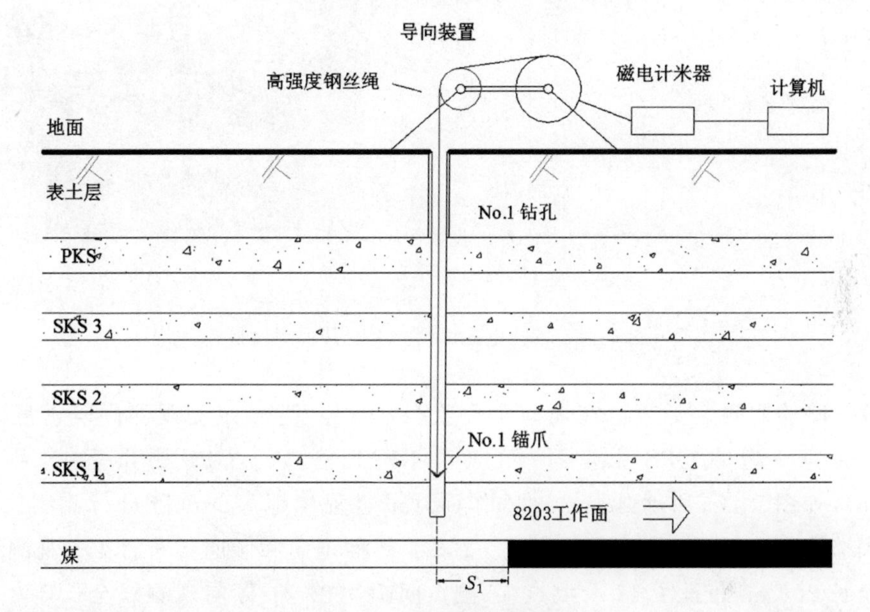

(b) 岩层移动监测原理

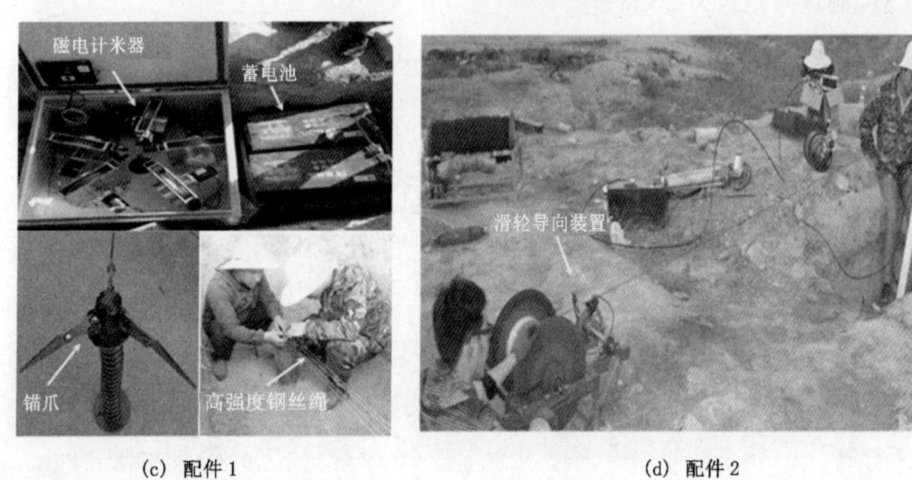

(c) 配件 1　　(d) 配件 2

图 5-15　8203 工作面矿压及覆岩运移监测

8203 工作面 No.2 钻孔为电视观测孔，主要用于辅助 No.1 钻孔中的内部多点位移计观测覆岩运动情况。钻孔电视搭载 15 寸 SONY 专业级高分子液晶显示屏，采用 SONY 工业级宽动态高速摄像机，1200 万静态像素。探头下放电缆采用专业防水井下电缆，最大可承受200 kg 拉力，配备电缆长度 600 m，适合对大同矿区 500 m 左右采深的钻孔进行观测。利用高清钻孔电视，对同忻煤矿 8203 工作面 No.2 钻孔累计观测 30 次，观测时间跨度 6 个月。钻孔电视观测频率与工作面到钻孔的距离相关，其中 $S_2<-200$ m 时，平均 5 天观测 1 次；-200 m$<S_2<-50$ m 时，平均 2～3 天观测 1 次；-50 m$<S_2<50$ m 时，1 天观测 1 次；$S_2>50$ m 时，2 天观测 1 次；$S_2>200$ m 时，3 天观测 1 次。高清钻孔电视设备如图 5-16 所示。

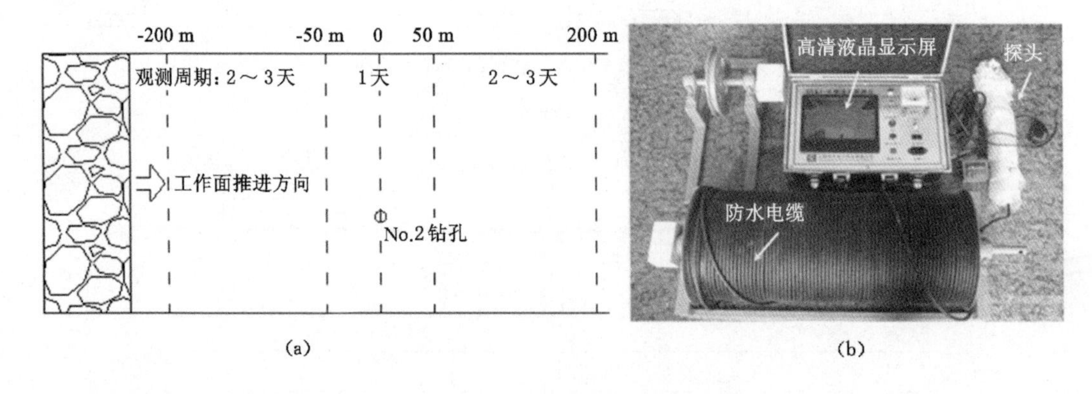

图 5-16　钻孔电视观测方案及其观测设备

地表沉陷的监测主要通过在地面布置监测木桩，设置一定的观测间隔密度，借助于精度高、便携易测的 GPS 测量系统（风云 K98T 型静态 GPS 测量系统，测量误差 ±10 mm），如图 5-17a 所示，对 8203 工作面开采过程中地表的沉降进行监测。8203 工作面地表监测点如图 5-17b 所示。其中 8203 工作面走向和倾向各布置 1 条观测线，走向观测线全长 200 m，布设了 11 个测点，各测点间距约 20 m；倾向观测线全长 780 m，布设了 24 个测点，测点间距约为 30 m。

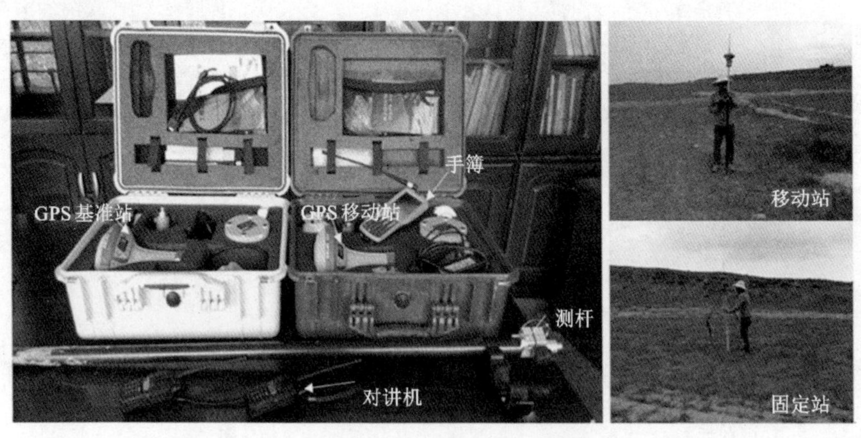

(a) 风云 K98T 型静态 GPS 测量系统

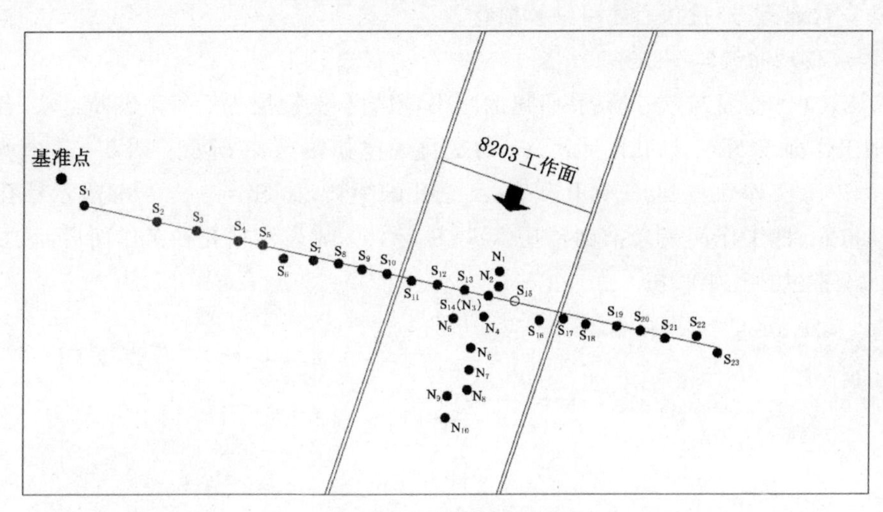

(b) 8203工作面地表沉陷监测点

图 5-17 地表沉陷观测设备及 8203 工作面地表沉陷监测点

2."三位一体"监测结果

1) 工作面支架阻力监测结果

通过压力监测仪对同忻煤矿 8203 工作面推进 No.1 钻孔和 No.2 钻孔前后一段距离内支架阻力及采场矿压显现情况跟班观察，并且进行了详细记录，见表 5-3。

表 5-3 8203 工作面 No.1 钻孔附近采场矿压显现记录

编号	时间	来压范围	持续长度/m	活柱下缩量/mm	煤壁片帮深度及冒顶情况	来压强度评价
1	9 月 8—9 日	25～55 号	2.4	100～200	片帮 0.5 m 左右，无冒顶	一般
2	9 月 13—14 日	35～65 号	2.4	100～200	片帮 0.5 m 左右，无冒顶	中等
3	9 月 17—18 日	35～95 号	3.2	800～1100	片帮 1.5～2 m，冒顶 1.5～2 m	强烈
4	9 月 21—23 日	45～95 号	4.8	200～350	片帮 0.5～0.8 m，无冒顶	中等
5	9 月 24—26 日	25～85 号	2.4	100～200	片帮 0.5 m 左右，无冒顶	一般
6	9 月 28—29 日	35～88 号	3.2	700～900	片帮 1.5 m 左右，无冒顶	强烈

除上述记录到的现象之外，9 月 17 日发生的来压还有以下典型的特点：

(1) 液压支架阻力大，部分支架阻力达到 47 MPa，远高于正常来压时的安全阀开启压力 41 MPa，安全阀多数被损坏，部分支架液压缸损坏。这表明此次来压中顶板载荷极大，迫使支架活柱大幅度急剧下缩，需要快速排出乳化液，而液压支架液压缸安全阀最大流量较小，难以将乳化液及时排出，造成了支架阻力大于安全阀开启压力，以及液压支架安全阀、液压缸出现不同程度的损害。

(2) 65—80 号支架活柱下缩量高达 1100 mm，支架支撑高度大幅度减小，该区域采煤机组无法正常通行，经挑顶后才可继续前行。

2) 岩层移动曲线监测结果

随着 8203 工作面与 No.1 钻孔距离的减小，覆岩各关键层先后发生破断运动，各岩层破断运动随工作面与 No.1 钻孔的距离 S_1 的变化规律如图 5-18 所示。图 5-15a 中 S_1 和 S_2 分别表示 8203 工作面与 No.1 钻孔和 No.2 钻孔的距离，如 $S_1=-100$ m 表示钻孔在工作面前方 100 m，即工作面尚未推到钻孔位置；$S_1=100$ m 表示钻孔在工作面后面 100 m，即工作面已经推过钻孔 100 m。

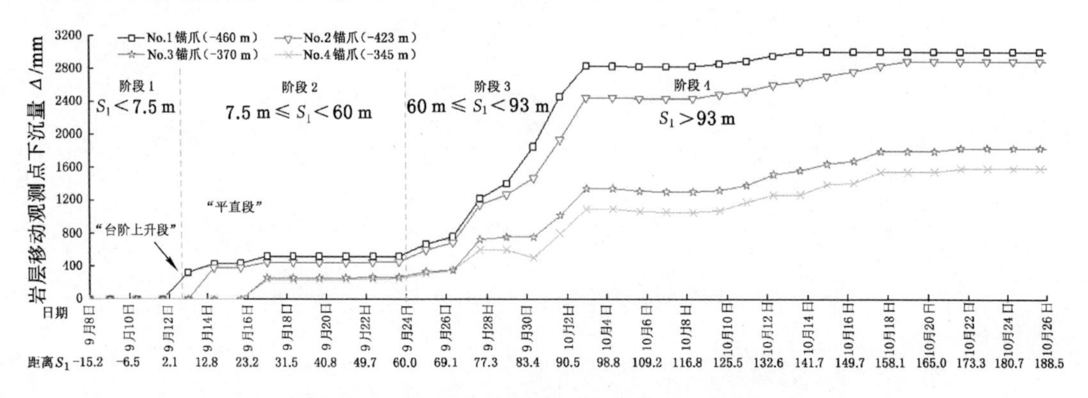

图 5-18　8203 工作面 No.1 钻孔覆岩移动观测结果

由图 5-18 可以看出，No.1 钻孔处覆岩关键层破断运动可分为 4 个阶段：

阶段 1：$S_1<7.5$ m 时，覆岩各关键层尚未破断，此时各关键层位移为零。

阶段 2：7.5 m $\leqslant S_1<60$ m 时，覆岩中各关键层先后破断并运动，各关键层的运动呈现显著的"台阶上升＋平直段"的特征。关键层破断瞬间或者较短时间内，锚爪随着关键层的下沉而出现位移快速增加，岩移数据呈现"台阶上升"的特征；而关键层破断块体在回转运动过程中，随着相互挤压作用的增大而出现暂时稳定的情况，直至上位关键层的破断及其运动打破该状态，在关键层破断块体处于暂时稳定或者关键层尚未破断的时间内岩移数据呈现"平直段"的特征。

阶段 3：60 m $\leqslant S_1<93$ m 时，覆岩各关键层发生新一次破断，原来回转运动已经结束的块体进一步反向回转运动，覆岩内部各关键层下沉量进一步增大。

阶段 4：$S_1>93$ m 时，随着工作面继续向前推进，上覆岩层的下沉运动对采空区冒落矸石的压缩作用愈发显著，引起岩移测点下沉量进一步增加。

由岩移观测结果可以看出，工作面上覆各关键层在工作面推过钻孔约 7.5 m 后自下而上发生破断运动；在工作面推过 No.1 钻孔 7～93 m 期间，为岩层运动的活跃期，该阶段内岩层运动与采场矿压显现密切相关，特别是在工作面推过 No.1 钻孔 7.5～60 m 期间，此时工作面支架完全处于 No.1 钻孔附近覆岩中关键层破断块体的下方，深入分析该阶段岩层移动实测数据建立岩层破断运动与采场矿压显现的时空对应关系，探寻特厚煤层综放工作面强矿压显现发生机理的关键时期；在工作面推过钻孔 93 m 后，No.1 钻孔处岩层运动趋于稳定，而后在岩层自重及上覆岩层载荷作用下呈现整体缓慢下缩的现象，此阶段岩层位移数据不再出现“台阶上升”的现象，而呈现逐渐缓慢增加的特征。

3）钻孔电视观测结果

依据关键层理论可知，关键层破断运动时，受其控制的岩层将会同步发生破断运动。当关键层发生破断时，在钻孔内部该破断关键层所控制的软岩层的顶界面将会产生一定量的错动现象，错动量记为δ，钻孔错动原理如图 5-19a 所示，现场对 No.2 钻孔的实测结果和相似模拟实验中观测到钻孔错动的现象，如图 5-19b、图 5-19c 所示。由图 5-19a 可知，钻孔错动位置一般多发生于上一层尚未破断的关键层底界面，这一点也得到了 No.2 钻孔电视实测结果的验证，实测结果如图 5-19d 所示。

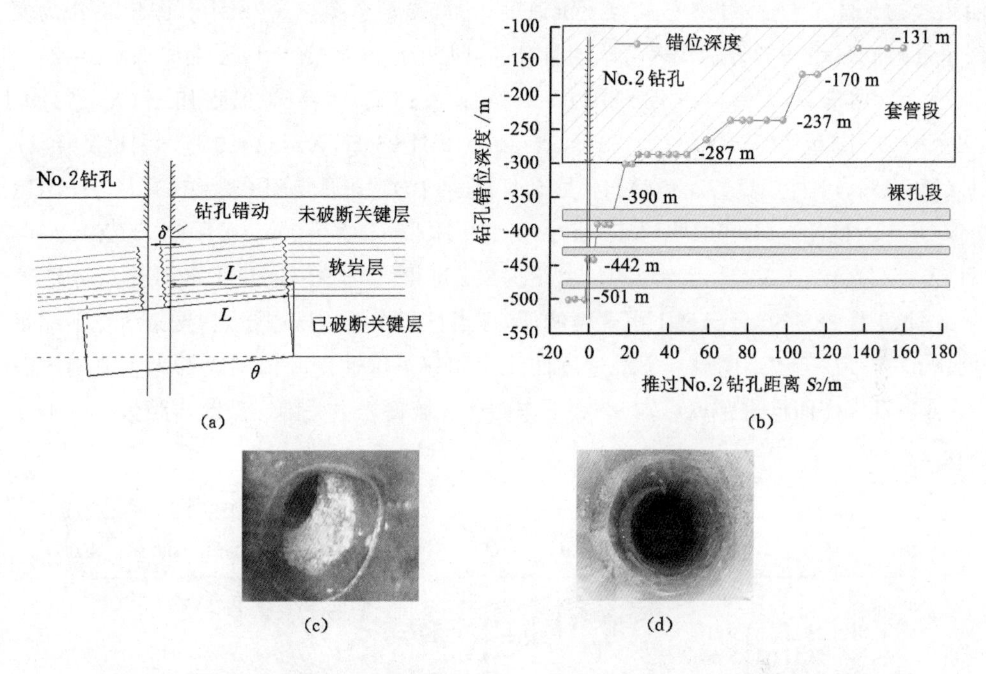

图 5-19　钻孔错孔原理及同忻煤矿 8203 工作面 No.2 钻孔中错孔位置变化

由钻孔错动原理可知，钻孔的错动是由于关键层的破断运动所致的，这也意味着钻孔的错动位置与覆岩中关键层的位置存在一定的对应关系。提取整个 No.2 钻孔的钻孔电视观测周期中，随工作面推进 No.2 钻孔中错动位置深度的变化曲线。由图 5-19 可知，覆岩关键层位置与 No.2 钻孔中错动位置存在较好的对应关系。因此，通过对 No.2 钻孔进行的钻孔电视观测，在一定程度上也能够掌握 8203 工作面 No.2 钻孔处岩层的破断运动规律，同时作为分析覆岩关键层破断运动与采场矿压显现内在联系的重要参考。鉴于 No.1 钻孔和 No.2 钻孔邻近，2 种观测数据之间的关系将在 5.3.2.3 节进行分析。

4）地表下沉观测结果

8203 工作面推进过程中，采用风云 K98T 型静态 GPS 测量系统对地表沉陷进行了长期连续跟踪观测，掌握了 8203 工作面采后地表下沉的实测数据，据此计算获得 8203 工作面不同推进位置时地表下沉速度。由岩层控制的关键层理论可知，主关键层对地表具有控制作用，主关键层破断时地表将同步出现下沉且下沉速度也会显著增加，也就是说地表下沉速度峰值常与主关键层的破断运动呈现出显著的时空对应关系，这一点也得到了实测的验证。因此通过走向测点地表下沉速度的变化，可知主关键层是否发生破断，更进一步地通过地表下沉速度峰值的间距，可以得出覆岩主关键层的破断步距，即主关键层的“砌体梁”结构铰接块体的长度。由此可知，地表沉陷观测对于确定覆岩主关键层破断时机及其破断块体参数至关重要，可为计算8203工作面开采条件下“影响矿压显现的关键层临界高度”奠定基础。8203工作面实测获得的地表走向下沉曲线、倾向下沉曲线如图5-20a、图5-20b所示。对应于岩层移动主要观测区域，为地表走向沉陷测线的5号、6号、7号、8号测点，为便于岩层破断运动及采场矿压显现的统一分析，着重观测该4个测点下沉速度的变化，以反映该区域覆岩主关键层破断运动情况，走向测线的5号、6号、7号、8号测点下沉速度如图5-20c至图5-20f所示。图5-20中为便于数据展示，横轴$X=1\sim23$分别代表沉陷测量日期，即8月29日($X=1$)、9月2日($X=2$)、9月5日($X=3$)、9月9日($X=4$)、9月11日($X=5$)、9月13日($X=6$)、9月15日($X=7$)、9月19日($X=8$)、9月20日($X=9$)、9月22日($X=10$)、9月25日($X=11$)、9月28日($X=12$)、9月30日($X=13$)、10月3日($X=14$)、10月5日($X=15$)、10月7日($X=16$)、10月9日($X=17$)、10月11日($X=18$)、10月14日($X=19$)、10月17日($X=20$)、10月20日($X=21$)、10月24日($X=22$)、10月30日($X=23$)。由图5-20c可得，5号、6号、7号、8号测点分别于9月17—18日、9月28—30日出现下沉速度峰值，且当日工作面矿压亦强烈，支架活柱下缩量达到1000 mm左右，鉴于该走向测点下沉速度曲线中相邻下沉速度峰值间距约为主关键层破断步距，结合当日工作面推进距离可知8203工作面该区域覆岩主关键层破断步距为41～47 m。

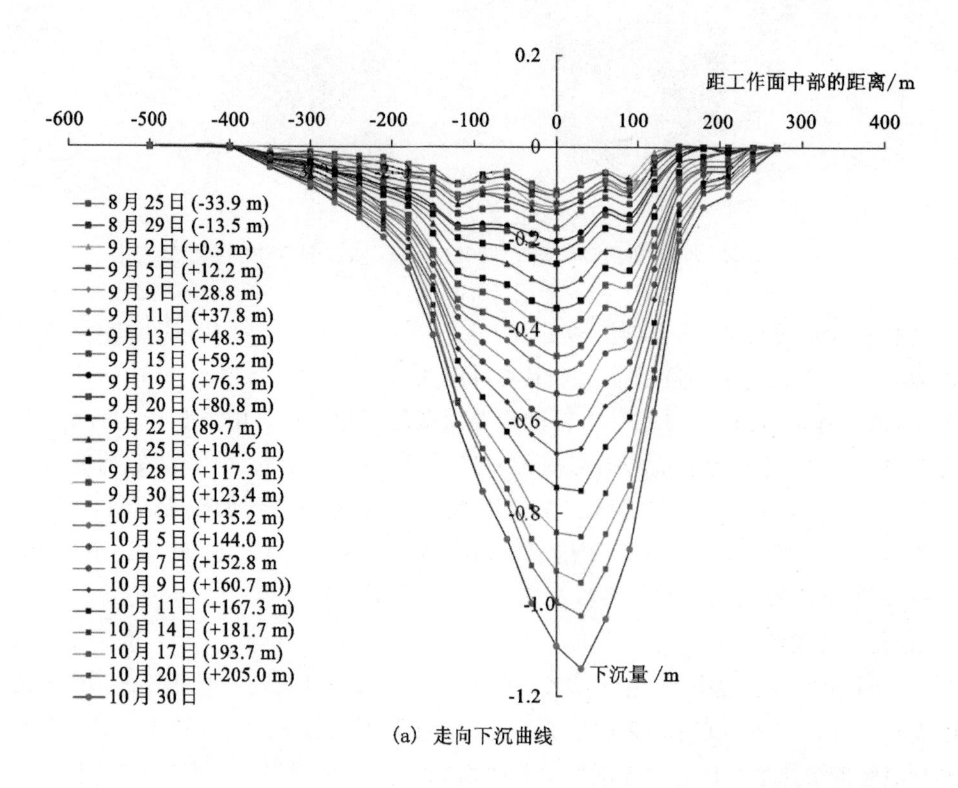

(a) 走向下沉曲线

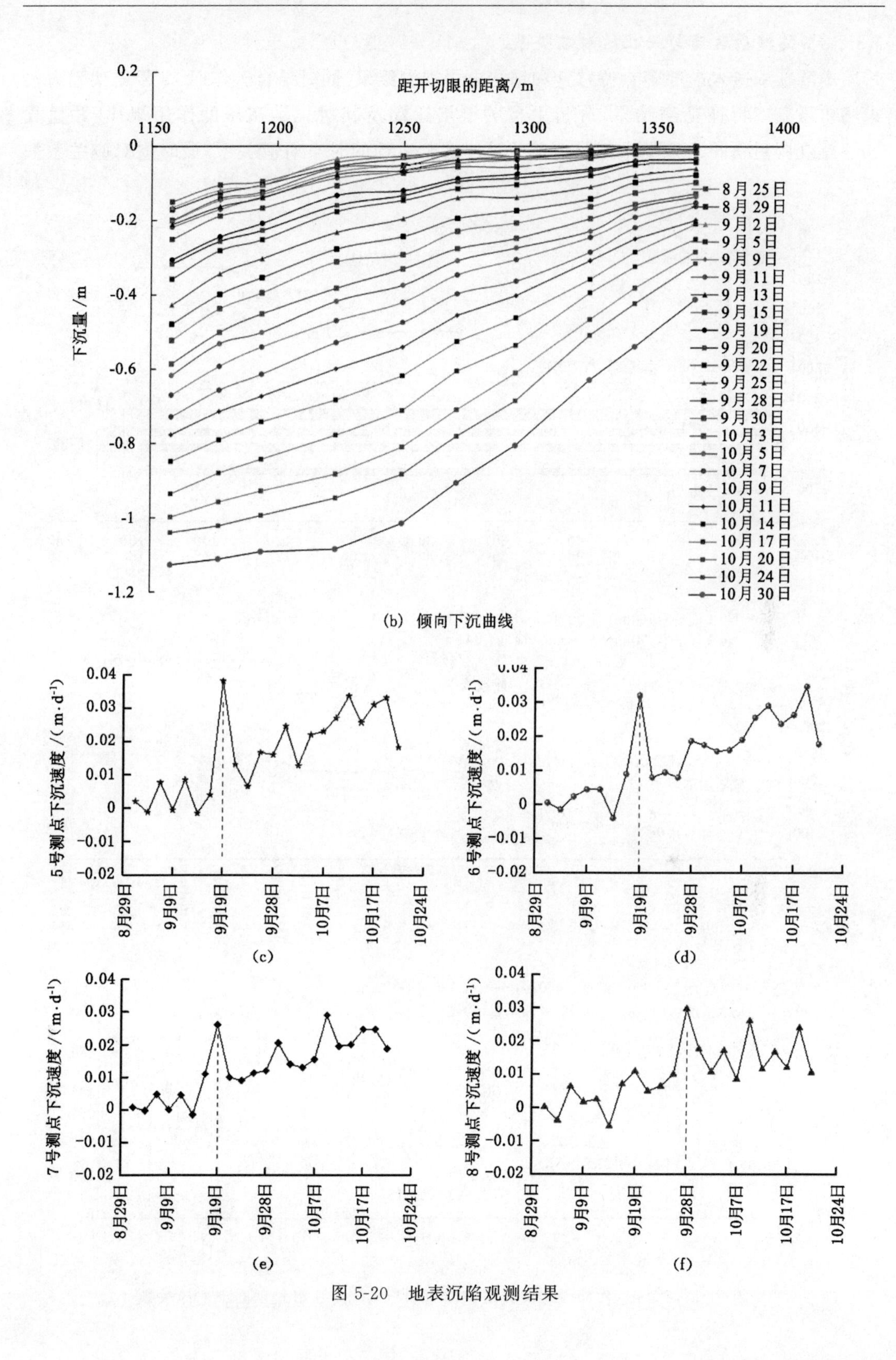

(b) 倾向下沉曲线

(c)

(d)

(e)

(f)

图 5-20　地表沉陷观测结果

5.3.2.3 关键层运动与来压的对应关系

本节基于覆岩内部多点位移计和钻孔电视观测结果,同时结合工作面75号支架阻力及采场矿压显现特征观测结果,分析上覆关键层运动及其对采场矿压的作用规律,并建立No.1钻孔附近每一次采场来压与上覆关键层破断运动的时空对应关系,该时空对应关系如图5-21所示。

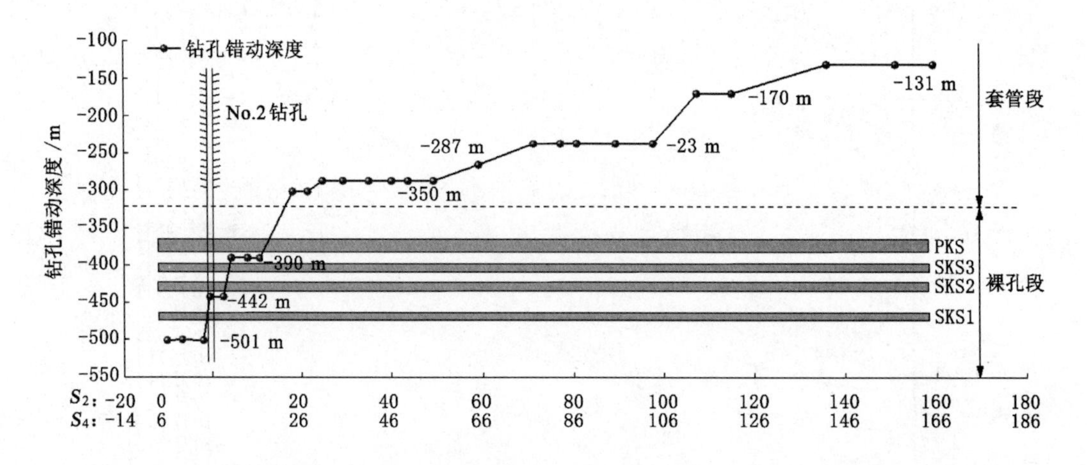

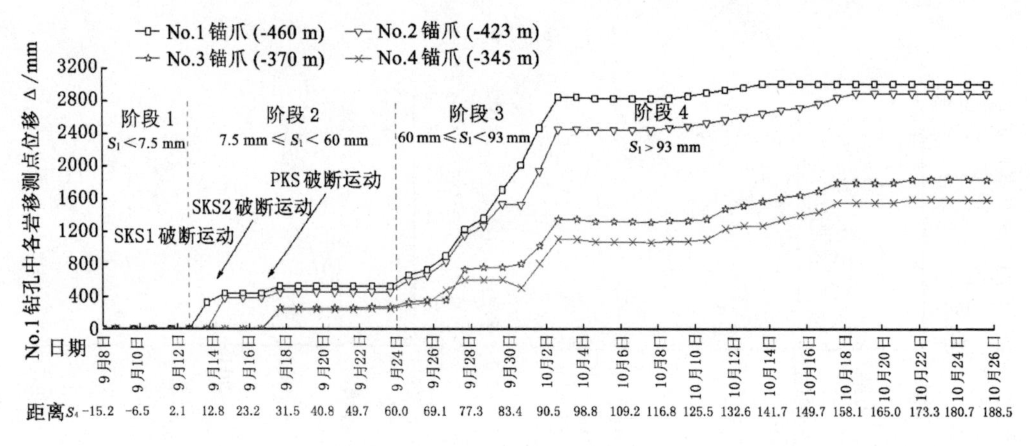

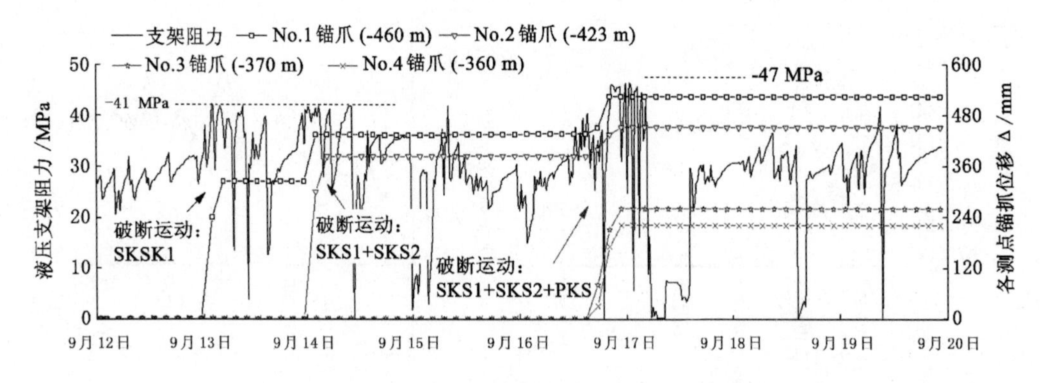

图5-21 8203工作面覆岩关键层破断运动与采场矿压显现的时空对应关系

(1) 9 月 12 日之前，No.1 钻孔内各测点均未发生移动，且 No.2 钻孔中全孔通畅，工作面也未出现来压显现，表明工作面顶板关键层尚未破断。

(2) 第 1 次来压发生于 9 月 13 日，工作面推过 No.1 钻孔 5.5 m 时，No.1 钻孔中 No.1 锚爪所记录的岩层移动数据第一次出现台阶上升，且钻孔电视观测发现孔深－442 m 处钻孔已经错动，表明此时处于－442 m 之下的 SKS1(－460 m)已经发生破断并回转运动。与此同时，工作面出现来压现象，工作面安全阀开启，最大支架阻力为 41 MPa，约等于安全阀开启压力，支架活柱下缩量为 100～200 mm，煤壁片帮深度 0.5 m 左右，无冒顶现象，矿压显现强度综合测评结果为一般强度。由此可知，此次来压是由于覆岩第 1 层关键层(SKS1)破断运动所致。

(3) 第 2 次来压发生于 9 月 14 日，工作面推过 No.1 钻孔 12 m 时，No.1 钻孔中 No.1 锚爪和 No.2 锚爪所记录的岩层移动数据出现台阶上升，且钻孔电视观测发现孔深－390 m处钻孔已经错动，表明此时处于－390 m 之下的 SKS1(－460 m)、SKS2(－423 m)、SKS3(－400 m)均已发生破断并回转运动。与此同时，工作面出现来压现象，工作面安全阀开启，最大支架阻力为 41 MPa，约等于安全阀开启压力，支架活柱下缩量为 200～350 mm，煤壁片帮深度为 0.5～0.8 m，无冒顶现象，矿压显现强度综合测评结果为中等强度。由此可知，此次来压是由于覆岩主关键层 PKS 之下的 3 层关键层共同作用造成的。

(4) 第 3 次来压发生于 9 月 17 日，工作面推过 No.1 钻孔 26 m 时，No.1 钻孔中 No.1～No.4 锚爪所记录的岩层移动数据均出现台阶上升，且钻孔电视观测发现孔深－350 m 处钻孔已经错动，表明此时处于－350 m 之下的 4 层关键层均已发生破断并回转运动。与此同时，工作面出现强烈来压显现现象，工作面安全阀开启，最大支架阻力高达 47 MPa，远大于安全阀开启压力，支架活柱下缩量为 800～1100 mm，煤壁片帮深度为 1.5～2.0 m，且刮板输送机上冒落矸石堆积高度达到 1.5 m 以上，65～80 号支架活柱下缩量高达 1100 mm，支架支撑高度大幅度减小，该区域采煤机组无法通行，矿压显现强度极其强烈。相比于第 2 次来压，第 3 次来压正是由于覆岩主关键层(PKS)的破断运动，才导致矿压显现如此强烈。由此可见，工作面的强矿压显现现象也是由于覆岩主关键层 PKS 的破断运动造成的。

5.3.2.4 临界高度的计算

基于 5.2 节中影响矿压的关键层临界高度确定方法，计算大同矿区同忻煤矿 8203 工作面开采地质条件下影响矿压显现的关键层临界高度，且通过 5.3.2.3 节中“三位一体”实测所得结果对理论计算结果进行验证。各层“砌体梁”结构铰接块体回转角速度计算中，覆岩第 1 层、第 2 层“砌体梁”结构(SKS2、SKS3)铰接块体长度可以参照井下实测来压步距进行取值，而主关键层作为第 3 层“砌体梁”结构，其铰接块体长度可按照前述 5.3.2.2 节中地表沉陷所得，取值范围为 41～47 m。各层“砌体梁”结构铰接块体回转角度通过可回转空间，即采出高度与垮冒岩层碎胀量的差值，与铰接块体长度的反正弦值求得。8203 工作面覆岩关键层物理力学参数、载荷组成及其结构形态见表 5-4。

表 5-4　8203 工作面"砌体梁"结构铰接块体回转角速度计算参数

名称	密度/(kg·m⁻³)	厚度/m	岩性类型	弹性模量/GPa	载荷层厚度/m	块体长度/m	终态转角/(°)	关键层结构形态
SKS1	2500	12.12	粉砂	20	23.77	20	—	悬臂梁
SKS2	2500	9.57	粗砂	23	16.51	30	10.74	砌体梁
SKS3	2500	8.58	粉砂	20	10.42	30	10.74	砌体梁
PKS	2500	23.27	粗砂	23	88.67	41～47	6.83	砌体梁

基于表 5-4 中的相关参数，借助第 2 章"砌体梁"结构铰接块体回转角速度方程，求得覆岩中 3 层"砌体梁"结构块体在载荷下的回转角速度，如图 5-22 所示。由图 5-22a 可知，8203 工作面开采条件下，SKS2"砌体梁"结构块体回转角速度大于 SKS3"砌体梁"结构块体回转角速度，而 PKS"砌体梁"结构块体回转角速度大于下伏 SKS3"砌体梁"结构块体回转角速度。这意味着在 PKS 尚未破断时，SKS3"砌体梁"结构块体在回转过程中不会对 SKS2"砌体梁"结构块体产生压覆作用，此时参与影响矿压的仅为 SKS1"悬臂梁"结构和 SKS2"砌体梁"结构。

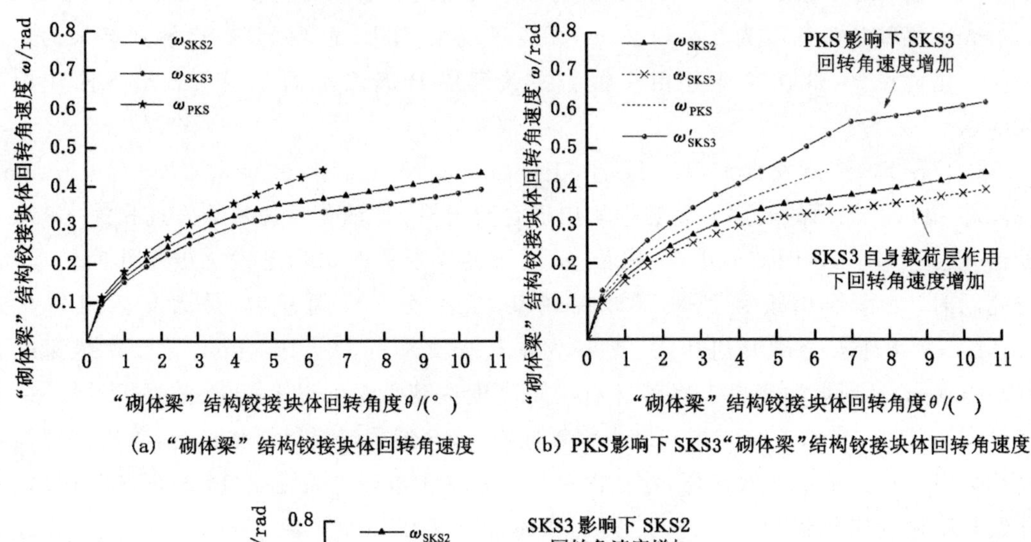

(a)"砌体梁"结构铰接块体回转角速度　(b) PKS 影响下 SKS3"砌体梁"结构铰接块体回转角速度

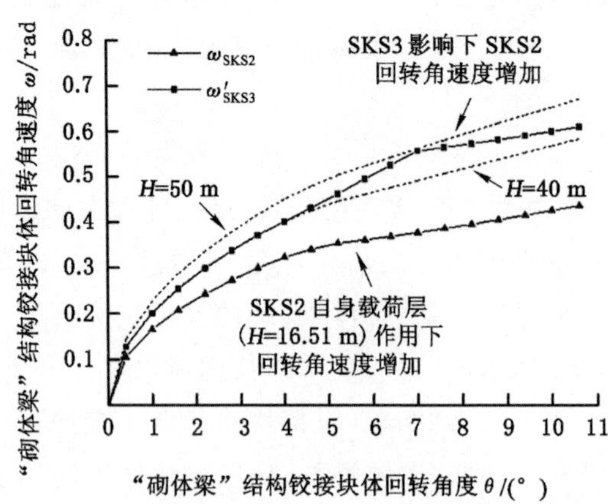

(c) SKS3 影响下 SKS2"砌体梁"结构铰接块体回转角速度及附加载荷大小

图 5-22　8203 工作面覆岩"砌体梁"结构铰接块体回转角速度及载荷传递

但是当 PKS 破断时，其回转角速度大于下伏 SKS3“砌体梁”结构铰接块体回转角速度，将会对其产生载荷传递而增加其回转角速度。依据式(5-5)和式(5-6)，可得在附加载荷影响下 SKS3“砌体梁”结构铰接块体回转角速度，如图 5-22b 所示。与此同时，SKS3“砌体梁”结构铰接块体回转角速度大幅度增加且大于 SKS2“砌体梁”结构铰接块体回转角速度，使得 SKS3 对 SKS2 产生压覆作用，引起 SKS2“砌体梁”结构铰接块体回转角速度增加。此时，不只 SKS1“悬臂梁”结构和 SKS2“砌体梁”结构影响矿压，主关键层也参与影响矿压。也就是说，影响矿压的关键层高度为主关键层。由图 5-22c 可知，由上至下的载荷传递作用等效于 SKS2“砌体梁”结构块体载荷层厚度由 16.51 m 增加至 40～50 m，增幅超过 100%，远超 8203 工作面支架承载能力，这是诱发强矿压显现的根源。

6 结论与展望

6.1 结论

本书综合采用理论分析、数值模拟、相似模拟和现场实测等研究方法，开展了“砌体梁”结构铰接块体回转速度力学模型研究，并基于此模型研究了回转速度影响矿压的机制和对矿压产生影响的关键层临界高度，主要成果和结论如下：

（1）提出了从“砌体梁”结构铰接块体回转速度的角度来探寻影响矿压显现的覆岩关键层范围的研究思路。关键层破断、铰接块体回转运动直至形成稳定的“砌体梁”结构，即为工作面持续来压的过程。“砌体梁”结构铰接块体回转速度决定矿压显现强度。终态稳定的“砌体梁”结构具有“三铰拱”式承载特征，阻隔上覆岩层破断运动对矿压的影响，这也决定了仅研究“砌体梁”结构铰接块体回转运动终态稳定性，难以揭示“砌体梁”结构铰接块体回转速度对矿压的影响机制及覆岩中各层“砌体梁”结构铰接块体回转运动是否影响支架受力及其影响程度。“砌体梁”结构铰接块体回转速度的研究，是探究影响矿压显现的关键层范围，确定工作面支架载荷的来源及占比的重要途径。

（2）揭示了“砌体梁”结构铰接块体回转过程中接触面挤压应力分布形态及其演化特征。“砌体梁”结构铰接块体在载荷、自重、后方块体挤压作用力综合作用下发生回转运动，载荷和自重是铰接块体回转运动的动力矩，而挤压力是铰接块体回转运动的阻力矩。基于几何学基本原理，获得铰接块体回转过程中接触面长度及接触面上各点挤压程度的变化规律，并依据弹塑性理论，将两块体接触面挤压应力划分为三角形分布、梯形分布、倒梯形分布3个渐进变化阶段，为“砌体梁”结构铰接块体回转速度力学模型的建立奠定了基础。

（3）建立了“砌体梁”结构铰接块体回转速度力学模型，推导了“砌体梁”结构铰接块体回转速度方程。首先将“砌体梁”结构铰接块体的回转运动视为定轴转动，以采场上覆刚破断待转块体为研究对象。基于定轴转动定理，首先求得铰接块体的合外力矩及铰接块体转动惯量；其次，将合外力矩与转动惯量做商，获得铰接块体回转角加速度；最后，基于运动学基本原理，积分获得“砌体梁”结构铰接块体回转速度方程。为研究“砌体梁”结构铰接块体回转速度对矿压的影响机制，以及覆岩中各层“砌体梁”结构铰接块体回转速度是否影响支架受力及其影响程度提供了理论工具。

（4）揭示了“砌体梁”结构铰接块体回转速度的影响因素及其变化规律。基于“砌体梁”结构铰接块体回转速度方程，研究了载荷、块体长度、工作面采高等因素对“砌体梁”结构铰接块体回转速度的影响规律。块体长度和采高一定时，载荷越大，铰接块体回转速度越快；

载荷和采高一定时，块体长度越短，铰接块体回转速度越快；载荷和块体长度一定时，在共同转角区间内，采高增大对“砌体梁”结构铰接块体回转速度影响不大，但会显著增加“砌体梁”结构铰接块体回转运动时长，且使得共同转角区间外“砌体梁”结构铰接块体回转速度增加。

(5) 研究了“砌体梁”结构铰接块体回转速度对采场矿压显现的影响机制。在单个采煤循环内，“砌体梁”结构铰接块体回转速度越快，工作面支架增阻越快，支架安全阀开启时间越早，且支架活柱下缩速度越快，支架活柱下缩量越大；在工作面整个来压持续过程中，“砌体梁”结构铰接块体回转速度越快，来压持续长度越短，但支架累计活柱下缩量越大。总体而言，“砌体梁”结构铰接块体回转速度越快，工作面矿压显现越强烈。

(6) 揭示了覆岩相邻“砌体梁”结构铰接块体回转过程中的载荷传递特征。基于“砌体梁”结构铰接块体回转角速度方程，获得覆岩各层“砌体梁”结构铰接块体在自身控制载荷层作用下的回转角速度，若上位“砌体梁”结构铰接块体回转角速度大于下位“砌体梁”结构铰接块体回转角速度，则上位“砌体梁”结构铰接块体将对下位“砌体梁”结构铰接块体产生压覆作用，等效于增大下位“砌体梁”结构铰接块体的载荷层厚度。基于动能守恒及动量守恒定理，获得了上、下位“砌体梁”结构铰接块体相互作用后回转角速度的变化，并以“载荷层厚度增量”的形式对该压覆作用进行了量化。

(7) 给出了影响矿压显现的关键层临界高度的确定方法和判别流程。基于“砌体梁”结构铰接块体回转速度力学模型及“砌体梁”结构稳定性，明确了相邻“砌体梁”结构铰接块体运动过程中的载荷传递特征(“砌体梁”结构终态失稳时，载荷全部传递于下位“砌体梁”结构；“砌体梁”结构终态未失稳时，即“砌体梁”结构铰接块体处于回转时，借助于动能守恒定理及动量守恒定理，获得与压覆作用相对应的“载荷层厚度增量”)。研究阐明了覆岩“砌体梁”结构铰接块体载荷自上而下直至工作面支架的传递过程，并量化了载荷传递量的大小。据此，给出了影响矿压显现的覆岩关键层范围的确定方法，获得了影响矿压的关键层临界高度。

(8) 提出了岩层控制的“三位一体”监测方法。将井下矿压、覆岩运移、地表沉陷 3 个空间位置的监测数据，集合于同一时刻进行分析，建立了整个覆岩范围内各关键层破断运动与采场矿压的对应关系。克服了传统研究中仅关注井下矿压与基本顶破断运动对应关系的不足，为研究揭示影响矿压显现的覆岩关键层范围提供了实测思路与实测手段。神东矿区大柳塔煤矿 52304 工作面和大同矿区同忻煤矿 8203 工作面影响矿压的关键层临界高度的理论分析结果，得到了“三位一体”现场实测结果的验证。

6.2 创新点

(1) 建立了“砌体梁”结构铰接块体回转速度力学模型。着眼于“砌体梁”结构铰接块体的回转运动过程，并将其视为定轴转动，基于弹塑性力学、理论力学和运动学基本原理，建立了“砌体梁”结构铰接块体回转速度力学模型，推导了“砌体梁”结构铰接块体回转角速度方程。为研究“砌体梁”结构铰接块体回转速度对矿压的影响机制、相邻“砌体梁”结构铰接块体相互作用规律、影响矿压的关键层临界高度奠定了理论基础。

(2) 研究了“砌体梁”结构铰接块体回转角速度的影响因素及不同角速度对矿压的影响规律。“砌体梁”结构铰接块体上覆载荷越大,块体长度越短,回转速度越快。对覆岩最下位“砌体梁”结构而言,回转速度越快,支架增阻越快,支架活柱下缩量越大,矿压显现越强烈。采高对“砌体梁”结构铰接块体回转速度影响不大,但采高的增加会显著增大“砌体梁”结构铰接块体回转时长,在工作面推进速度一定的前提下,大幅度增加工作面来压持续长度。

(3) 给出了影响矿压的关键层临界高度确定方法。基于“砌体梁”结构铰接块体回转速度方程、动能守恒定理、动量守恒定理及“砌体梁”结构稳定性分析,揭示了相邻“砌体梁”结构铰接块体的载荷传递特征,并以“载荷层厚度增量”的形式量化了上位“砌体梁”结构铰接块体对下位“砌体梁”结构铰接块体的压覆作用。揭示了覆岩各层“砌体梁”结构铰接块体上覆载荷自上而下直至工作面的传递过程,明确了影响矿压的关键层范围。在此基础上,给出了影响矿压的关键层临界高度的确定方法及其技术流程。

6.3 展望

本书针对“砌体梁”结构铰接块体回转速度影响矿压的机制和基于“砌体梁”结构铰接块体回转速度力学模型影响矿压的关键层临界高度开展了理论分析、物理相似模拟实验、数值模拟和现场实测工作,对“砌体梁”结构铰接块体回转角速度方程、“砌体梁”结构铰接块体回转角速度影响因素及其对矿压的影响规律,相邻“砌体梁”结构载荷传递特征以及影响矿压显现关键层临界高度的确定方法等问题给出了一定的解答。但是由于这一问题既涉及由损伤力学、断裂力学等决定的覆岩各关键层裂缝扩展及其破断的先后时序,又涉及工作面支架与围岩的相互作用关系。这一切均需要强大的数学力学知识储备及高度抽象的建模能力,因而本书仅在特定范围内给出了初步解答,今后仍需对这一课题继续开展研究,例如:

(1) 关键层破断前悬伸块体下沉和转角及煤壁支撑区对“砌体梁”结构铰接块体初始位态、“砌体梁”结构铰接块体回转角速度的影响。

本书基于弹塑性力学及理论力学建立的“砌体梁”结构铰接块体回转速度力学模型,是在关键层已经破断形成铰接块体且关键层断裂位置处于煤壁位置展开的,重点研究了两铰接块体在载荷、自重、挤压作用力综合作用下的回转速度变化规律。这对覆岩第二层及其之上的“砌体梁”结构是合适的,但对于覆岩最下位“砌体梁”结构铰接块体而言,在关键层破断前,其悬伸部分通常存在一定的挠曲及转角,同时煤壁支撑区域对破断块体也有一定程度的支撑作用,且该支撑区域有效支撑长度随着工作面推进及破断块体的回转运动逐步减小,后续应在此基础上将更多更为细致的因素纳入“砌体梁”结构铰接块体回转速度力学模型。

(2) 基于“砌体梁”结构铰接块体回转速度的采场支架合理工作阻力确定方法。

本书主要认为关键层破断运动主动对工作面支架造成影响,而工作面支架处于被动承受的状态,且支架对“砌体梁”结构铰接块体回转运动的抑制作用有限。事实上,支架与围岩的相互作用关系一直是矿压研究领域的难点,关键层破断运动在影响支架受力的同时,支架支护阻力在一定程度上也会抑制“砌体梁”结构铰接块体的回转运动,降低“砌体梁”结构铰接块体的回转速度。因此,支护阻力过高的支架可能会大幅度抑制最下位“砌体梁”结构铰接块体回转速度，反而使上位“砌体梁”结构铰接块体对下位“砌体梁”结构铰接块体产生了较大的压覆作用，进而增大影响矿压显现的覆岩关键层范围。支架工作阻力的确定应根据矿压控制要求，既可抑制低位“砌体梁”结构铰接块体回转速度不致引起支架活柱急剧大幅度下缩，又应确保不会出现下位“砌体梁”结构铰接块体回转速度被过分抑制而导致上位“砌体梁”结构铰接块体对其产生压覆作用的现象。从这个角度而言，既要考虑上覆“砌体梁”结构铰接块体回转速度，又要考虑支架与围岩的相互作用关系。在本书研究的基础上，以控制适宜的“砌体梁”结构铰接块体回转速度为目标，后续进一步探寻基于“砌体梁”结构铰接块体回转速度的支架合理工作阻力确定方法。

参 考 文 献

[1] 钱鸣高,石平五,许家林.矿山压力与岩层控制[M].徐州:中国矿业大学出版社,2010.
[2] 钱鸣高,缪协兴,许家林.岩层控制中的关键层理论研究[J].煤炭学报,1996,21(3):225-230.
[3] 钱鸣高,何富连,缪协兴.采场围岩控制的回顾与发展[J].煤炭科学技术,1996,24(1):1-4.
[4] 钱鸣高,何富连,缪协兴.采场围岩控制体系[J].煤炭学报,1997,32(9):30-33.
[5] 钱鸣高.岩层控制与煤炭科学开采文集[M].徐州:中国矿业大学出版社,2011.
[6] 黄庆享,钱鸣高,石平五.浅埋煤层采场老顶周期来压的结构分析[J].煤炭学报,1999,24(6):581-585.
[7] 方新秋,钱鸣高,曹胜根,等.不同顶煤条件下支架工作阻力的确定[J].岩土工程学报,2002,24(2):233-236.
[8] 高峰,钱鸣高,缪协兴.采场支架工作阻力与顶板下沉量类双曲线关系的探讨[J].岩石力学与工程学报,1999,18(6):658-622.
[9] 王金华.特厚煤层大采高综放工作面成套装备关键技术[J].煤炭科学技术,2013,41(9):1-5.
[10] 王国法.煤矿高效开采工作面成套装备技术创新与发展[J].煤炭科学技术,2010,38(1):63-69.
[11] 钱鸣高,朱德仁,王作棠. 老顶岩层断裂型式及对工作面来压的影响[J].中国矿业大学学报,1986,15(2):9-18.
[12] 钱鸣高,赵国景.老顶断裂前后的矿山压力变化[J].中国矿业学院学报,1986,15(4):11-19.
[13] 缪协兴,茅献彪,周廷振.采场老顶弹性地基梁结构分析与来压预报[J].力学与实践,1995,17(5):21-22.
[14] 钱鸣高,缪协兴.采场“砌体梁”结构的关键块分析[J].煤炭学报,1994,19(6):557-563.
[15] 钱鸣高,张顶立,黎良杰.砌体梁的“S-R”稳定及其应用[J].矿山压力与顶板管理,1994(3):6-11.
[16] 缪协兴,钱鸣高.采场围岩整体结构与砌体梁力学模型[J].矿山压力与顶板管理,1995(3):3-12.
[17] 钱鸣高,缪协兴.采场支架与围岩耦合作用机理研究[J].煤炭学报,1996,21(1):40-44.
[18] 曹胜根,钱鸣高.采场支架—围岩关系新研究[J].煤炭学报,1998,23(6):575-579.

[19] 刘长友,钱鸣高.采场直接顶对支架与围岩关系的影响机制[J].煤炭学报,1997,22(5):471-476.

[20] 王家臣.厚煤层开采理论与技术[M].北京:冶金工业出版社,2009.

[21] 弓培林.大采高采场围岩控制理论与应用研究[M].北京:煤炭工业出版社,2006.

[22] 于斌.大同矿区特厚煤层综放开采强矿压显现机理及顶板控制研究[D].徐州:中国矿业大学,2014.

[23] 于斌,刘长友,刘锦荣.大同矿区特厚煤层综放回采巷道强矿压显现机制及控制技术[J].岩石力学与工程学报,2014,33(9):1863-1872.

[24] 于斌,刘长友,杨敬轩,等.大同矿区双系煤层开采煤柱影响下的强矿压显现机理[J].煤炭学报,2014,39(1):40-46.

[25] 许家林,朱卫兵,鞠金峰.浅埋煤层开采压架类型[J].煤炭学报,2014,39(8):1625-1634.

[26] 许家林,朱卫兵,鞠金峰,等.采场大面积压架冒顶事故防治技术研究[J].煤炭科学技术,2015,43(6):1-8.

[27] 鞠金峰,许家林,朱卫兵,等.大柳塔煤矿 22103 综采面压架机理及防治技术[J].煤炭科学技术,2012,40(2):4-8.

[28] 张宏伟,朱志洁,霍利杰,等.特厚煤层综放开采覆岩破坏高度[J].煤炭学报,2014,39(5):816-821.

[29] 于斌,朱卫兵,高瑞,等.特厚煤层综放开采大空间采场覆岩结构及作用机制[J].煤炭学报,2016,41(3):571-580.

[30] 许家林,鞠金峰.特大采高综采面关键层结构形态及其对矿压显现的影响[J].岩石力学与工程学报,2011,30(8):1547-1556.

[31] Ju J, Xu J.Structural characteristics of key strata and strata behaviour of a fully mechanized longwall face with 7.0 m height chocks[J].International Journal of Rock Mechanics and Mining Sciences,2013(58):46-54.

[32] 郝海金,吴健,张勇,等.大采高开采上位岩层平衡结构及其对采场矿压显现的影响[J].煤炭学报,2004,29(2):137-141.

[33] 鞠金峰,许家林,朱卫兵.浅埋特大采高综采工作面关键层"悬臂梁"结构运动对端面漏冒的影响[J].煤炭学报,2014,39(7):1197-1204.

[34] 闫少宏,尹希文,许红杰,等.大采高综采顶板短悬臂梁-铰接岩梁结构与支架工作阻力的确定[J].煤炭学报,2011,36(11):1816-1820.

[35] Li Z,Xu J,Ju J,et al.The effects of the rotational speed of voussoir beam structures formed by keystrata on the ground pressure of stopes[J].International Journal of Rock Mechanics and Mining Sciences,2018(108):67-79.

[36] 李化敏,蒋东杰,李东印.特厚煤层大采高综放工作面矿压及顶板破断特征[J].煤炭学报,2014,39(10):1956-1960.

[37] Apehc B A. Rock and Ground Surface Movements [M]. Beijing: Coal Industry Press,1989.

[38] H.克拉茨.采动损害及其防护[M].北京:煤炭工业出版社,1984.

[39] Dinsdale J R.Ground Pressures and Pressure Pro-files Around Mining Excavations [J].Colliery Eng,1935(12):406-409.

[40] Dinsdale J R.Ground Failure around Excavations[J].Transaction of the Institute of Mining and Metallurgy,1937(46):186-194.

[41] KovariK. Erroneous concepts behind the New Austrian Tunneling Method[J]. Tunnels & Tunnelling,1994(11):38-41.

[42] Sansone E C,L A Ayres Da Silva.Numerical modeling of the pressure arch in underground mines[J].International Journal of Rock Mechanics and Mining Sciences,1996,35(4):436.

[43] Holland C.What Happens and Why in Multiple-Seam Mining[J].Coal Age.1951,56(8):89-93.

[44] Luo J L.Gate road design in overlying multi-seam mines[D].Blacksburg,Virginia,USA:Faculty of theVirginia Polytechnic Institute and State University,1997.

[45] Evans W H.The strength of undermined strata[J].Trans Inst MinMetall,1941(50):475-500.

[46] Corlett A V, Emery CL.Prestress and stress redistribution in rocks around a mine opening[J].Bull Can Min Metall,1956(59):372-84.

[47] Panek L A.Design for bolting stratified roof[J].Trans Soc Min Eng,1964(6):113-9.

[48] Huang Z P.Stabilizing of rock cavern roofs by rock bolts[D].Trondheim:Norwegian University of Science and Technology,2001.

[49] Huang Z P,Einar Brocha,Lu M.Cavern roof stability mechanism of arching and stabilization by rock bolting[J].Tunneling and Underground Space Technology,2002(17):249-261.

[50] 宋振骐.实用矿山压力控制[M].徐州:中国矿业大学出版社,1988.

[51] 宋振骐,蒋金泉.煤矿岩层控制的研究重点与方向[J].岩石力学与工程学报,1996,15(2):128-134.

[52] 蒋宇静,宋振骐,宋扬.采场支架与老顶总体运动间的力学关系[J].山东矿业学院学报,1988,7(1):73-81.

[53] 钱鸣高,刘双跃,殷建生.综采工作面支架与围岩相互作用关系的研究[J].矿山压力,1989(2):1-8.

[54] 缪协兴,钱鸣高.采动岩体的关键层理论研究新进展[J].中国矿业大学学报,2000,29(1):25-29.

[55] 许家林,钱鸣高.岩层控制关键层理论的应用研究与实践[J].中国矿业,2001(6):54-56.

[56] 钱鸣高,缪协兴,许家林,等.岩层控制的关键层理论[M].徐州:中国矿业大学出版社,2003.

[57] 许家林,钱鸣高.覆岩关键层位置的判别方法[J].中国矿业大学学报,2000,29(5):

464-467.

[58] 许家林,吴朋,朱卫兵.关键层判别方法的计算机实现[J].矿山压力与顶板管理,2000(4):29-31.

[59] 王晓振.松散承压含水层下采煤压架突水灾害发生条件及防治研究[D].徐州:中国矿业大学,2012.

[60] 鞠金峰.浅埋近距离煤层出煤柱开采压架机理及防治研究[D].徐州:中国矿业大学,2013.

[61] 伊茂森.神东矿区浅埋煤层关键层理论及其应用研究[D].徐州:中国矿业大学,2008.

[62] 许家林,朱卫兵,王晓振,等.浅埋煤层覆岩关键层结构分类[J].煤炭学报,2009,34(7):865-870.

[63] 郝宪杰,许家林,朱卫兵,等.高承压松散含水层下支架合理工作阻力的确定[J].采矿与安全工程学报,2010,27(3):416-420.

[64] 朱卫兵.浅埋近距离煤层重复采动关键层结构失稳机理研究[D].徐州:中国矿业大学,2010.

[65] 汪锋.采动覆岩结构的“关键层—松散层拱”理论及其应用研究[D].徐州:中国矿业大学,2016.

[66] 许家林,朱卫兵,王晓振,等.沟谷地形对浅埋煤层开采矿压显现的影响机理[J].煤炭学报,2012,37(2):179-185.

[67] 鞠金峰,许家林,朱卫兵,等.7.0 m 支架综采面矿压显现规律研究[J].采矿与安全工程学报,2012,29(3):344-350.

[68] Zhang Z,Xu J,Zhu W,et al.Simulation research on the influence of eroded primary key strata on dynamic strata pressure of shallow coal seams in gully terrain[J].International Journal of Mining Science and Technology,2012,22(1):51-55.

[69] 许家林,王晓振,刘文涛,等.覆岩主关键层位置对导水裂隙带高度的影响[J].岩石力学与工程学报,2009,28(2):381-385.

[70] 许家林,朱卫兵,王晓振.基于关键层位置的导水裂隙带高度预计方法[J].煤炭学报,2012,37(5):762-769.

[71] 王晓振,许家林,朱卫兵.主关键层结构稳定性对导水裂隙演化的影响研究[J].煤炭学报,2012,37(4):606-612.

[72] 许家林,孟广石.应用上覆岩层采动裂隙“O”形圈特征抽放采空区瓦斯[J].煤矿安全,1995,26(7):2-4.

[73] 钱鸣高,许家林.覆岩采动裂隙分布的“O”形圈特征研究[J].煤炭学报,1998,23(5):466-469.

[74] 许家林,钱鸣高.地面钻井抽放上覆远距离卸压煤层气试验研究[J].中国矿业大学学报,2000,29(1):78-81.

[75] 屈庆栋,许家林,钱鸣高.关键层运动对邻近层瓦斯涌出的影响研究[J].岩石力学与工程学报,2007(7):1478-1484.

[76] 屈庆栋.采动上覆瓦斯卸压运移的“三带”理论及其应用研究[D].徐州：中国矿业大学，2010.

[77] 吴仁伦.煤层群开采瓦斯卸压抽采“三带”范围的理论研究[D].徐州：中国矿业大学，2011.

[78] Hu G，Xu J，Ren T，et al.Adjacent seam pressure-relief gas drainage technique based on ground movement for initial mining phase of longwall face[J].International Journal of Rock Mechanics and Mining Sciences，2015(77)：237-245.

[79] 许家林，钱鸣高.关键层运动对覆岩及地表移动影响的研究[J].煤炭学报，2000，25(2)：122-126.

[80] 许家林，钱鸣高，朱卫兵.覆岩主关键层对地表下沉动态的影响研究[J].岩石力学与工程学报，2005，24(5)：787-791.

[81] 许家林，连国明，朱卫兵，等.深部开采覆岩关键层对地表沉陷的影响[J].煤炭学报，2007，32(7)：686-690.

[82] 于保华，朱卫兵，许家林.深部开采地表沉陷特征的数值模拟[J].采矿与安全工程学报，2007，24(4)：422-426.

[83] 施喜书，许家林，朱卫兵.补连塔矿复杂条件下大采高开采地表沉陷实测[J].煤炭科学技术，2008，36(9)：80-83.

[84] 朱卫兵，许家林，施喜书，等.覆岩主关键层运动对地表沉陷影响的钻孔原位测试研究[J].岩石力学与工程学报，2009，28(2)：403-409.

[85] Xu J，Zhu W，Lai W，et al.Green Mining Techniques in the Coal Mines of China[J].Journal of Mines，Metals & Fuels，2004，52(12)：395-398.

[86] 朱卫兵，许家林，赖文奇，等.覆岩离层分区隔离注浆充填减沉技术的理论研究[J].煤炭学报，2007，32(5)：458-462.

[87] 许家林，尤琪，朱卫兵，等.条带充填控制开采沉陷的理论研究[J].煤炭学报，2007，32(2)：119-122.

[88] Xuan D，Xu J.Grout injection into bed separation to control surface subsidence during longwall mining under villages：case study of Liudian coal mine，China[J].Natural hazards，2014，73(2)：883-906.

[89] Xuan D，Xu J，Wang B，et al.Borehole investigation of the effectiveness of grout injection technology on coal mine subsidence control[J].Rock Mechanics and Rock Engineering，2015，48(6)：2435-2445.

[90] 茅献彪，缪协兴，钱鸣高.采高及复合关键层效应对采场来压步距的影响[J].湘潭矿业学院学报，1999，14(1)：1-5.

[91] 茅献彪，缪协兴，钱鸣高.采动覆岩中复合关键层的断裂跨距计算[J].岩土力学，1999，20(2)：1-4.

[92] 缪协兴，钱鸣高.超长综放工作面覆岩关键层破断特征及对采场矿压的影响[J].岩石力学与工程学报，2003，22(1)：45-47.

[93] 缪协兴,陈荣华,浦海,等.采场覆岩厚关键层破断与冒落规律分析[J].岩石力学与工程学报,2005,24(8):1289-1295.

[94] 缪协兴,茅献彪,孙振武,等.采场覆岩中复合关键层的形成条件与判别方法[J].中国矿业大学学报,2006,4(1):25-26.

[95] 缪协兴,陈荣华,白海波.保水开采隔水关键层的基本概念及力学分析[J].煤炭学报,2007,32(6):561-564.

[96] 缪协兴,浦海,白海波.隔水关键层原理及其在保水采煤中的应用研究[J].中国矿业大学学报,2008,37(1):1-4.

[97] Pu H,MiaoX, YaoB,et al.Structural motion of water-resisting key strata lying on overburden[J].Journal of China University of Mining and Technology,2008,18(3):353-357.

[98] WangL,Miao X,Wu Y,et al.Discrimination conditions and process ofwater-resistant key strata[J].Mining Science and Technology,2010,20(2):224-229.

[99] Pu H,Miao X,Yao B,et al.Structural motion of water-resisting key strata lying on overburden[J].Journal of China University of Mining and Technology,2008,18(3):353-357.

[100] 侯忠杰.浅埋煤层关键层研究[J].煤炭学报,1999,24(4):359-363.

[101] 侯忠杰.地表厚松散层浅埋煤层组合关键层的稳定性分析[J].煤炭学报,2000,25(2):127-131.

[102] 侯忠杰.组合关键层理论的应用研究及其参数确定[J].煤炭学报,2001(6):611-615.

[103] 谢胜华,侯忠杰.浅埋煤层组合关键层失稳临界突变分析[J].矿山压力与顶板管理,2002,19(1):67-72.

[104] 黄庆享.浅埋煤层的矿压特征与浅埋煤层定义[J].岩石力学与工程学报,2002,21(8):1174-1177.

[105] 黄庆享.浅埋煤层厚沙土层顶板关键块动态载荷分布规律[J].煤田地质与勘探,2003,31(6):22-25.

[106] 黄庆享,张沛.厚砂土层下顶板关键块上的动态载荷传递规律[J].岩石力学与工程学报,2004,23(24):4179-4182.

[107] 黄庆享.厚沙土层下采场顶板关键层上的载荷分布[J].中国矿业大学学报,2005,34(3):289-293.

[108] 黄庆享.厚沙土层在顶板关键层上的载荷传递因子研究[J].岩土工程学报,2005,27(6):672-676.

[109] 黄庆享.浅埋采场初次来压顶板砂土层载荷传递研究[J].岩土力学,2005,26(6):881-883.

[110] 张沛,黄庆享.单一关键层结构与上覆厚沙土层耦合作用研究[J].西安科技大学学报,2012,32(1):29-32.

[111] 黎良杰,殷有泉.评价矿井突水危险性的关键层方法[J].力学与实践,1998,20(3):

34-36.

[112] 李树刚.关键层破断前后覆岩离层裂隙当量面积计算[J].西安矿业学院学报,1999,19(4):289-292.

[113] 于胜文,刘生中.利用关键层控制宽条带开采地表下沉的实践研究[J].矿山测量,1999(4):9-11.

[114] 吴成宏,杨维祥,赵仁政,等.关键层理论在控制宽条带开采地表下沉中的应用[J].煤矿现代化,2000(6):23-24.

[115] 高明中.关键层破断与厚松散层地表沉陷耦合关系研究[J].安徽理工大学学报:自然科学版,2004,24(3):24-27.

[116] 刘卫群,顾正虎,王波,等.顶板隔水层关键层耦合作用规律研究[J].中国矿业大学学报,2006(4):427-430.

[117] 徐金海,刘克功,卢爱红.短壁开采覆岩关键层黏弹性分析与应用[J].岩石力学与工程学报,2006,25(6):1147-1151.

[118] 成云海,姜福兴,程久龙,等.关键层运动诱发矿震的微震探测初步研究[J].煤炭学报,2006,31(3):273-277.

[119] 贾剑青,王宏图,唐建新,等.硬软交替岩层的复合顶板主关键层及其破断距的确定[J].岩石力学与工程学报,2006,25(5):974-978.

[120] 孔海陵,陈占清,卜万奎,等.承载关键层、隔水关键层和渗流关键层关系初探[J].煤炭学报,2008(5):485-488.

[121] 王志强,赵景礼,张宝优,等.错层位巷道布置放顶煤开采关键层的稳定特征[J].煤炭学报,2008,33(9):961-965.

[122] 袁亮.低透气煤层群首采关键层卸压开采采空侧瓦斯分布特征与抽采技术[J].煤炭学报,2008(12):1362-1367.

[123] 赵洪亮,徐金海.短壁开采的关键层变形与地表沉降耦合作用的数值分析[J].能源技术与管理,2008(1):18-20.

[124] 李青锋,王卫军,朱川曲,等.基于隔水关键层原理的断层突水机理分析[J].采矿与安全工程学报,2009,26(1):87-90.

[125] 浦海.保水采煤的隔水关键层理论与应用研究[J].中国矿业大学学报,2010(4):631-632.

[126] 左宇军,李术才,秦泗凤,等.动力扰动诱发承压水底板关键层失稳的突变理论研究[J].岩土力学,2010,31(8):2361-2366.

[127] 张吉雄,李剑,安泰龙,等.矸石充填综采覆岩关键层变形特征研究[J].煤炭学报,2010(3):357-362.

[128] 王磊,郭广礼,张鲜妮,等.基于关键层理论的长壁垮落法开采老采空区地基稳定性评价[J].采矿与安全工程学报,2010,27(1):57-61.

[129] 魏东,贺虎,秦原峰,等.相邻采空区关键层失稳诱发矿震机理研究[J].煤炭学报,2010,35(12):1957-1962.

[130] 王宏图,范晓刚,贾剑青,等.关键层对急斜下保护层开采保护作用的影响[J].中国矿业大学学报,2011,40(1):23-28.

[131] 李竹,谢建林,汪锋,等.关键层位置与采高对支承压力影响规律的研究及应用[J].煤炭技术,2015,34(3):34-36.

[132] 刘玉成,曹树刚.基于关键层理论的地表下沉盆地模型初探[J].岩土力学,2012,33(3):719-724.

[133] Xiaojun F,Enyuan W,Rongxi S,et al.The dynamic impact of rock burst induced by the fracture of the thick and hard key stratum[J].Procedia Engineering,2011(26):457-465.

[134] Jie Z. The Influence of Mining Height on Combinational Key Stratum Breaking Length[J].Procedia Engineering,2011(26):1240-1246.

[135] Wang L,Cheng Y,Li F,et al.Fracture evolution and pressure relief gas drainage from distant protected coal seams under an extremely thick key stratum[J].Journal of China University of Mining and Technology,2008,18(2):182-186.

[136] Feng M,Mao X,Bai H,et al.Analysis of Water Insulating Effect of Compound Water-Resisting Key Strata in Deep Mining[J].Journal of China University of Mining and Technology,2007,17(1):1-5.

[137] PuH,Zhang J.Mechanical model of control of key strata in deep mining[J].Mining Science and Technology,2011,21(2):267-272.

[138] 王家臣,张剑,姬刘亭,等."两硬"条件大采高综采老顶初次垮落力学模型研究[J].岩石力学与工程学报,2005,24(1):5 037-5 042.

[139] 王家臣,王蕾,郭尧.基于顶板与煤壁控制的支架阻力的确定[J].煤炭学报,2014,39(8):1619-1624.

[140] 闫少宏.特厚煤层大采高综放开采支架外载的理论研究[J].煤炭学报,2009,34(5):590-593.

[141] 闫少宏,尹希文.大采高综放开采几个理论问题的研究[J].煤炭学报,2008,33(5):481-484.

[142] 于雷,闫少宏.特厚煤层综放开采顶板运动形式及矿压规律研究[J].煤炭科学技术,2015,43(8):40-44.

[143] 徐刚,宁宇,闫少宏.工作面上覆岩层蠕变活动对支架工作阻力的影响[J].煤炭学报,2016,41(6):1354-1359.

[144] 李化敏,张群磊,刘闯,等.特厚煤层大采高开采覆岩运动与矿压显现特征分析[J].煤炭科学技术,2017,45(1):27-33.

[145] 李化敏,王伸.特厚煤层大采高综放面组合悬臂梁运动特征及支架阻力研究[J].中州煤炭,2016 (7):55-60.

[146] 霍丙杰,于斌,张宏伟,等.多层坚硬顶板采场覆岩"拱壳"大结构形成机理研究[J].煤炭科学技术,2016,44(11):12-17.

[147] 刘长友,杨敬轩,于斌,等.多采空区下坚硬厚层破断顶板群结构的失稳规律[J].煤炭学报,2014,39(3):395-403.

[148] 窦林名,贺虎.煤矿覆岩空间结构 OX-F-T 演化规律研究[J].岩石力学与工程学报,2012,31(3):453-460.

[149] 曹安业,朱亮亮,李付臣,等.厚硬岩层下孤岛工作面开采"T"型覆岩结构与动压演化特征[J].煤炭学报,2014,39(2):328-335.

[150] 徐学锋,窦林名,曹安业,等.覆岩结构对冲击矿压的影响及其微震监测[J].采矿与安全工程学报,2011,28(1):11-15.

[151] 姜福兴.采场覆岩空间结构观点及其应用研究[J].采矿与安全工程学报,2006,23(1):30-33.

[152] 姜福兴,张兴民,杨淑华,等.长壁采场覆岩空间结构探讨[J].岩石力学与工程学报,2006,25(5):979-984.

[153] 马其华.长壁采场覆岩"O"型空间结构及相关矿山压力研究[D].青岛:山东科技大学,2005.

[154] 谢广祥,杨科.采场围岩宏观应力壳演化特征[J].岩石力学与工程学报,2010,29(1):2676-2680.

[155] 谢广祥,王磊.采场围岩应力壳力学特征的岩性效应[J].煤炭学报,2013 (1):44-49.

[156] 谢广祥,王磊.采场围岩应力壳力学特征的工作面长度效应[J].煤炭学报,2008,33(12):1336-1340.

[157] 弓培林,靳钟铭.大采高采场覆岩结构特征及运动规律研究[J].煤炭学报,2004,29(1):7-11.

[158] 张永久.特厚硬煤层综放工作面护巷煤柱合理宽度研究[D].淮南:安徽理工大学,2012.

[159] 弓培林,靳钟铭.大采高综采采场顶板控制力学模型研究[J].岩石力学与工程学报,2008,27(1):193-198.

[160] 姜福兴.采场支架冲击载荷的动力学分析[J].煤炭学报,1994,19(6):649-658.

[161] 王家臣,王兆会.高强度开采工作面顶板动载冲击效应分析[J].岩石力学与工程学报,2015,34(S2):3987-3997.

[162] 杨胜利,王家臣,杨敬虎.顶板动载冲击效应的相似模拟及理论解析[J].煤炭学报,2017,42(2):335-343.

[163] 缪协兴,茅献彪.坚硬老顶对支架的冲击规律[J].中国矿业大学学报,1997,26(1):35-38.

[164] 谢和平,解景全.坚硬厚煤层综放开采爆破破碎顶煤技术研究[J].煤炭学报,1999,24(4):350-354.

[165] 张宏伟,高亚伟,霍丙杰,等.坚硬覆岩破断及其对矿压显现的控制[J].科技导报,2015,33(7):43-48.

[166] 陈蓥,张宏伟,朱志洁,等.双系煤层开采相互影响下的覆岩运动与破坏规律分析[J].

中国地质灾害与防治学报,2014,25(3):67-73.
[167] 王国法,庞义辉,李明忠,等.超大采高工作面液压支架与围岩耦合作用关系[J].煤炭学报,2017,42(2):518-526.
[168] 王国法,庞义辉.基于支架与围岩耦合关系的支架适应性评价方法[J].煤炭学报,2016,41(6):1348-1353.
[169] 王国法,庞义辉.液压支架与围岩耦合关系及应用[J].煤炭学报,2015,40(1):30-34.
[170] 徐亚军,王国法,任怀伟.液压支架与围岩刚度耦合理论与应用[J].煤炭学报,2015,40(11):2528-2533.
[171] 王家臣,张锦旺.综放开采顶煤放出规律的 BBR 研究[J].煤炭学报,2015,40(3):487-493.
[172] 王家臣,宋正阳,张锦旺,等.综放开采顶煤放出体理论计算模型[J].煤炭学报,2016,41(2):352-358.
[173] 王家臣,陈祎,张锦旺.基于 BBR 的特厚煤层综放开采放煤方式优化研究[J].煤炭工程,2016,48(2):1-4.
[174] 查文华,华心祝,王家臣,等.深埋特厚煤层大采高综放工作面覆岩运动规律及支架选型研究[J].中国安全生产科学技术,2014,10(8):75-80.
[175] 王家臣,杨胜利,黄国君,等.综放开采顶煤运移跟踪仪研制与顶煤回收率测定[J].煤炭科学技术,2013,41(1):36-39.
[176] 刘长友,杨敬轩,于斌,等.覆岩多层坚硬顶板条件下特厚煤层综放工作面支架阻力确定[J].采矿与安全工程学报,2015, 32(1):7-13.
[177] 王金华.综放开采是解决厚煤层开采难题的有效途径[J].煤炭科学技术,2005, 33(2):1-6.
[178] 王金华.特厚硬煤层综采技术应用现状及发展趋势[J].煤炭科学技术,2014,42(1):1-4.
[179] 王金华.特厚煤层大采高综放开采关键技术[J].煤炭学报,2013,38(12):2089-2098.
[180] 康立军,连志斌.放顶煤开采离散介质数值模拟分析程序及应用[J].煤矿开采,1998(2):3-5.
[181] 张顶立.缓倾斜放顶煤工作面顶煤破碎规律的初步研究[J].湘潭矿业学院学报,1992,7(2):119-127.
[182] 索永录.综放开采大放高坚硬顶煤预先弱化方法研究[J].煤炭学报,2001,26(6):616-620.
[183] 索永录.坚硬顶煤弱化爆破的破坏区分布特征[J].煤炭学报,2004,29(6):650-653.
[184] 索永录.综放开采坚硬顶煤预先爆破弱化技术基础研究[D].西安:西安科技大学,2004.
[185] 刘长友,黄炳香,吴锋锋,等.综放开采顶煤破断冒放的块度理论及应用[J].采矿与安全工程学报,2006,23(1):56-61.
[186] 黄炳香,刘长友,牛宏伟,等.大采高综放开采顶煤放出的煤矸流场特征研究[J].采矿

与安全工程学报,2008,25(4):415-419.

[187] 于斌,夏洪春,孟祥斌.特厚煤层综放开采顶煤成拱机理及除拱对策[J].煤炭学报,2016,41(7):1617-1623.

[188] 白庆升,屠世浩,王沉.顶煤成拱机理的数值模拟研究[J].采矿与安全工程学报,2014 31(2):208-213.

[189] 王爱国.综放开采顶煤成拱机理及控制技术[J].煤矿安全,2014,45(8):214-216.

[190] 孔令海,姜福兴,杨淑华,等.基于高精度微震监测的特厚煤层综放工作面顶板运动规律[J].北京科技大学学报,2010,32(5):552-558.

[191] 姜福兴,尹永明,朱权洁,等.基于微震监测的千米深井厚煤层综放面支架围岩关系研究[J].采矿与安全工程学报,2014,31(2):167-174.

[192] 孔令海,齐庆新,姜福兴,等.长壁工作面采空区见方形成异常来压的微震监测研究[J].岩石力学与工程学报,2012,31(2):3889-3896.

[193] 贺虎,窦林名,巩思园,等.覆岩关键层运动诱发冲击的规律研究[J].岩土工程学报,2011,32(8):1260-1265.

[194] 窦林名,陆菜平,牟宗龙,等.顶板运动的电磁辐射规律探讨[J].矿山压力与顶板管理,2005,22(3):40-42.

[195] 窦林名,何学秋,王恩元.冲击矿压预测的电磁辐射技术及应用[J].煤炭学报,2004,29(4):396-399.

[196] 窦林名,曹其伟,何学秋,等.冲击矿压危险的电磁辐射监测技术[J].矿山压力与顶板管理,2002,19(4):89-91.

[197] 王恩元,陈鹏,李忠辉,等.受载煤体全应力-应变过程电阻率响应规律[J].煤炭学报,2014,39(11):2220-2225.

[198] 王恩元,刘晓斐,李忠辉,等.电磁辐射技术在煤岩动力灾害监测预警中的应用[J].辽宁工程技术大学学报(自然科学版),2012,31(5):642-645.

[199] 王恩元,贾慧霖,李忠辉,等,用电磁辐射法监测预报矿山采空区顶板稳定性[J].煤炭学报,2006,31(1):16-19.

[200] 谭云亮,孙春江,宁建国,等.深部侧空条件下顶板岩层分区破裂探测研究[J].岩石力学与工程学报,2010,29(1):2623-2629.

[201] 谭云亮,何孔翔,马植胜,等.坚硬顶板冒落的离层遥测预报系统研究[J].岩石力学与工程学报,2006,25(8):1705-1709.

[202] 于师建.三软煤层上覆含水层富水性瞬变电磁法探测技术[J].煤炭科学技术,2015,43(1):104-107.

[203] 于师建.基于频移的煤岩介质电磁波衰减数值模拟[J].地球物理学进展,2013,28(6):3270-3275.

[204] 成云海,冯飞胜,樊俊鹏,等.特厚易发火煤层沿空巷道顶板离层分析及控制技术[J].中国安全生产科学技术,2014,10(12):29-34.

[205] 成云海,姜福兴,庞继禄.特厚煤层综放开采采空区侧向矿压特征及应用[J].煤炭学

报,2012,37(7):1088-1093.

[206] 张金才,茹瑞典.地质雷达在煤矿井下的应用研究[J].煤炭学报,1995,20(5):479-484.

[207] 刘传孝.探地雷达空洞探测机理研究及应用实例分析[J].岩石力学与工程学报,2000,19(2):238-238.

[208] 茹瑞典,张金才,戚筱俊.地质雷达探测技术的应用研究[J].工程地质学报,1996,4(2):51-56.

[209] 李术才,李廷春,王刚,等.单轴压缩作用下内置裂隙扩展的 CT 扫描试验[J].岩石力学与工程学报,2007,26(3):484-492.

[210] 冯夏庭,赖户政宏.化学环境侵蚀下的岩石破裂特性—第一部分:试验研究[J].岩石力学与工程学报,2000,19(4):43-403.

[211] 杨更社,刘慧.基于 CT 图像处理技术的岩石损伤特性研究[J].煤炭学报,2007,32(5):463-468.

[212] 柴敬,汪志力,刘文岗,等.采场上覆关键层运移的模拟实验检测[J].煤炭学报,2015,40(1):35-41.

[213] 柴敬,袁强,王帅,等.长壁工作面覆岩采动"横三区"光纤光栅检测与表征[J].中国矿业大学学报,2015,44(6):971-976.

[214] Ghabraie B, Ren G, Smith J, et al. Application of 3D laser scanner, optical transducers and digital image processing techniques in physical modelling of mining-related strata movement[J]. International Journal of Rock Mechanics and Mining Sciences,2015(80):219-230.

[215] Singh G S P,Singh U K.Prediction of caving behavior of strata and optimum rating of hydraulic powered support for longwall workings[J]. International Journal of Rock Mechanics and Mining Sciences,2010,47(1):1-16.

[216] Mills K W,Garratt O,Blacka B G,et al.Measurement of shear movements in the overburden strata ahead of longwall mining[J]. International Journal of Mining Science and Technology,2016,26(1):97-102.

[217] Shen B,Poulsen B.Investigation of overburden behaviour for grout injection to control mine subsidence[J].International Journal of Mining Science and Technology,2014,24(3):317-323.

[218] Guo H,Yuan L,Shen B,et al.Mining-induced strata stress changes, fractures and gas flow dynamics in multi-seam longwall mining[J].International Journal of Rock Mechanics and Mining Sciences,2012(54):129-139.

[219] 谢建林.离层型顶板事故预警系统研究[D].徐州:中国矿业大学,2011.

[220] 尹冠生.理论力学[M].西安:西北工业大学出版社,2009.

[221] 刘宝琛, 张家生.岩石抗压强度的尺寸效应[J].岩石力学与工程学报, 1998, 17(6):611-614.

[222] Robina H C Wong, K T Chau, Jian-Hua Yin,et al.Guang-Si ZhaoUniaxial compres-

sive strength and point load index of volcanic irregular lumps[J].International Journal of Rock Mechanics and Mining Sciences,2016(89):136-150.

[223] H Sonmez,M Ercanoglu,A Kalender,et al.Predicting uniaxial compressive strength and deformation modulus of volcanic bimrock considering engineering dimension[J]. International Journal of Rock Mechanics and Mining Sciences,2016(86):91-103.

[224] 蔡美峰,何满潮,刘东燕.岩石力学与工程[M].北京:科学出版社,2013.

[225] 米海珍,胡燕妮.塑性力学[M].北京:清华大学出版社,2014.

[226] 盛骤,谢式千,潘承毅.概率论与数理统计[M].北京:高等教育出版社,2010.

[227] 李化敏,李回贵,宋桂军,等.神东矿区煤系地层岩石物理力学性质[J].煤炭学报,2016,41(11):2661-2671.